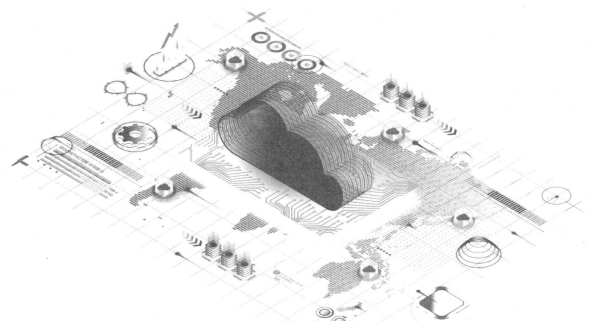

智能边缘计算

郭松涛　余红宴　编著

U0129746

清华大学出版社

北京

内容简介

本书对智能边缘计算的概念、发展历程以及边缘计算的网络形态进行了介绍，阐述了边缘计算系统架构和部署方案，并对边缘计算的关键技术，如计算卸载、边缘缓存、商业模式、移动性管理以及安全技术进行了详细分析，针对智能边缘计算的几种实际场景以及与新兴技术的融合进行了综述说明。

本书涉及的内容广泛，对算法、技术的阐述足够清晰，将应用场景与实际结合，并对与新兴技术的融合发展进行了展望。本书可以作为从事边缘计算、边缘智能方面课题研究的硕士、博士研究生的教材或参考书，也可以作为对边缘计算感兴趣的高校教师或其他从业人员的参考书。

图书在版编目(CIP)数据

智能边缘计算/郭松涛，余红宴编著.—北京：清华大学出版社，2023.11
ISBN 978-7-302-64815-4

Ⅰ．①智… Ⅱ．①郭… ②余… Ⅲ．①智能技术 Ⅳ．①TP18

中国国家版本馆 CIP 数据核字(2023)第 208599 号

责任编辑：贾　斌
封面设计：刘　键
责任校对：徐俊伟
责任印制：曹婉颖

出版发行：清华大学出版社
　　　网　　　址：https://www.tup.com.cn，https://www.wqxuetang.com
　　　地　　　址：北京清华大学学研大厦 A 座　　邮　　编：100084
　　　社 总 机：010-83470000　　　　　　　　邮　　购：010-62786544
　　　投稿与读者服务：010-62776969，c-service@tup.tsinghua.edu.cn
　　　质量反馈：010-62772015，zhiliang@tup.tsinghua.edu.cn
　　　课件下载：https://www.tup.com.cn，010-83470236
印 装 者：三河市人民印务有限公司
经　　销：全国新华书店
开　　本：185mm×260mm　　印　　张：12.25　　　　字　　数：305 千字
版　　次：2023 年 12 月第 1 版　　　　　　　　印　　次：2023 年 12 月第 1 次印刷
印　　数：1～1500
定　　价：59.00 元

产品编号：100797-01

前　言

　　近年来,视频传输与服务、增强现实/虚拟现实、物联网、工业互联网、车联网以及智慧城市新型业务应用场景的涌现,对数据的传输容量、数据的存储容量、数据的分发能力、数据的计算能力以及传输资源的调度能力等都提出了前所未有的挑战。迅猛增长的用户终端数据流量也给日益提高的用户体验需求带来了巨大压力。

　　随着边缘设备的数量呈指数级增长,网络形态由以云计算为中心转换为云-边-端协同的范式,即计算、缓存和资源都逐步下沉到边缘,更靠近用户端。这种新的网络范式也将在实际的智能制造、无线驾驶等场景应用中落地。边缘计算作为一种新的计算范式,也是云计算的一种补充,使数据在用户产生端就能得到有效的处理。在万物互联的时代,边缘计算为移动计算、物联网的发展提供了更好的发展平台。

　　边缘计算作为一种开放的、弹性的、协作的新型计算模式,极大地促进了5G通信网络、互联网、物联网、区块链、人工智能等技术的融合以及数据之间的相互交流。随着软件定义网络、网络功能虚拟化技术的发展,边缘网络逐渐与人工智能、大数据以及区块链相融合,未来的发展趋势必将是智能边缘网络。

　　为了帮助这一领域的硕士、博士研究生以及相关从业者快速入门和从事相关研究,我们专门编写这本书。希望通过阅读本书,读者能够对边缘计算的相关研究产生兴趣,从而为推动该领域的发展贡献力量。

　　本书对智能边缘计算的背景起源、发展历程以及边缘计算的网络形态进行了介绍,阐述了边缘计算的系统架构和部署方案,并对关键的卸载技术、边缘缓存技术、商业模式、激励机制、移动性管理技术以及安全技术进行了详细分析,针对智能边缘计算的实际应用场景以及其与新兴技术的融合进行了阐述。每章开头都有一个简单的导读,阐述本章的研究背景和问题,章末有小结和习题,每章单独列出相应的参考文献。

　　非常感谢参与本书撰写与审校的我在西南大学指导的博士生:余红宴、王瑛、董一藩、王曲苑、刘佳迪、冯浩、何静。在此对大家表示衷心感谢! 最后,感谢清华大学出版社的大力支持与高效的工作,使本书能很快与读者见面。

PREFACE

　　本书的内容主要来源于本团队在从事边缘计算科研过程中的总结，希望能对从事边缘计算以及相关研究的硕士、博士研究生有所帮助。由于编者水平有限，同时边缘计算相关研究还在迅猛发展中，书中难免存在不足和疏漏，希望读者批评指正。

郭松涛

2023 年 8 月于重庆大学

目　录

C O N T E N T S

CONTENTS

CONTENTS

CONTENTS

C O N T E N T S

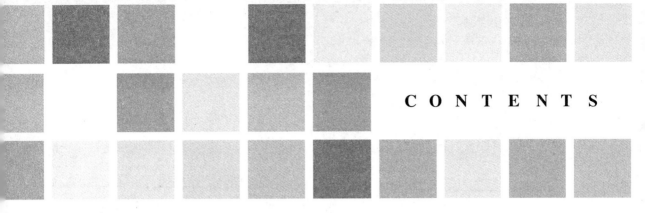

CONTENTS

第1章 边缘计算概述

近年来,随着物联网(internet of things,IoT)的高速发展以及5G部署进程的加快,特别是新基础设施建设投入的加大,大量新型的应用如雨后春笋般蓬勃发展(如智能制造、新零售物流、机器人、无人机、自动驾驶、视频编辑、可穿戴设备、手机短视频、在线游戏、智慧城市)。这类新兴的应用一般需要消耗大量的计算资源,以满足低时延需求,提升用户体验质量。然而,终端设备有限的计算能力、存储容量和电池寿命无法满足低时延、多样性以及复杂的移动应用需求,给未来新兴应用的发展带来了重大挑战。

云计算具有潜力无限的计算能力,智能终端可以将计算任务传输到远端的云数据中心服务器执行,从而达到缓解计算和存储的限制、延长设备电池寿命的目的。然而,将计算任务卸载到位于核心网的云端服务器,再回传计算结果到用户终端会造成很大的时延,增加额外传输能量消耗和带来隐私数据泄露的风险,越来越无法满足大规模应用背景下低时延、高可靠以及高安全的应用服务需求。

为了解决传统云计算高时延的问题,2014年,"移动边缘计算"(mobile edge computing,MEC)的概念被提出。MEC将云服务器的计算、存储等服务能力"下沉"到网络边缘,为无线接入网络提供信息技术(information techology,IT)服务环境和云计算的能力,使应用、服务、内容可以实现本地化部署,通信、计算、缓存等资源边缘调度,为业务提供低时延、高带宽的运营环境,不断满足智能制造、新零售物流、机器人、无人机、智慧城市、自动驾驶、在线游戏、人脸识别、手机视频等新兴应用的计算需求。

1.1 边缘计算产生的背景

全球数据量呈指数级增长,希捷(Seagate)和互联网数据中心(Internet Data Center,IDC)联合研究表明,到2025年全球数据量将达到163ZB,研究还表明,世界数据主要来源于企业,占比高达60%。面对迅猛的流量增长和日益提高的用户体验需求,基于云数据中心的传统通信网络将承受巨大的压力与挑战。

边缘计算是实现物联网和5G的关键技术之一。边缘计算可以将高带宽、低时延、本地化业务"下沉"到网络边缘,解决时延过长、汇聚流量过大等问题,从而为实时性和带宽密集型业务提供良好支持。

目前,随着5G网络、物联网积极部署以及新基础设施建设的全面铺开,中国已经拥有全球最大、最发达的物联网市场,预计到2025年,中国将有19亿授权蜂窝物联网的连接。中国3/4的企业已经部署了物联网,属全球最高。2018年至2025年间,中国运营商在移动市场的资本投入将达到2500亿美元,其中,1800亿美元用于5G网络建设,全球近20%的5G网络投资在中国。中国在5G和物联网领域的领先地位为边缘计算产业的发展创造了良好的环境。

广泛的应用需求也是促使边缘计算产生的推动力之一。边缘计算在视频业务、增强现实和虚拟现实、物联网、车联网、智能家居、智慧城市、智慧医疗、工业物联网等多个应用场景实现了部署价值。这些都说明边缘计算不仅拥有广泛的应用场景,还拥有良好的性能,在实际的应用需求中确实显著提升了网络的诸多性能和满足了场景的实际需求,可以减少时延,降低能耗,提升用户体验,特别是在车联网、物联网等领域。依据不同行业的特点和需求,边缘计算构建了各类垂直行业解决方案。电信运营商、互联网数据中心(IDC)服务商、设备厂商及互联网企业已纷纷布局,边缘计算蓝海市场开始显现。随着中国边缘计算的产业生态不断形成和完善,力求在国际的边缘计算发展中发挥主导作用。

1.2 边缘计算的概念

2016 年 5 月,美国韦恩州立大学施魏松教授团队给出边缘计算定义:边缘计算是指在网络边缘执行计算的一种新型计算模型,边缘计算的操作对象包括来自云服务的下行数据和来自万物互联服务的上行数据。而边缘计算的边缘是指从数据源到云计算中心路径之间的任意计算和网络资源,是一个连续统。

维基百科给出的边缘计算的概念:边缘计算是一种分布式计算的架构,将应用程序、数据资料与服务的计算,由网络中心节点移往网络逻辑上的边缘节点来处理。边缘计算将原来完全由中心节点处理的大型服务加以分解,切割成更小、更容易管理的部分,分散到边缘节点去处理。边缘节点更接近于用户终端设备,可以加快资料的处理和传输速度,减少延迟。边缘计算是在靠近数据源头的地方提供智能分析与处理服务,提高安全隐私保护。

2018 年,边缘计算产业联盟(Edge Computing Consortium,ECC)与工业互联网产业联盟(Alliance of Industrial Internet,AII)联合发布《边缘计算与云计算协同白皮书》,其中定义边缘计算是在靠近物或数据源头的网络边缘侧,融合网络、计算、存储、应用核心能力的分布式开放平台,就近提供边缘智能服务,满足行业数字化在敏捷连接、实时业务、数据优化、应用智能、安全与隐私保护等方面的关键需求。它可以作为连接物理和数字世界的桥梁,赋能智能资产、智能网关、智能系统和智能服务。

2020 年,全球移动通信系统协会(Global System for Mobile Communications Association,GSMA)智库发布了与边缘计算产业联盟共同完成的《5G 时代的边缘计算:中国的技术和市场发展》报告,其中定义"边缘计算"为一系列边缘计算技术(包括硬件和软件),相比完全基于云的传统模型,边缘计算技术能让存储、计算、处理和网络更接近生成或使用数据的设备。这些技术包括边缘节点、本地边缘、云边缘、边缘云、边缘网关、边缘负载和边缘应用。对于移动网络来说,边缘位置的确定取决于多种因素,诸如各种边缘计算应用的具体要求(时延、带宽、实时分析能力、传输数据量、安全性)、技术(边缘配置、云和设备之间的距离等)以及业务需求(实际需求、经济性)。

2020 年,边缘计算社区在其编著的《边缘计算时代》中指出,边缘计算是一种新型的计算模式,通过在网络边缘侧网络、计算、存储、应用、人工智能等五大资源,提升网络性能、提高数据处理能力。运用边缘计算,数据无须传送到远程数据中心,而是在边缘服务器或者本地处理、存储和转发。

从图 1-1 的边缘计算概念图可以看出,边缘计算是连接物理世界与数字世界的"桥梁",

通过将数字世界的网络、计算、存储和应用等资源部署在网络靠近用户的"边缘",这种新型计算范式将核心云计算的计算任务"下沉"到边缘云服务器进行处理,可以更好地满足时延、通信、能耗等诸多方面的要求,提升数字世界对物理世界的智能感知和资源利用效率,实现对物理世界的控制、深度分析和计算(包括行业应用、商业应用以及人工智能的部署)性能的提升。

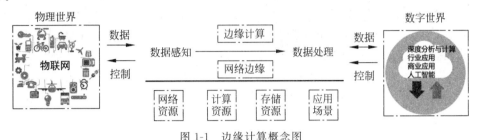

图 1-1 边缘计算概念图

1.3 边缘计算的发展历程

边缘计算产业联盟于 2016 年 11 月由华为技术有限公司等六家单位联合发起成立,在自愿、平等、互利、合作的基础上,汇集国内外边缘计算产业相关的企业、事业单位、社团组织、高等院校、科研院所等,自愿结成跨行业、开放、非营利的社会组织。旨在汇聚产业界力量,促进相关主体之间的交流和深度合作,促进供需对接和知识共享,共建边缘计算产业生态,面向商业成功,有效推进边缘计算产业发展。

2017 年 7 月,欧洲电信标准化协会(European Telecommunications Standards Institute,ETSI)多接入边缘计算(multi-access edge computing,MEC)行业规范工作组发布了首套标准化应用程序接口(application program interface,API),用于支持边缘计算的互操作。

2018 年 1 月,由施魏松教授等专家共同编著的书籍《边缘计算》出版。施魏松教授是边缘计算早期提出者之一和主要倡导者,也是国际边缘计算研讨会(Symposium on Edge Computing,SEC)的创始人,这本书是边缘计算领域的第一本专业书籍,从边缘计算的需求与意义、系统与应用场景、平台等多角度进行了阐述。

2019 年 3 月,周鸿祎委员在两会期间把边缘计算写入提案,提出"物联网、移动通信、人工智能、区块链、云计算、大数据、边缘计算"是未来的信息密码,并且指出边缘计算将会改变整个未来网络的结构。

2019 年 8 月,发布"2019 中国边缘计算企业 20 强"名单,华为、阿里巴巴、移动通信、联通通信、九州云榜上有名。2019 年 9 月,边缘计算项目 StarlingX、KubeEdge 开源实施。StarlingX 是致力于对低时延和高性能应用进行优化的开源边缘计算与物联网平台。KubeEdge 可以实现云边协同、计算下沉、海量设备接入等功能。

2019 年 11 月,ECC 发布具有行业指导意义的白皮书《边缘计算安全白皮书》《运营商边缘计算网络技术白皮书》《边缘计算 IT 基础设施白皮书 1.0》。

2020 年 12 月,ECC 发布了《边缘计算与云计算协同白皮书 2.0》。

2021 年 2 月,ECC 发布了《Edge Native 技术架构白皮书 1.0》,并指出 Edge Native 作为一种技术架构理念,以连接加计算为中心,以轻量化边缘节点为主要部署方式,是产业的一次重大创新。

2022 年 5 月,ECC 发布了《边缘计算视觉基础设施白皮书》,指出未来越来越多的智能场景将发生在边缘端,而智能视觉作为边缘智能的重要场景之一,是边缘计算发展的重要使能器,两者的结合将更好地满足行业智能化发展的需求。

目前,众多公司正全力推动边缘计算的发展,其中三大电信运营商以及华为、中兴、诺基亚、爱立信等主要网络供应商发力最大。边缘计算生态的合作也在本地产业组织(ECC、CAICT、CCSA、5G DNA)和国际组织(ETSI、3GPP、GSMA)的推动下不断扩大。中国产业生态力求在边缘计算发展中发挥主导作用。

1.4 边缘计算的相关网络形态

1998 年,阿卡迈(Akamai)公司提出内容分发网络(content delivery network,CDN)的概念。他们认为,未来的网络设计应该从"缓存"转向"内容分发"。2006 年,谷歌(Google)公司高级工程师克里斯托夫·比希利亚提出云计算(cloud computing,CC)概念,他们认为利用虚拟化技术,可以实现用户按需使用云服务。2009 年,移动云计算概念被提出并引入移动通信领域,主要思想是将业务应用的数据计算处理、存储等任务从移动终端迁移至云端的集中化云计算平台;同年,微云(cloudlet)的概念提出,它是开放边缘计算(open edge computing,OEC)项目的研究成果。他们认为微云是未来的新型网络架构,应该是融合移动终端、微云和云计算 3 层的中间层,可以想象成"盒子里的数据中心"。2012 年,思科(Cisco)提出雾计算(fog computing,FC)的概念,他们认为"雾"是最接近地面的"云"。2014 年,欧洲电信标准协会(ETSI)提出多接入边缘计算(multi-access edge computing,MEC),认为边缘计算从关注"移动(mobile)"的 M 转向"多接入(multi-access)"的 M,如表 1-1 所示。下面详细阐述边缘计算发展的历史进程。

表 1-1 边缘计算之前的相关网络形态

重要概念	提出时间	提出者	主要思想
内容分发网络	1998 年	阿卡迈公司	从"缓存"到"内容分发"
云计算	2006 年	谷歌公司	资源的统一管理与调度
微云	2009 年	开放边缘计算项目	盒子里的数据中心
雾计算	2012 年	思科公司	雾是最接近地面的云
多接入边缘计算	2014 年	欧洲电信标准协会	从"移动"到"多接入"

1.4.1 内容分发网络

近些年来,随着视频流媒体的兴起,内容分发网络(CDN)作为一种能够提高视频流媒体传输服务质量、节省骨干网网络带宽的技术,得到了广泛的应用。CDN 最初被用于分发网页(Web)内容,主要是为了实现高速缓存(cache)的功能。CDN 的基本思路是尽可能避开互联网上有可能影响数据传输速度和稳定性的环节,使内容传输得更快、更稳定。通过在网络各处放置节点服务器所构成的在现有互联网基础之上的一层智能虚拟网络,CDN 系统能够实时地根据网络流量和各节点的连接、负载状况以及到用户的距离和响应时间等综合信息,将用户的请求重新导向离用户最近的服务节点上。其目的是使用户可就近取得所需内容,解决 Internet 网络拥挤的状况,提高用户访问网站的响应速度。这种技术全面解决由于网络带宽小、用户访问量大、网络分布不均等原因造成的网站响应速度慢的问题。CDN 关注内容的备份和缓存,而边缘计算的基本思想是功能缓存,CDN 是边缘计算的最初原型。

一个内容分发网络由 3 部分构成:内容管理系统、内容路由系统和 Cache 节点网络。内容管理系统主要负责整个 CDN 系统的管理,比如内容的发布、内容的分发、内容的审核和内容的服务等。内容路由系统负责将用户的请求调度到适当的设备上。Cache 节点网络是 CDN 业务提供点,是边缘计算面向最终用户的内容提供设备。这 3 部分分别构成了 CDN 的管理平面、控制平面与数据平面,从而实现内容的提供,如图 1-2 所示。

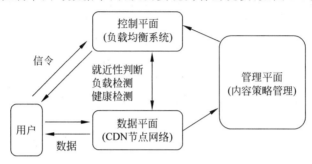

图 1-2 CDN 逻辑平面模型

CDN 的主要功能如下。

(1) 内容发布。它借助建立索引、缓存、流分裂、组播(multicast)等技术,将内容发布或投递到距离用户最近的远程服务点处。

(2) 内容路由。它是整体性的网络负载均衡技术,通过内容路由器中的重定向(DNS)机制,在多个远程 POP 上均衡用户的请求,使用户请求得到最快内容源的响应。

(3) 内容交换。它根据内容的可用性、服务器的可用性以及用户的背景,在 POP 的缓存服务器上,利用应用层交换、流量分类、重定向(ICP、WCCP)等技术,智能地平衡负载流量。

(4) 性能管理。它通过内部和外部监控系统,获取网络部件的状况信息,测量内容发布的端到端性能(如包丢失、时延、平均带宽、启动时间、帧速率等),保证网络处于最佳的运行状态。

目前,亚马逊与阿卡迈等公司是 CDN 服务提供商,拥有比较成熟的 CDN 技术。中国的 CDN 技术的发展与使用,大大降低了提供商的组织运营成本,并且大大提高了服务性能和用户体验。清华大学团队设计的边缘视频 CDN 就是一个典型的案例。

边缘计算的概念可追溯到 2000 年的 CDN 技术的大规模部署。通过 CDN 边缘服务器分发内容,可以从短距离和可用资源中获益,以实现大规模的可扩展性。在边缘计算的早期,"边缘"仅限于 CDN 缓存服务器。现在,边缘计算模型中的"边缘"不再局限于边缘节点,而是包括从数据源到云计算中心路径之间的任意计算、存储和网络资源。

1.4.2 云计算

云计算是一种可以调用的虚拟化的资源池,这些资源池可以根据负载动态重新配置,以达到最优化使用的目的。用户和服务提供商事先约定服务等级协议,用户以用时付费模式使用服务。

云计算的服务模式有基础设施即服务（infrastructure as a service，IaaS）、平台即服务（platform as a service，PaaS）、软件即服务（software as a service，SaaS）。云计算不同的服务层如图 1-3 所示。基础设施即服务是指能够以服务的形式为用户提供基础设施支持（即计算、存储、操作系统与组网）。IaaS 云的关键特征是可扩展性、弹性支持计算资源扩展和收缩。平台即服务是一种服务模型，它能够提供所需的各种软件的开发生命周期模型，主要的服务对象是测试人员、设计人员、调试人员。软件即服务可用于实现长期目标，是面向用户的模型。实现软件即服务的目标是为用户提供面向应用和面向过程的服务。

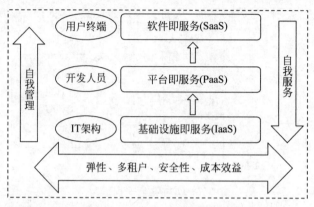

图 1-3　云计算不同的服务层

云计算具有如下特点。

（1）服务资源池化。通过虚拟化技术，将存储、计算、内存、网络等资源化，按用户需求动态地分配。

（2）可扩展性。用户随时随地可以根据实际需求，快速弹性地请求和购买服务资源，扩展处理能力。

（3）宽带网络调用。用户使用各种客户端软件，通过网络调用云计算资源。

（4）可度量性。服务资源的使用可以被监控、报告给用户和服务提供商，并可根据具体使用类型（如带宽、活动用户数、存储等）收取费用。

（5）可靠性。自动检测失效节点，通过数据的冗余能够继续正常工作，提供高质量的服务，达到服务等级协议要求。

移动云计算（mobile cloud computing，MCC）是移动计算与云计算的结合。云数据中心是一种规模巨大的虚拟化共享资源，它提供计算、分析和存储解决方案。移动云计算的产生是为了克服移动计算面临的诸多限制条件。移动计算的限制条件有：移动设备电池容量有限和寿命有限、移动设备的存储容量有限、移动设备的处理能力有限以及通信带宽有限等。移动云计算可以将数据存储、任务计算迁移到云端，用户可以获得无缝、按需服务，而不必担心移动设备的电池寿命和处理能力影响用户体验。图 1-4 表示移动云计算的体系结构。

为了加快无线接入网络的云化，实现无线资源的按需部署和提高网络资源利用效率，中国移动提出了云接入网络（cloud radio access network，C-RAN）的概念。C-RAN 是一个将集中处理、协作无线电和实时云基础设施融合的一种新型绿色网络架构。为了更好地适应未来 5G 的三大应用场景，2016 年中国移动联合华为、中兴等多家公司发布《迈向 5G C-RAN：需求、架构和挑战》白皮书，详细阐述了 C-RAN 与 5G 融合发展的各种需求、关键

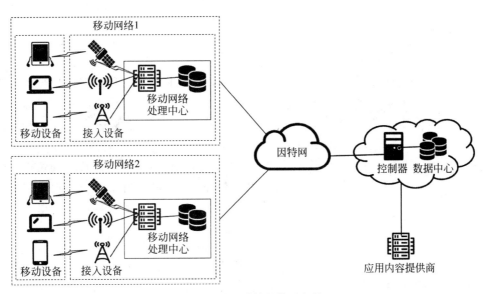

图 1-4　移动云计算的体系架构

技术以及研发方向。

　　边缘计算的出现不是替代云计算,而是互补协同。云计算擅长把握整体,聚焦非实时、长周期数据的分析,能够在长期维护、业务决策支持领域发挥优势;边缘计算则专注于局部,聚焦实时的、短周期数据的分析,能够支撑本地业务的实时智能化处理。云边协同的范式可以大大加快边缘计算与云计算的联合部署,适合于许多应用场景,具有极大的应用价值和商业前景。

1.4.3　微云

　　微云是开放边缘计算项目的研究成果,其主要思想是将云部署到离用户更近的地方。从"移动终端—微云—云"的三层架构来看,微云代表中间层,可以看作"盒子里的数据中心"。

　　微云具有四个属性:软状态;高效、可持续连接;临近性;可扩展性。软状态是指服务器在一定时间内会主动维护服务状态,超过时间限制后,才会进行删除和更新。微云与服务器之间采用有线连接,因此具有高效、可持续的连接。微云位于移动终端与云服务器之间,将云下沉到距离用户更近的地方,保证用户需求的及时响应。此外,它基于标准的云计算开发,并在虚拟机内封装了任务计算卸载的代码,因此具有较好的可扩展性。

　　微云在实现过程中需要解决的关键技术问题有:微云的快速配置、不同微云之间的虚拟机切换以及微云的发现。针对移动场景设计的微云,必须解决用户终端的移动性带来的连接的高度动态化问题,所以需要具有快速灵活的配置能力。用户在移动的过程中,在不同的微云服务范围内接入和离开,不同微云之间的虚拟机切换可以支持服务无缝切换。微云在地理位置的分布上可以看作一个小型数据中心,移动终端首先需要发现附近的微云,然后根据规则选择合适的微云进行连接。

　　微云也是当前边缘计算的一种典型模式,属于边缘计算的范畴。边缘计算更强调"边缘"的概念,而微云更侧重于"移动"的概念。它位于网络的边缘,更靠近用户,然而它主要关注例如车联网场景下的移动性增强等,能够为移动设备提供丰富的计算资源。因此,微云可以理解为是边缘计算的一个灵活移动的轻量级的具体实现方案。

1.4.4 雾计算

2012 年,思科公司提出"雾计算"的概念,其主要思想是定义一种高度虚拟化的计算平台,主要关注将云计算数据中心的任务迁移到网络边缘的设备上。雾计算是云计算的补充,提供在云数据中心与用户终端设备之间的计算、存储、网络等资源服务,从而将云计算模式扩展到网络边缘。雾计算主要侧重于在物联网上的应用。

雾计算概念是云计算概念的延伸。在物联网的生态系统中,雾可以理解为位于边缘的小型云,因此可以先过滤和融合用户数据;匿名处理保护数据安全;初步处理数据并做出决策;提供临时存储,提升用户体验质量。而云数据中心可以负责长期的存储以及大运算量任务,如数据挖掘、状态估计以及整体性决策等。

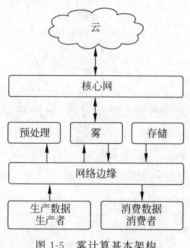

图 1-5　雾计算基本架构

雾计算促进了网络的位置感知、实时交互、可扩展性以及互操作性。因为其靠近用户,能够及时考虑到服务时延、功耗、网络流量、运营成本、内容发布等多种因素,所以简洁高效,能够更好地满足物联网的应用需求。雾计算基本架构如图 1-5 所示,在雾计算中,各种计算、通信、网络、存储和控制资源都位于网络边缘,距离数据源和数据消费者更近,网络延迟更小。因此,雾计算可以在网络边缘实现各种智能的解决方案,可以利用网络边缘缓存一部分数据,减轻核心网的数据传输压力,增强用户的服务体验质量。

边缘计算与雾计算概念具有很大的相似性。边缘计算除了关注基础设施,也关注边缘设备,更强调边缘智能的设计与实现;而雾计算更关注后端分布式共享资源的管理。

1.4.5 多接入边缘计算

2014 年,欧洲电信标准化协会(ETSI)为了将边缘计算融合进移动网络的架构,提出了移动边缘计算(MEC)。其中,"M"一方面是指英文单词"mobile"的首字母,MEC 特指移动网络中的边缘计算;另一方面,随着研究的推进,ETSI 将"M"定义为"multi-access",旨在将边缘计算的接入网络扩展到 Wi-Fi 等非 3GPP 场景。MEC 的定义也从"移动边缘计算"过渡到"多接入边缘计算",研究重点依然是移动边缘计算。

MEC 将原本位于云数据中心的服务和功能"下沉"到移动网络的边缘,通过在移动网络边缘部署计算、存储、网络和通信等资源,不仅减少了网络操作,还降低了服务交付的时延,提升了用户服务体验。此外,MEC 在网络边缘部署服务器后,可以在边缘对用户进行响应,大大降低了回传链路和移动核心网的链路负载与网络带宽的压力。

全球移动通信系统协会最新发布的报告预测,到 2025 年,我国边缘计算产业年收入规模有望达到 70 亿元至 130 亿元,90% 的受访公司将边缘计算作为 5G 时代创造增量收入的商机。以智能制造系统提供商罗博特科、中国移动、爱立信等合作探索的"基于 5G 边缘计算的智能柔性生产"项目为例,可使生产效率提升 30%,人工成本降低 40%,同时帮助企业提升成品率和产品质量。中国联通运用 5G MEC 规模组网,在 4K/8K、VR、云游戏等业务领域,单用户速率提升 40%,时延降低 40%,这些都会极大地提升用户体验。

1.5　边缘计算的关键技术

边缘计算(edge computing,EC)是一种解决云计算面临等待时间长、占有网络资源过分集中的问题而提出的一种新型计算模式,是云计算的一种补充。本节将简单介绍促进云-边-端资源融合的 4 种关键技术,主要包括计算卸载、边缘缓存、边缘安全与边缘智能。

1.5.1　计算卸载

计算卸载(computing offloading,CO)是边缘计算的关键技术之一。边缘计算的计算卸载技术是将移动终端设备上的计算任务部分或者全部卸载到边缘云中进行计算,弥补了智能终端设备在处理计算密集型和时间敏感型应用时能力上的不足,解决了终端设备在存储资源、计算性能以及能量效率方面的问题。

计算卸载的概念最初是在移动云计算中被提出的,由于移动云计算具有强大的计算能力,移动终端设备可以通过计算卸载技术将其计算任务传输到远端云服务器执行,从而达到突破智能终端计算、存储的限制,延迟设备电池寿命的目的。然而,随着移动终端设备 100 亿级别数量的增加,移动设备的计算任务再卸载到云服务器中,可能会导致不可预测的时延、远程回传带宽限制等问题。所以,把计算能力"下沉"到靠近用户的边缘的思想由此产生。边缘计算能够更加快速、高效地为移动终端提供计算服务,同时可以缓解核心网络的压力。

计算卸载技术的实施过程大致分为节点发现、程序分割、卸载决策、程序传输、执行计算、结果回传等 6 个步骤。详细介绍可以参考本书第 3 章。

1.5.2　边缘缓存

边缘缓存也是边缘计算的关键技术之一。目前的无线网络是以基站为主的蜂窝接入网络,每次用户发出视频、社交等请求业务,从基站到远端云服务器之间的距离会产生很大的时延,短时间内大量请求同一热门内容资源,会给核心网络的回传造成很大的压力,同时也造成带宽资源浪费、用户体验差等问题。在网络边缘部署缓存的边缘缓存技术,可以解决上述问题。

边缘缓存能使智能终端用户从边缘部署的小基站或者边缘服务器处获得请求内容,实现绝大部分内容边缘获取,大大减少了 5G 回传链路的带宽浪费、网络通信时延,降低了网络能耗,提升了用户体验。边缘缓存一般包括边缘缓存内容的放置和内容的传输。内容的放置是指确定缓存的内容(what)、缓存的位置(where)以及如何将内容下载到缓存节点(how)。内容的传输是指如何将内容传输给内容请求的用户。

在边缘缓存中,主动缓存是一种通过在非高峰时段主动缓存流行内容来利用这种流量动态的方法,从而减少了峰值流量需求。因此,边缘缓存不仅可以实现更快的请求响应,还可以减少网络中相同内容的重复传输。边缘缓存需要解决两个紧密相关的问题:第一,边缘节点覆盖范围内的内容流行度分布很难估计,因为它可能会随时变化;第二,鉴于边缘计算环境中的大型异构设备,分层缓存体系结构和复杂的网络特性进一步困扰了内容缓存策略的设计。为了解决以上问题,诸如深度学习和强化学习等人工智能(AI)技术可以用于边缘缓存策略,以适应网络的动态性。详细的介绍请参考本书第 4 章。

1.5.3　边缘安全

边缘计算将远端云数据中心的计算能力下沉到网络的边缘,靠近用户,一方面,边缘计算基础设施一般部署在无线蜂窝基站等网络边缘,使其更容易暴露在不安全的环境中;另一方面,边缘计算采用了开放的网络虚拟化功能(network virtualization function,NVF)等技术,也容易将边缘计算暴露给攻击者。然而,边缘设施的资源与能力相对受限,难以部署和提供与云数据中心一致的安全性能,这使边缘计算面临一定的安全风险。

边缘计算面临的主要安全风险包括:认证与授权的安全风险、网络基础设施的安全风险、边缘数据中心的安全风险、虚拟化安全风险以及用户设备安全风险。从边缘网络架构特点出发,可以从边缘计算环境下的身份认证、通信安全协议、入侵检测、数据加密以及虚拟机隔离等方面做好边缘计算的安全防护。详细的介绍请参考本书第 7 章。

1.5.4　边缘智能

现有 5G 网络是在传统的蜂窝网络的基础上发展起来的异构网络,网络的协议、拓扑与接入方式变得越来越复杂。因此,传统的网络管理和整体控制面临着巨大的挑战,未来的网络急需一种更强大、更智能的方式来解决其中的设计、部署和管理问题。人工智能与边缘计算的融合可以形成边缘智能。

针对边缘计算的计算卸载在移动性、安全性和干扰管理方面的问题,可以利用边缘智能技术,尤其是深度学习来解决;边缘计算带来的分布式计算和存储能力能够支持更加智能的网络边缘缓存,但设计缓存节点协作机制极具挑战,如果将迁移学习应用于内容流行度的预测,可以减少预测时间,减少决策时延。安全防护是边缘计算实现与部署过程中要考虑的难点之一,分布式的部署方式使边缘计算的安全与隐私面临极大风险,需要设计合理有效的安全防护措施,可以结合深度信念网(deep belief network,DBN)提出边缘计算的安全防护方案。

Edge AI: Convergence of Edge Computing and Artificial Intelligence 一书中指出:人工智能技术可以设计适应性强的边缘缓存策略,解决内容流行度分布在边缘节点的覆盖问题;利用基于学习的优化技术,可以解决如何有效地使用现有的能量、通信和计算资源来优化边缘计算中的任务卸载问题;利用人工智能技术可以实现边缘的管理,例如边缘通信、边缘安全还有联合的边缘优化等。详细的介绍请参考本书第 9 章。

1.6　赋能边缘计算的相关技术

随着 5G 与物联网的新型业务场景不断涌现以及边缘计算技术的快速发展,为了给新一代网络提供资源开放、管理开放和网络开放等能力,针对边缘计算的具体实现和实际部署面临的多样化需求问题,相关网络新技术广泛应用到了边缘计算中,促进了移动性、安全性、干扰管理、网络缓存处理等问题的解决,还提供了灵活性、可扩展性和高效性。这些新技术有软件定义网络(software defined networks,SDN)、网络功能虚拟化(network function virtualization,NFV)、信息中心网络(information centric networking,ICN)、网络人工智能(network artificial intelligence,NAI)、数据中心网络(data center network,DCN)、大数据(big data)以及区块链(blockchain)。

1.6.1　软件定义网络

软件定义网络是一种新型的网络体系架构,其核心思想是将网络设备的控制平面与数据平面分离,将控制平面集中实现,并开放软件可编程能力。SDN 技术使网络变得更加智能化、可编程和更加开放。SDN 的优势在于,在通用硬件上实现网络控制面的功能,通过应用程序接口(application program interface,API)开放网络功能,远程控制网络设备,从逻辑上将网络智能解耦到不同的基于软件的控制器之中。

开放网络基金会(open networking foundation,ONF)对 SDN 进行了标准化,他们认为,SDN 的最终目的是为软件应用提供一套完整的编程接口,上层的软件应用可以通过这套编程接口灵活地控制网络中的资源以及经过这些网络资源的流量,并能够按照应用需求灵活地调度资源。ONF 定义了 SDN 架构由四个平面组成:数据平面、控制平面、应用平面以及管理平面,各个平面之间使用不同的接口协议交互。图 1-6 为 ONF 提出的 SDN 系统架构。边缘计算的基础是异构物理对象的连接,为了满足连接和应用场景的多样性,需要具备对各种网络接口、网络协议、网络拓扑、网络部署与配置、网络管理与维护等丰富的联机功能。SDN 应用于边缘计算能够带来独特的价值:支持海量连接、模型驱动的策略自动化、端到端的服务保障、系统架构开放等。

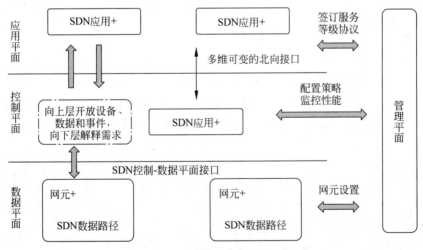

图 1-6　ONF 提出的 SDN 系统架构

1.6.2　网络功能虚拟化

网络功能虚拟化技术将网络功能和服务与专有硬件设备解耦,网络功能运行在软件上,因此,可以整合到通用设备上,并提供优化的管理平面。NFV 的通用参考框架如图 1-7 所示。实现网络功能虚拟化,可以提高异构设备的管理能力,增强网络的可扩展性和灵活性,从而缩短业务的部署时间,节省网络运营商的投入花费和运营成本。

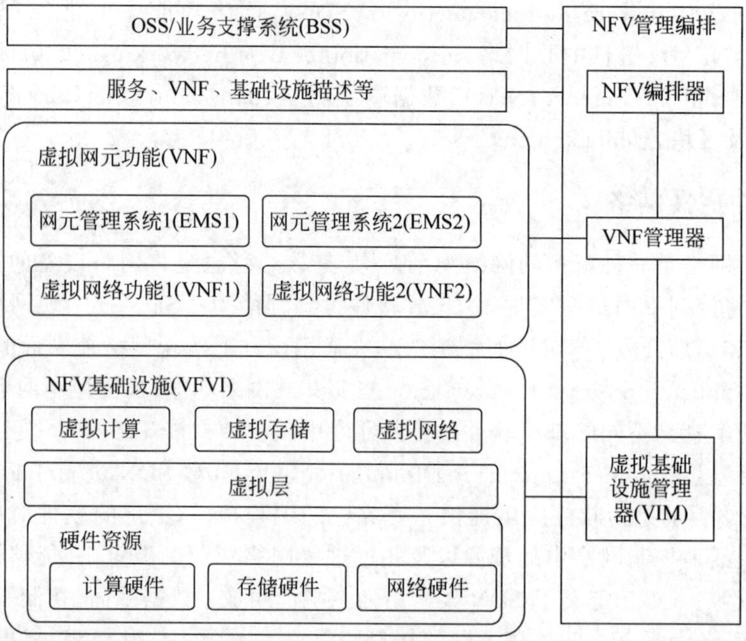

图 1-7   NFV 的通用参考框架

NFV 与 SDN 有联系,它们的核心思想都是软件化、开放化、标准化,从而降低成本、提高灵活性。它们的区别在于,SDN 更注重网络系统的可编程性,而 NFV 更注重网元层面的虚拟化和网络上层的软件化。

1.6.3   信息中心网络

随着互联网与实际应用场景的深度融合,大量异构智能设备终端接入互联网。传统互联网基于 TCP/IP 的体系结构在可扩展性、可控性、移动性、绿色节能、内容分发能力等方面面临严峻挑战。为了解决这些问题,满足人们对海量内容获取以及不断增长的视频业务量的需求,信息中心网络(ICN)的解决方案是一种能够较好满足网络信息传递需求的网络架构。

ICN 的主要思想是以信息命名方式取代传统的以 IP 地址为中心的网络通信模型,实现用户对信息的搜索和获取。TCP/IP 网络关注内容存储的位置,而 ICN 更加注重内容本身,以此增强互联网的安全性、支持移动性、提高数据分发和数据收集的效率、支持新应用和新需求。ICN 与 TCP/IP 网络的思想比较如表 1-2 所示。

表 1-2   ICN 与 TCP/IP 网络的思想比较

	ICN	TCP/IP
通信模式	主机到主机,通过 IP 中的源地址以及目的地址获得传输路径	主机到网络,通过信息名字获取通信路径
安全性	从信息出发,直接对信息实施安全措施	安全取决于主机是否可信

	ICN	TCP/IP
高效性	缓存转发,采用信息命名路由,解析与路由合并	存储转发,根据 IP 地址进行分发,必须解析到目的机才能实现通信
移动性	支持内容请求/应答模式,更加适合移动性	需要知道用户端的位置信息

1.6.4 网络人工智能

边缘智能设备的海量接入、异构性、多样性以及不断增加的网络协议、拓扑与接入方式使网络管理面临前所未有的挑战。未来网络的发展方向之一是智能化,需要一种更强大、更智能的方式对网络进行监控、部署和管理。近年来,随着大数据与机器学习、深度学习的融合,人工智能在自然语言处理、计算机视觉等方面取得了突破。利用人工智能技术来管理网络,实现故障定位、网络故障自动修复、数据流预测、网络容量优化等功能,这些全新的解决方案已经形成了工业界和学术界一个网络智能化的研究领域——网络人工智能。

目前,网络人工智能的研究主要涉及基于人工智能的网络资源管理、基于人工智能的网络流量管理、基于人工智能的网络自动化编排、基于人工智能的网络安全等四方面。边缘计算作为一种异构、分布式、多用户的网络系统,其计算、缓存及通信资源的管理、修复和优化更加复杂。利用人工智能技术可以实现对边缘计算的管理优化,实现实时、在线、安全的网络管理功能。

1.6.5 云计算与数据中心网络

边缘计算将原本在云数据中心完成的服务和功能下沉到网络的边缘,更加靠近用户,它是云计算能力向网络边缘的延伸。云计算技术模型主要包括私有云、公有云、混合云和社区云等。云计算服务模型主要包括基础设施即服务、平台即服务、软件即服务等。边缘服务器需要引入云计算技术的云化软件架构,使网络边缘在有限的资源下实现可靠性、灵活性和高性能。

随着互联网规模的爆炸式增加,接入互联网的人数剧增,特别是视频流的下载量呈指数级增长,互联网服务提供商如谷歌、亚马逊等需要建立大型的专用服务器仓库来满足扩大数据中心的需求,建立云数据中心。利用数据中心网络技术把这些数以万计的服务器连接起来,形成云数据中心网络。边缘计算在网络的边缘为用户提供计算、存储、网络和通信资源,从而减少了访问核心网络的数量。边缘计算与云数据中心的研究联系密切,云-网-边-端的未来网络架构已经成为趋势。

1.6.6 大数据

随着社交网络与多媒体业务的迅猛发展,基于云计算与物联网、5G 等技术的兴起,数据在以前所未有的速度增长和积累。根据思科报告,2019 年,物联网产生的数据 45% 在网络边缘进行存储、分析和处理。例如,医疗大数据、视频大数据、智能电网大数据、智能交通大数据等。在万物互联的时代,网络边缘的设备不仅是数据消费者,也是数据的生产者。在新型的网络环境下,边缘计算的服务器平台将面临处理海量数据的需求,利用大数据技术可以提供相应的高效处理和分析数据的能力,从而保证服务质量。

目前,大数据处理的范式已经从以云计算为中心的集中式处理转向以万物互联为核心的边缘计算的分布式处理,网络边缘实时产生海量数据,边缘计算服务器与平台需要给用户提供大量的服务,以满足各种业务功能的需求。网络边缘设备已经具备了足够的计算能力,可以进行原始数据的处理,这样的新型计算模型不仅降低了数据的传输数量,也节省了网络带宽资源,同时网络时延大大降低,提高了用户体验。

1.6.7 区块链

区块链是一种分布式数据存储、点对点传输、共识机制、加密算法等计算机技术在互联网时代的新型应用模式。区块链技术是利用块链式数据结构来验证和存储数据、利用分布式节点共识算法来生成和更新数据、利用密码学方法保证数据传输和访问的安全性、利用自动化脚本代码组成的智能合约来编程和操作数据的一种全新的分布式架构与计算范式。区块链的核心关键技术包括共识机制、数据存储、网络协议、加密算法、隐私保护、智能合约等。

边缘计算的边缘节点离用户终端最近,负责数据的存储、计算和加密工作,并且实时完成交互的计算任务。边缘节点已经具备本地计算、存储和联网通信功能,能够在边缘服务器快速处理数据,无须将数据返回云数据中心。然而,边缘计算的边缘设备数量庞大,有很强的异构性和多样性,边缘设备的嵌入式芯片很容易被攻击,将区块链技术引入边缘计算,可以构建边缘计算的安全体系,包括数据安全、身份安全、隐私保护和访问控制等。

1.7 边缘计算未来的发展趋势

边缘计算的兴起和发展与新一轮的技术变革机遇密不可分,这些技术帮助边缘计算从设计蓝图到工业落地。同时,边缘计算的成熟和它的标准化系统将会给这些技术提供跳跃式发展的机会。因此,边缘计算将要和其他技术整合发展,其未来的发展趋势可以总结为以下四方面。

(1)异构计算。异构计算能协作使用不同性能和结构的机器来满足不同的计算需求,并且能够通过算法在异构平台上获得最大整体性能。这个方法能够满足未来多样性数据处理和异构计算平台的要求。在边缘计算中引入异构计算,改善计算资源的利用效率,支持计算资源的弹性调度,可以满足处理异构数据和边缘服务的不同应用的需要。

(2)边缘智能。边缘智能就是使用边缘计算促使人工智能技术应用在边缘,是人工智能的一个应用与表现。随着终端硬件计算能力的提升,人工智能已经越来越多地出现在终端的应用场景中。一方面,人工智能部署在边缘节点能够快速获取丰富的数据,不仅可节省通信开销,还可减少响应时延,并且极大地扩展了人工智能的应用场景;另一方面,边缘计算能够使用人工智能技术去优化边缘端的资源调度决策,帮助边缘计算扩展商业场景,给用户提供更多有效率的服务。我们有理由相信,边缘智能将会成为未来社会的一项重要技术。

(3)边云协同。边缘计算是云计算的一个扩展,而且可以与云计算互相补充。云计算在全局、非实时、长周期大数据处理和分析方面是有优势的;而边缘计算在局部、实时、短周期智能分析方面做得很好。因此,面对相关的人工智能类应用,可以将高密度计算任务部署在云端,将快速响应要求的任务部署在边缘端。同时,边缘端也能够先预处理数据,然后再发送到云端,进一步减少网络带宽的消耗。通过边缘-云端协同计算能够满足多样性的需求,减少计算花费和网络带宽的消耗。因此。边缘计算与云计算的协同发展,不仅使这两种技术取得了进步,也会给其他技术的发展提供推动力,比如边缘智能、物联网等。

(4)5G＋边缘计算。5G 有三个特征:超高速、超互联和超低时延,这依赖于许多先进的技术,包括边缘计算。5G 与边缘计算紧密相关,一方面,边缘计算是 5G 网络的重要组成部分,且可以有效缓解 5G 时代数据爆炸的问题;另一方面,5G 为工业部署和边缘计算工业提供了一个很好的网络基础。因此,5G 和边缘计算是互为补充的,而且在 5G 的三大场景和未来网络能力的支持下,两者还有很大的合作空间。

1.8　边缘计算的机遇与挑战

边缘计算已经成为一种在万物互联时代下的新型计算模型。随着计算、通信、存储技术的飞速发展和大数据时代的到来,边缘计算与云计算协同将有效处理原有的大数据协同、数据处理负载、数据传输带宽、数据隐私保护等问题。在 SDN、NFV 等网络技术支撑架构下,边缘计算能够实现将云中心的计算任务部分迁移到网络边缘设备上,以提高数据传输性能,保证处理的及时性,在保护隐私的同时,减少云计算中心的计算负载,提高用户体验。边缘计算必将为万物互联时代的信息处理提供较为完美的软硬件支持平台。

然而,边缘计算模式仍然面临来自各个领域的挑战。2017 年,美国计算机社区联盟发布《边缘计算重大挑战研讨会报告》,阐述了边缘计算在应用、架构、能力与服务、边缘计算理论方面的主要挑战。接下来,主要从服务管理、隐私保护及安全、优化指标、理论基础和商业模式几方面阐述。

(1)边缘计算在服务管理方面的挑战主要包括差异性、可扩展性、隔离性、可靠性。差异性是指在网络的边缘部署优先级不同的多种服务,满足不同级别的服务的需要。可扩展性是指在边缘计算设备更新时,需要设计一种灵活且可扩展的边缘计算系统,满足在新设备上继续之前的服务,实现服务层的管理。隔离性是指传统的分布式系统采用不同的同步机制来管理共享资源,比如加锁或者令牌环机制。在边缘计算中,由于存在多个应用程序共享同一种数据的情况,隔离性问题将变得更加复杂。可靠性是边缘计算的挑战性之一,因为在实际的服务场景下,确定服务失败的具体原因比较困难。而且从数据的角度来看,可靠性主要取决于数据感知和通信质量,而异构的边缘设备故障原因也是各种各样的,如何利用感知源数据和历史数据提供可靠的服务仍然是一个难题。

(2)数据隐私保护及安全是边缘计算的一项必需且很重要的服务。然而,万物互联的边缘网络中,大量的隐私信息被边缘设备捕获,例如视频监控。因此,如何在保护数据隐私以及安全的条件下提供边缘计算服务,将是一个巨大的挑战,主要包括以下内容。

① 普通用户对个人数据的隐私和安全的保护意识不强,例如,在公共场所接入 Wi-Fi 以及家庭 Wi-Fi。

② 边缘设备对于个人隐私数据要实现本地收集和边缘存储,高度敏感的隐私数据不能提供给服务提供商。

③ 实施边缘数据隐私保护和安全缺乏有效工具。边缘网络设备的资源有限,传统的保护数据安全的方法不能直接应用。而且,网络边缘设备处于高度动态的网络环境中,更加容

易受到攻击。

(3) 在边缘计算中,边缘设备的异构性,使时延、带宽、能耗及运营成本等几个指标变得异常复杂。如何设计最优的分配策略,同时满足这几种优化指标,提升用户体验,仍然是一个难题。时延是评估边缘计算性能最重要的指标之一,为了降低时延,边缘计算的范式就是将计算任务在离用户近且具有计算能力的边缘服务器中执行。较高的带宽可以减少传输时延,特别是大量数据的传输,可以考虑多无线接入技术,将数据上传至边缘服务器处理。能量是边缘设备受限的资源,对于边缘设备而言,计算卸载到边缘云处理被认为是一种节能的途径。然而,还是要权衡本地计算的能耗和计算卸载的能耗,做出最优决策。边缘计算可以让服务提供商获取利润,然而,所获取的利润和用户的消费能力之间也存在一个平衡。如何设计新的运营服务成本计算模型,也是一个亟待解决的问题。

(4) 边缘计算的基础理论也是学术界和工业界进行边缘计算研究所面临的一个关键性的挑战之一。边缘计算是综合性很强的、跨学科的研究,涉及计算、数据通信、存储、能耗优化等领域。一方面,边缘计算的基础理论需要以一种多目标优化的理论为基础,实现计算资源、通信资源、存储资源和能耗等联合优化;另一方面,需要分别从计算、数据通信、存储能耗优化等不同维度提供相关基础理论。例如,需要建立计算任务的负载均衡理论;需要建立分布式多维边缘设备能耗理论模型;需要建立基于多边缘设备的边缘计算可靠性理论等。目前,边缘计算的基础理论还不成熟,需要综合利用计算、通信、存储和能耗优化等多学科领域现有的理论基础,提出综合性的、多维度的边缘计算基础理论,这是边缘计算研究中亟待解决的首要问题。边缘计算基础理论对于推动边缘计算的应用部署、服务和开发具有重要的指导意义。

(5) 边缘计算的商业实施涉及软硬件平台、网络通信连接、数据融合、芯片(计算)、传感器、行业应用等多个产业链角色,横跨信息技术和通信技术多个领域。现有的边缘计算商业模型主要包括服务驱动、数据驱动等单边的中心-用户的商业模式。边缘计算的商业模型涉及多个利益相关者,如何以数据、服务驱动,结合云边协同,提出边缘计算的多边商业模型,仍然是边缘计算面临的重要问题。

本章小结

本章主要介绍了边缘计算的产生背景、发展历史,给出边缘计算的定义,阐述了促使边缘计算产生的关键技术以及边缘计算的机遇与挑战。

习题

(1) 简要阐述边缘计算的概念,并给出边缘计算中"边缘"的解释。

(2) 简要阐述边缘计算之前的几种相关网络形态。

(3) 简要阐述边缘计算的赋能技术。

(4) 简要阐述云边协同的内涵,以及云边协同的应用场景。

(5) 简要阐述边缘计算未来的机遇与挑战。

参考文献

［1］　谢人超,黄韬,杨帆,等.边缘计算原理与实践[M].北京:人民邮电出版社,2019.

［2］　边缘计算社区.边缘计算时代(白皮书)[R].北京:边缘计算社区,2020.

［3］　全球移动通信系统协会.5G 时代的边缘计算:中国的技术和市场发展(白皮书)[R].2020.

［4］　边缘计算联盟.边缘计算与云计算协同(白皮书)[R].北京:边缘计算联盟,2018.

［5］　谢人超,廉晓飞,贾庆民,等.移动边缘计算卸载技术综述[J].通信学报,2018,39(11):138-155.

［6］　史浩天.一本读懂边缘计算[M].北京:机械工业出版社,2020.

［7］　张骏.边缘计算方法与工程实践[M].北京:电子工业出版社,2019.

［8］　韩强.内容分发网络技术(CDN)简析[J].中国传媒科技,2006,(4):19-22.

［9］　李乔,郑啸.云计算研究现状综述[J].计算机科学,2011,38(4):32-37.

［10］　Debashis De.移动云计算架构、算法与应用[M].郎为民,张锋军,姚晋芳,等译.北京:人民邮电出版社,2017.

［11］　云计算开源产业联盟.云计算与边缘计算协同九大应用场景(白皮书)[R].北京:云计算开源产业联盟,2019.

［12］　施魏松,刘芳,孙辉,等.边缘计算[M].北京:科学出版社,2018.

［13］　陆威,章璐,杜鹏,等.智能边缘计算网络关键技术研究[J].无线电通信技术,2022,48(3):480-484.

［14］　Zhou, Zhi, et al. Edge Intelligence: Paving the Last Mile of Artificial Intelligence with Edge Computing[J]. Proceedings of the IEEE,2019,107(8):1738-1762.

［15］　Wang X F,Han Y W,Leung,Victor,et al. Edge AI: Convergence of Edge Computing and Artificial Intelligence[M]. Singapore:Springer,2020.

［16］　施魏松,孙辉,曹杰,等.边缘计算:万物互联时代新型计算模型[J].计算机研究与发展,2017,54(05):907-924.

第 2 章　边缘计算系统架构与部署方案

边缘计算系统架构是对边缘计算系统的整体结构设计和功能模块构建。既要考虑边缘网络的特点，又要考虑边缘设备的实际需求，同时还要考虑边缘服务器的能力。边缘计算系统架构是边缘计算系统在其所处环境中最高层次的概念，要确定系统中每一台设备、服务器和网络连接之间的衔接，还要确定每个模块的具体功能和责任，同时还要描述系统的运行过程。而边缘计算的部署方案主要是讨论边缘计算的实际应用方法和实施方案。在部署时要更多地考虑实际应用环境的约束和特点，并依据部署需求更好地实施现场部署，从而实现部署目标。由于应用场景和部署目标的不同，边缘计算的实际部署方案也有很大的不同。

2.1　边缘计算系统的组成结构

本章将对边缘计算系统整体框架的组成结构进行描述，并针对其中的重要组成部分和功能进行详细的介绍、分析。在传统云计算结构的边缘设备层和中心云层(数据中心)之间引入新的理念——边缘服务层，从而实现为边缘设备提供边缘计算(缓存)服务。

2.1.1　边缘计算系统的扁平结构

在边缘计算系统中，边缘服务器为边缘设备提供计算迁移和内容缓存服务。边缘服务器通常可以与边缘设备直接连接，或通过接入点等设备间接连接。一个边缘服务器可以为一个或多个边缘设备提供服务，而多个边缘服务器可以通过网络互相连接或连接到中心云。边缘计算系统的扁平结构是较复杂的星形拓扑，如图 2-1(除图中 B 部分)所示。

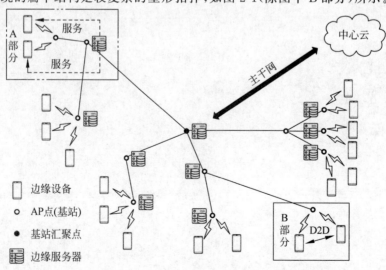

图 2-1　边缘计算系统扁平结构图

多个边缘设备首先连接到边缘服务器上,将计算任务迁移到边缘服务器上或者获取已经缓存在边缘服务器上的内容数据。当一个边缘设备连接的边缘服务器不能满足该设备的需求,可以将计算任务或内容请求任务转发至其他边缘服务器或中心云上,以最大化满足用户的需求。还有一种情况是,一个区域内的多个边缘设备之间通过基站连接,或以设备到设备(device-to-device,D2D)的方式互相提供边缘服务,即当有些设备的资源空闲时为其他设备提供服务,如图 2-1 中 B 部分所示。

2.1.2　边缘计算系统的分层结构

如果将传统云计算系统分为两层,即中心云层和边缘设备层,那么可以在这两层的中间引入边缘计算特有的一层,即边缘服务层,构成边缘计算系统的三层结构,如图 2-2 所示。

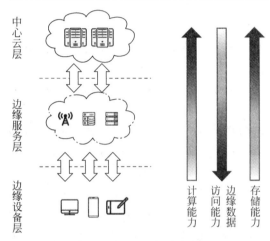

图 2-2　端-边-云资源分布图

(1)边缘设备层。主要是指位于网络边缘,产生能够进行迁移的计算任务和内容请求任务的用户设备。

(2)边缘服务层。主要是指位于网络边缘,能够为网络中的设备提供计算迁移和内容缓存服务的网络设备、边缘服务器或微云。

(3)中心云层。主要是指传统云计算中为整个网络提供服务的中心云或数据中心。

以上三层结构是在边缘计算系统中依据网络设备的网络位置和实际功能进行的大体分层。其中边缘设备层包含手机、穿戴设备、汽车等网络中接受服务的所有设备;而边缘服务层包括家庭路由器、基站、智能网关和智能路由等所有能够提供边缘计算迁移和内容缓存的网络设备、边缘服务器或微云。在这里,边缘设备层和边缘服务层的设备是可以相互流动的。当边缘设备在计算资源和存储资源较为空闲不需要接受服务时,可以利用其空闲资源为周边设备提供计算迁移和内容缓存服务,这时该设备就由边缘设备层转移到边缘服务层。

中心云层作为传统云计算的核心组成部分,在边缘计算中也承担着重要的功能。首先在一些边缘计算迁移决策的研究中,计算迁移策略在云中心进行计算并由云中心执行;其次由于边缘服务层的设备资源极其有限,一些数据密集的或对时延要求不高的计算任务可以迁移到中心云层进行执行;最后中心云作为内容数据的来源,在内容缓存服务中也是不可或缺的部分。

2.1.3 边缘计算系统的组成部分

根据前面所讲的内容,边缘计算系统不管是扁平结构还是分层结构,基本上都是由边缘设备、边缘服务器、网络连接和中心云四部分组成。本小节将对这四部分内容进行详细的介绍和分析。

1. 边缘设备

边缘设备主要指网络拓扑位置处于网络边缘,本身的计算、存储、能量等资源有限,执行多种计算、数据访问任务的异构终端设备。例如智能手机和智能手环等智能穿戴设备、智能交通摄像头、制造业物联网设备等。

由于边缘设备位于网络边缘,很多时候需要能够方便携带和灵活使用,所以很多边缘设备都是在不断移动的,具有移动性。由于边缘设备的功能各异,其拥有者和生产者不同,设备零部件也不尽相同,所以边缘设备具有异构性的特点。

边缘设备一般具有计算资源、存储资源和能量资源(电能),这三者的特点如下。

(1) 计算资源。边缘设备具有一定的计算资源。但由于边缘设备的尺寸、造价和设计原因,计算资源一般较少。计算资源的紧缺使计算任务不一定能够在有效时间内完成,所以需要执行计算迁移。

(2) 存储资源。与计算资源一样,边缘设备的存储资源也是十分紧缺的,大量的计算任务所需数据不能够保存在边缘设备上。同样,边缘设备需要的内容数据也需要从其他服务器或设备上请求。

(3) 能量资源。由于边缘设备不一定能够及时接入电网,只能完全依靠电池,并且由于尺寸等原因,能量资源也是有限的。但与计算、存储资源的占用不同,能量资源是一种消耗资源,在再次充电之前的一段时间内,能量被消耗后不能再补充回来,所以能量资源是边缘设备必须节省的资源,边缘设备的能耗必须进行优化。

边缘设备主要会产生两种边缘服务器可提供服务的任务:①计算任务;②内容请求任务。计算任务是边缘设备上执行程序时需要使用计算资源的各种任务,内容请求任务是边缘设备上对远程数据存储服务器发出内容数据访问请求的任务。

① 计算任务。计算任务在边缘计算系统中可以选择在边缘设备本地执行或迁移到边缘服务器(中心云)上执行。由于边缘服务器的计算能力和存储能力更强且能量更充足,计算任务迁移到边缘服务器上执行,能够大大降低计算任务执行时间,从而降低计算任务的响应时间。计算任务拥有各种重要参数,包括数据大小、时延限制、执行能耗、等待时间、带宽利用率、上下文感知、通用性和可伸缩性等。决定计算任务在哪里执行、如何进行计算迁移以及迁移后如何执行的策略叫作计算迁移策略,是边缘计算研究的重点,在下一章会着重讲解。

计算任务的研究中还有一个难点,那就是计算任务的依赖关系和计算任务的划分问题。由于计算任务可以选择在本地执行还是进行迁移后执行,那么原来的程序如何划分成若干个小的计算任务以及计算任务间的依赖关系如何,都影响着边缘设备的计算任务执行总时延和用户的体验。而且,边缘设备上的计算任务包括了不能进行迁移的任务,例如用户输入、图片捕获、结果显示等。

此外,计算任务间还存在数据传输,传输的数据大小也是计算迁移策略的考量因素之一。如图 2-3 所示,以图论的方法 $G=(V,A)$ 表示计算任务间的关系,其中,$\{1,2,j\}$ 为可迁移任务,$\{F,0,i\}$ 为不可迁移任务,a_{xx} 为任务间的数据传输。

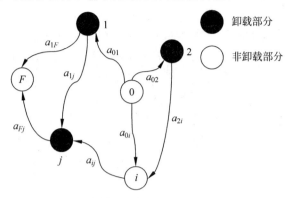

图 2-3　迁移计算任务关系图

② 内容请求任务。内容请求任务在边缘计算系统中主要接受边缘缓存服务,即内容请求任务所请求的内容数据由边缘服务器响应请求并传输数据。内容数据原本是存储在远端数据中心服务器中的,内容请求任务也是由远端数据中心服务器来响应的。边缘计算系统依据一定的规律和策略将部分内容数据缓存在边缘服务器中,当边缘设备产生对已缓存内容数据的内容请求任务时,由边缘服务器对该任务进行响应。这样就减少了从远端数据中心到边缘服务器所在位置的数据传输过程,大大降低了内容请求任务的响应时间。决定内容数据在哪里缓存、如何进行缓存以及如何响应请求的策略叫作内容缓存策略,是边缘计算研究的重点,在第 4 章会详细讲解。内容请求任务本身并不具有很多特殊性,研究的重点在内容缓存策略上,所以此处不再赘述。

2. 边缘服务器

边缘服务器主要指网络拓扑位置靠近网络边缘,本身具有较多的计算、存储资源,可以为边缘设备提供计算迁移和内容缓存服务的设备。例如智能网关、智能基站、基站汇聚点、智能电力机房等。边缘服务器一般也具有计算、存储和能量资源,其特点如下。

① 计算资源。由于边缘服务器对设备的尺寸、造价并没有过于严格的要求,边缘服务器的计算资源相较于边缘设备是充足的,能够为计算任务提供更高的计算速度和更低的计算时延。

② 存储资源。类似于计算资源,边缘服务器的存储资源相较于边缘设备是较为充足的,可以存储更多的数据。在边缘计算中,边缘设备访问较多的内容数据,将其缓存在边缘服务器上便于边缘设备访问以减少响应时间,所以边缘服务器的存储资源也称为缓存资源。

③ 能量资源。由于边缘服务器大多接入电网,所以其能量资源是可以源源不断地从电网中获取的。但是边缘计算研究中还要考虑电费成本问题和环保问题,所以边缘服务器的能量消耗也是需要进行优化的。

边缘服务器主要是为边缘设备提供服务的,所以针对边缘设备的两种任务,边缘服务器为其提供两种服务:计算迁移服务和内容缓存服务。计算迁移服务是面向边缘设备将计算任务的相关数据传输到边缘服务器上,并将该任务在边缘服务器上执行的服务。内容缓存服务是按照一定规则将边缘设备可能请求的内容数据缓存在边缘服务器上,在边缘设备对已缓存的内容数据发出请求时直接由边缘服务器为其传输数据的服务。

(1)计算迁移服务。

计算迁移服务是将资源非常紧缺的边缘设备上的计算任务迁移到边缘服务器上来,利用边缘服务器较为充足的资源执行计算任务,大大降低计算任务的响应时间或者为边缘设备节约能源。但是边缘服务器为边缘设备提供计算迁移服务时,会遇到以下两个问题。

① 资源约束下的计算任务执行策略问题。现有的一些研究认为边缘服务器的计算负载远低于其计算资源,所以服务器上的计算时延可以忽略不计。但是边缘服务器上的计算资源虽然相对于边缘设备是充足的,但当服务的设备过多、迁移任务过多时,计算资源也会紧缺。所以边缘设备迁移到边缘服务器上的计算任务在边缘服务器上也要有一个排队执行的过程,如图 2-4 所示。如何决策计算任务的队列顺序、如何分配处理器的计算资源,从而最大化利用计算资源,并最小化各计算任务的响应时间或能耗,是边缘计算研究中的一个重要问题。

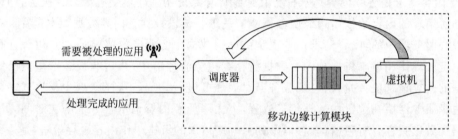

图 2-4　计算任务在边缘服务器上的排队示意图

② 网络边缘的边缘服务器数量很多,且通常属于不同的服务供应商,这就存在一个边缘服务器的激励问题。所以边缘服务器为边缘设备或其他边缘服务器提供计算迁移服务时,必须对服务器(或者说供应商)给予一定的激励(收益),才能够让其积极地为边缘设备提供服务。单纯的免费服务对供应商的积极性是一种伤害,对于边缘计算的长远发展来说也是不利的。面向边缘服务器,如何制定一定的激励机制(或者说定价机制),推动计算迁移服务的发展,也是研究的重点。

(2)内容缓存服务。

内容缓存服务是将边缘设备内容请求任务需要的内容数据提前缓存在边缘服务器上,当内容请求任务需要访问该数据时,可直接从已缓存该数据的边缘服务器上获取数据,而不需要再到远端服务器上获取,这样就省去了从边缘设备到远端服务器进行数据访问的过程,避开了主干网的拥塞,大大降低了内容请求任务的响应时间和边缘设备的能耗。

边缘服务器在为边缘设备提供内容缓存服务时,存在以下两个主要问题。

① 边缘服务器上缓存哪些内容数据?边缘服务器上的缓存资源是有限的,但是网络中可能被边缘设备请求的内容数据是海量且实时更新的。没有规律地选择内容数据缓存,对内容请求任务的性能提高没有意义。所以如何从海量内容中选择被缓存数据进行缓存从而提高系统性能是需要研究的重要问题,常见的方法有利用齐普夫分布(Zipf Distribution)构建流行度模型,进行内容的选择。

② 边缘服务器如何缓存内容数据?由于边缘服务器的缓存资源有限,多个边缘服务器

联合缓存或多层边缘服务器联合缓存势在必行。在一个区域内,多个具有内容缓存服务功能的边缘服务器如何对内容数据进行联合缓存,并在某个内容被请求时提供一个最优的数据访问策略,是研究中的重点。

3. 网络连接

在边缘计算系统中,一般认为边缘设备层和边缘服务层之间的通信方式是无线通信,而边缘服务层的设备间以及边缘服务层与中心云层之间是有线通信。这是因为研究中考虑的边缘设备是资源有限的设备,如果该设备能够通过有线方式接入网络,那么必然是固定位置的设备,可以接入电网获得能量或增大体积、增加存储和计算资源,这与研究中的边缘设备移动性特点相矛盾。一般也认为有线通信传输速率大于无线通信传输速率。边缘计算研究中,边缘设备层和边缘服务层之间的无线通信是研究的重点。如何将有限的无线通信资源分配给不同的边缘设备从而使系统性能最优的资源分配问题,在第 5 章会详细讲解。

4. 中心云

中心云是云计算研究的核心,在边缘计算研究中的重要性虽然有所降低,但仍是边缘计算研究的重点之一。中心云承担着特殊计算任务迁移(对全局数据要求高的计算任务)和计算负载超过边缘层能力后提供计算迁移服务的责任。

2.2　边缘计算系统的参考架构

边缘计算系统的组成结构是简单的三层结构,但是其系统架构却是极其复杂的。不同机构依据不同的功能、商业和工程需求,公布的系统架构也不尽相同。下面就两个不同参考架构对边缘计算系统架构进行分析。

2.2.1　ETSI 边缘计算参考架构

欧洲电信标准化协会(European Telecommunications Standards Institute,ETSI)一直致力于边缘计算的标准化研究,其在 2014 年 9 月就发布了《移动边缘计算白皮书》。ETSI在 2016 年发布的"Mobile Edge Computing: Framework and Reference Architecture"一文中给出了边缘计算的参考架构,该参考架构展示了组成边缘计算系统的功能元素和它们之间的参考点,如图 2-5 所示。在系统实体之间定义了三组参考点:关于边缘计算平台功能的参考点(图 2-5 中的 Mp)、管理参考点(图 2-5 中的 Mm)和连接到外部实体(图 2-5 中的Mx)的参考点。该边缘计算系统主要包括移动边缘主机和在运营商网络或运营商网络子集内运行应用程序的移动边缘管理等模块。模块不一定代表网络中的物理节点,而是代表在虚拟化基础架构顶部运行的软件实体。

虚拟化基础架构被理解为运行虚拟机的物理数据中心,并且虚拟机代表各个功能元素。在这方面,假设与 ETSI 边缘计算系统架构并行运行的 ETSI 网络功能虚拟化中的某些架构功能也将被重新用于移动边缘计算参考架构,因为 NFV 的基本思想是虚拟化所有网络节点功能。

1. 移动边缘主机

移动边缘主机是一个实体,它包含移动边缘平台和为移动边缘应用程序提供计算、存储与网络资源的虚拟化基础设施。虚拟化基础设施包括一个数据平面,它执行移动边缘平台

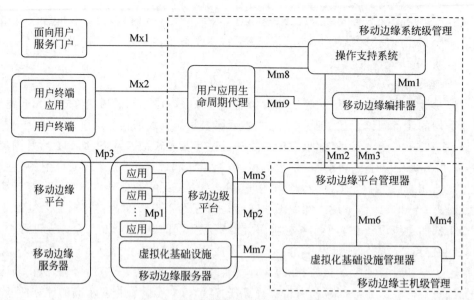

图 2-5　ETSI 发布的边缘计算参考架构

接收到的流量规则,并在应用程序、服务、软件定义网络服务器/代理、本地网络和外部网络之间路由流量。

2. 移动边缘管理

移动边缘管理包括移动边缘系统级管理和移动边缘主机级管理。

(1) 移动边缘系统级管理。

移动边缘系统级管理以移动边缘编配器为核心组件,对整个移动边缘系统进行概述。移动边缘系统级管理主要包括以下内容。

移动边缘协调器(mobile edge orchestrator,MEO)是移动边缘系统级管理的核心功能,它负责以下职能。

① 基于部署的移动边缘主机、可用资源、可用移动边缘服务和拓扑,维护移动边缘系统的总体视图。

② 启动应用程序包,包括检查包的完整性和真实性,验证应用程序规则和需求,并在必要时调整它们以符合操作员的策略,保存启动包的记录,并准备虚拟化基础设施管理器来处理应用程序。

③ 根据约束(如延迟、可用资源和可用服务)为应用程序实例化选择适当的移动边缘主机。

④ 触发应用程序实例化和终止,以及在支持时触发应用程序重新定位。

运营商的运行支持系统(operations support system,OSS)通过面向客户的服务门户接收请求,并从用户设备(user equipment,UE)应用程序接收实例化或终止应用程序的请求,然后决定是否批准这些请求。被批准的请求被转发到移动边缘协调器以进行进一步处理。如果得到支持,OSS 还会接收来自 UE 应用程序的请求,以便在外部云和移动边缘系统之间重新定位应用程序。

用户应用程序生命周期管理代理(user application life-cycle management proxy,UALMP):用户应用程序是一个移动边缘应用程序,它在移动边缘系统中实例化,以响应用户通过在 UE 中运行的应用程序发出的请求。用户应用生命周期管理代理允许 UE 应用程序请求登录、实例化、终止用户应用程序,在支持的情况下,将用户应用程序重新定位到移动边缘系统内外。它还允许通知 UE 应用程序有关用户应用程序的状态。用户应用生命周期管理代理授权来自 UE 中的 UE 应用程序的请求,并与 OSS 和移动边缘协调器进行交互,以进一步处理这些请求。用户应用程序生命周期管理代理只能从移动网络内部访问,它只有在移动边缘系统支持时才可用。

(2)移动边缘主机级管理。

移动边缘主机级管理用于处理特定移动边缘主机的移动边缘特定功能的管理和在其上运行的应用程序,主要包括以下内容。

移动边缘平台管理器(mobile edge platform manager,MEPM)主要负责以下职能:管理应用程序的生命周期,包括通知移动边缘协调器与应用程序相关的事件;为移动端平台提供元素管理功能;管理应用程序规则和需求,包括服务授权、流量规则和解决冲突。移动边缘平台管理器还从虚拟化基础设施管理器接收虚拟化资源故障报告和性能度量,以进行进一步处理。

虚拟化基础设施管理器(virtualization infrastructure manager,VIM)主要负责以下职能:分配、管理和释放虚拟化基础设施的虚拟化(计算、存储和网络)资源;准备运行软件映像的虚拟化基础设施,这些准备工作包括配置基础设施、软件映像的接收和存储;在受支持的情况下,可以快速部署应用程序;收集和报告有关虚拟资源的表现和故障信息;如果支持,执行应用程序重新定位。对于来自外部云环境的应用程序迁移,虚拟化基础设施管理器与外部云管理器进行交互,以执行应用程序迁移。

3. 移动边缘平台

移动边缘平台(mobile edge platform,MEP)是在特定的虚拟化基础设施上运行移动边缘应用程序,并使它们能够提供和使用移动边缘服务所需的基本功能的集合,其也可以提供服务。移动边缘平台负责以下职能。

(1)提供一个环境,使移动边缘应用程序能够发现和发布广告、使用和提供移动边缘服务,包括在受支持的情况下通过其他平台提供的移动边缘服务。

(2)接收来自移动边缘平台管理器、应用程序或服务的流量规则,并相应地指示数据平面。在支持的情况下,可将表示流量规则中的值的令牌转换为特定的 IP 地址。

(3)从移动边缘平台管理器接收域名服务器(domain name server,DNS)记录,并相应地配置 DNS 代理/服务器。

(4)托管移动边缘服务,以及提供对持久存储和时间信息的访问。

4. 移动边缘应用程序

移动边缘应用程序(mobile edge application,MEA)是基于配置或移动边缘管理验证的请求,在移动边缘主机虚拟基础设施上的实例化。移动边缘应用程序作为虚拟机运行在移动边缘主机提供的虚拟化基础设施之上,并且可以与移动边缘平台交互以消费和提供移动边缘服务。

在某些情况下,移动边缘应用程序还可以与移动边缘平台交互,以执行与应用程序生命周期相关的某些支持过程,例如指示可用性、准备重新定位用户状态等。移动边缘应用程序可以有一定数量的与之相关的规则和需求,例如所需的资源、最大延迟、所需的或有用的服务等。这些需求由移动边缘系统级管理验证,如果缺少这些需求,可以将其指定为默认值。

5. 用户设备应用程序

用户设备应用程序(user equipment application,UEA)是用户设备中的应用程序,它们能够通过用户应用程序生命周期管理代理与移动边缘系统进行交互。

6. 面向用户服务门户

面向用户服务门户(customer facing service portal,CFSP)允许运营商的第三方客户(例如商业企业)选择并订购一套满足其特定需求的移动边缘应用程序,并从所提供的应用程序接收服务级别信息。

2.2.2 中国边缘计算产业联盟的边缘计算参考架构

中国边缘计算产业联盟是由华为技术有限公司、中国科学院沈阳自动化研究所、中国信息通信研究院、英特尔公司、ARM 公司和软通动力信息技术(集团)股份有限公司作为创始成员,联合倡议发起的边缘计算产业联盟。其目的是全面促进产业深度协同,加速边缘计算在各行业的数字化创新和行业应用落地,并致力于推动"政产学研用"各方产业的资源合作,引领边缘计算产业的健康可持续发展。

中国边缘计算产业联盟在 2016 年 11 月发布了《边缘计算产业联盟(白皮书)》,并于 2017 年发布了第一版《边缘计算参考架构》。在目前最新的《边缘计算参考架构3.0》中对边缘计算架构给出了详细的内容。产业联盟是基于模型驱动的工程方法(model-driven engineering,MDE)对边缘计算系统进行设计,刻画出边缘计算系统的参考架构,如图 2-6 所示。整个系统分为中心云、边缘服务和边缘设备三层(也称为云、边缘和设备三层),边缘层位于云和设备层之间,边缘层向下支持各种现场设备的接入,向上可以与云端对接。边缘层包括边缘节点和边缘管理器两个主要部分。边缘节点是硬件实体,是承载边缘计算业务的核心。边缘计算节点根据其业务侧重点的不同,具有不同的硬件特点,主要包括以网络协议处理和转换为重点的边缘网关、以支持实时闭环控制业务为重点的边缘控制器、以大规模数据处理为重点的边缘云、以低功耗信息采集和处理为重点的边缘传感器等。边缘管理器核心软件的主要功能是对边缘节点进行统一的管理。

边缘计算节点一般具有计算、网络和存储资源,边缘计算系统对资源的使用有两种方式:第一,直接将计算、网络和存储资源进行封装,提供调用接口,边缘管理器以代码下载、网络策略配置和数据库操作等方式使用边缘节点资源;第二,进一步将边缘节点的资源及功能领域封装成功能模块,边缘管理器通过模型驱动的业务编排的方式组合和调用功能模块,实现边缘计算业务的一体化开发和敏捷部署。

系统中的功能组件及它们之间的相互关系和结构、它们之间的接口和交互,以及系统与支持该系统活动的外部元素的关系和交互是研究的侧重点。所以我们将从功能的角度对架构进行简化并分析,图 2-7 是边缘计算系统架构的功能视图。

1. 基础资源

基础资源包括网络、计算与存储三个基础模块,以及虚拟化服务。

(1)网络。边缘计算的业务执行离不开通信网络的支持,边缘计算的网络特点是既要满足与控制相关业务传输时间的确定性和数据完整性,又要支持业务的灵活部署和实施。时间敏感网络(time sensitive network,TSN)和软件定义网络技术会是边缘计算网络部分

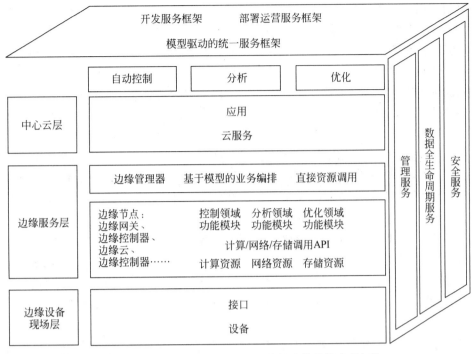

图 2-6　中国边缘计算产业联盟发布的边缘计算参考架构

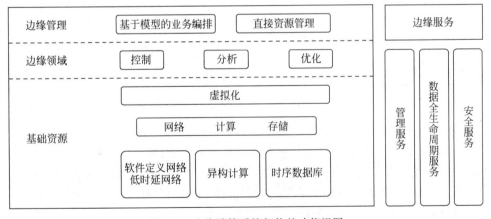

图 2-7　边缘计算系统架构的功能视图

的重要基础资源。

　　为了提供网络连接需要的传输时间确定性与数据完整性,国际标准组织制定了时间敏感网络系列标准,针对实时优先级、时钟等关键服务定义了统一的技术标准,是工业以太网未来的发展方向。软件定义网络(software defined network,SDN)逐步成为网络技术发展的主流,其设计理念是将网络的控制平面与数据转发平面进行分离,并实现可编程化控制。将 SDN 应用于边缘计算,可支持百万级海量网络设备的接入与灵活扩展,提供高效低成本的自动化运维管理,实现网络与安全的策略协同与融合。

　　(2)计算。异构计算(heterogeneous computing,HC)是边缘层关键的计算硬件架构。近年来,虽然摩尔定律仍然推动芯片技术不断取得突破,但物联网应用的普及带来了信息量爆炸式增长,而人工智能(artificial intelligence,AI)技术的应用增加了计算的复杂度,这些对计算能力都提出了更高的要求。计算要处理的数据种类也日趋多样化,边缘设备既要处理结构化数据,也要处理非结构化的数据。同时,边缘计算节点包含了更多种类和数量的计算单元,成本成为关注点。

为此,业界提出将不同类型的指令集和不同体系架构的计算单元协同起来组成新计算架构,即异构计算,以充分发挥各种计算单元的优势,实现性能、成本、功耗、可移植性等方面的均衡。同时,以深度学习为代表的新一代 AI 在边缘层的应用还需要新的技术优化。当前,即使在推理阶段,对一幅图片的处理也往往需要超过 10 亿次的计算量,标准的深度学习算法显然不适合边缘的嵌入式计算环境。业界正在进行的优化方向包括自顶向下的优化,即把训练完的深度学习模型进行压缩来降低推理阶段的计算负载;同时,也在尝试自底向上的优化,即重新定义一套面向边缘侧嵌入系统环境的算法架构。

(3)存储。数字世界需要实时跟踪物理世界的动态变化,并按照时间序列存储完整的历史数据。新一代时间序列数据库(time series database,TSDB)是存放时序数据(包含数据的时间戳等信息)的数据库,并且需要支持时序数据的快速写入、持久化、多纬度的聚合查询等基本功能。为了确保数据的准确和完整性,时序数据库需要不断插入新的时序数据,而不是更新原有数据。

(4)虚拟化。虚拟化技术降低了系统开发和部署成本,已经开始从服务器应用场景向嵌入式系统应用场景渗透。典型的虚拟化技术包括裸金属架构和主机(host)架构,前者是虚拟化的虚拟机管理器等功能直接运行在系统硬件平台上,然后再运行操作系统和虚拟化功能。后者是虚拟化功能运行在主机操作系统上。前者有更好的实时性,智能资产和智能网关一般采用该方式。

2. 边缘领域

边缘领域的功能模块可以分为控制、分析和优化。

(1)控制。工业互联网边缘计算场景中,控制仍然是一个重要的核心功能领域。控制系统要求对环境感知和执行达到"稳""准""快"。因此,大规模复杂系统对控制器的计算能力和实时响应要求比较高,利用边缘计算增强本地计算能力,降低由云集中式计算带来的响应延迟,是面向大规模复杂控制系统的有效解决方案。控制功能领域主要包括对环境的感知执行、实时通信、实体抽象、控制系统建模、设备资源管理和程序运行执行器等功能。

(2)分析。边缘计算的计算迁移策略一方面是将海量边缘设备采集或产生的数据进行部分或全部计算的预处理操作,对无用的数据进行过滤,降低传输的带宽;另一方面是将时间敏感型数据分析应用迁移至边缘服务器,提高数据访问的速度,保证数据可靠性,满足数据生成速度的需求。分析功能领域主要包括流数据分析、视频图像分析、智能计算和数据挖掘等。

(3)优化。边缘计算优化功能涵盖了场景应用的多个层次。

① 测量与执行优化。优化传感器和执行器信号接口,减少通信数据量,保证信号传递的实时性。

② 环境与设备安全优化。对报警事件优化管理,尽可能实现及早发现与及早响应;优化紧急事件处理方式,简化紧急响应条件。

③ 调节控制优化。采用优化控制策略、优化控制系统参数、优化故障检测过程等。

④ 多元控制协同优化。对预测控制系统的控制模型优化、多输入多输出(multiple-input multiple-output,MIMO)控制系统的参数矩阵优化,以及对多个控制器组成的分布式系统的协同控制优化等。

3. 边缘管理

边缘管理包括基于模型的业务编排和直接资源管理。

(1)基于模型的业务编排。基于模型的业务编排,通过架构、功能需求、接口需求等模型定义,支持模型和业务流程的可视化呈现,支持基于模型生成多语言的代码;通过集成开发平台和工具链集成边缘计算领域模型与垂直行业领域模型,支持模型库版本管理。

(2)直接资源管理。直接资源管理是通过代码管理、网络配置、数据库操作等方式直接调用相应的资源,完成业务功能。代码管理是指对功能模块的存储、更新、检索、增加、删除等操作,以及版本控制。网络管理是指在最高层面上对大规模计算机网络和工业现场网络进行的维护和管理,实现控制、规划、分配、部署、协调及监视一个网络的资源所需的整套功能的具体实施。数据库管理针对数据库的建立、数据库的调整、数据库的组合、数据可安全性控制与完整性控制、数据库的故障恢复和数据库的监控,提供全生命周期的服务管理。

4. 边缘服务

边缘服务主要包括管理服务、数据全生命周期服务和安全服务。

(1)管理服务。支持面向终端设备、网络设备、服务器、存储、数据、业务与应用的隔离、安全、分布式架构的统一管理服务。支持面向工程设计、集成设计、系统部署、业务与数据迁移、集成测试、集成验证与验收等。

(2)数据全生命周期服务。边缘数据是在网络边缘产生的,包括机器运行数据、环境数据以及信息系统数据等,具有高通量(瞬间流量大)、流动速度快、类型多样、关联性强、分析处理实时性要求高等特点。可以通过业务编排层定义数据全生命周期的业务逻辑,包括指定数据分析算法等,通过功能领域优化数据服务的部署和运行,满足业务实时性等要求,如图 2-8 所示。

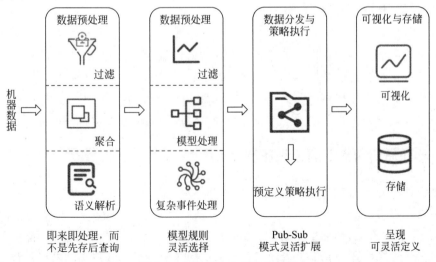

图 2-8　数据全生命周期示意图

（3）安全服务。边缘计算架构的安全服务需要覆盖边缘计算架构的各个层级,不同层级需要不同的安全特性。同时,还需要有统一的态势感知、安全管理与编排、统一的身份认证与管理,以及统一的安全运维体系,才能最大限度地保障整个架构的安全与可靠,如图 2-9 所示。

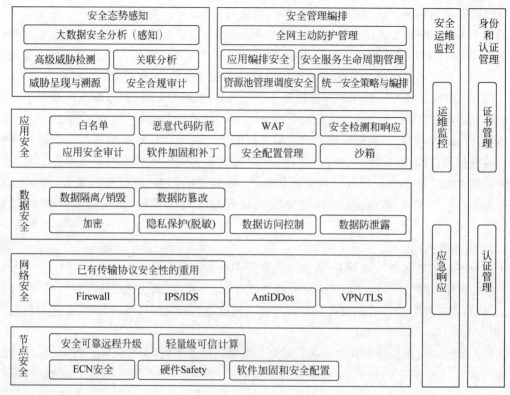

图 2-9　安全服务示意图

2.3　边缘计算的部署

边缘计算的部署主要是将边缘计算应用到实际场景中,为边缘设备提供边缘计算迁移服务和边缘缓存服务。目前针对边缘计算已经进行了一些研究,不少学者已经提出了许多具有不同特点的边缘计算部署方案,同时各个与边缘计算有关的产业组织也针对边缘计算提出了很多商业化的部署方案。下面就几个具有特点的部署方案进行分析。

2.3.1　移动通信网络中的边缘计算部署方案

在边缘计算的研究中,针对移动通信网络的边缘计算是最重要的研究点之一。因为现实世界中基于移动运营商搭建的移动通信网络覆盖区域最广,因此接入移动通信网络的方式最便捷,且接入移动通信网络的边缘设备最多(智能手机、智能穿戴设备、智能车辆等)。目前非常多的边缘计算研究都是依赖于移动通信网络的。下面针对移动网络中智能设备的边缘计算部署方案进行分析。

1. 传统蜂窝网边缘计算部署方案

蜂窝网是目前移动通信的部署方式,也是移动通信网络的基础,边缘服务器能够部署的位置主要是基站和基站汇聚点。

(1)基站部署方案。

在基站直接部署边缘服务器的方案较经典的是小蜂窝云(small cell cloud,SCC)。小蜂窝云的基本思想是由欧洲项目 TROPIC 于 2012 年首次提出的,目的是通过增加计算和存储功能,对蜂窝基站(SCeNBs,即宏基站、微基站、微微基站等)进行功能增强。云增强型蜂窝基站可以利用网络功能虚拟化的范式来汇聚其计算能力。由于未来的移动网络中会部署大量的蜂基站,因此 SCC 可以为边缘设备提供足够的计算能力,尤其是对时延有严格要求的服务或应用。

为了将 SCC 概念完全平滑地集成到移动网络体系结构中,引入了一个称为基站管理器(base station manager,SCM)的新实体来控制 SCC,SCM 负责管理基站提供的计算和存储资源。由于基站可以在任何时间打开或关闭(特别是在微微基站的情况下由用户拥有),因此 SCM 对 SCC 内的计算资源进行动态和弹性管理。SCM 了解整个群集上下文(从无线电和云角度来看),并决定在何处部署新计算或何时迁移正在进行的计算以优化最终用户的服务交付,借助位于基站处的虚拟机来虚拟化计算资源。关于 SCC 架构的一个重要方面是SCM 的部署(见图 2-10)。可以以集中方式将 SCM 部署为位于无线接入网络内,靠近基站集群的独立 SCM 或作为移动性管理实体(mobility management entity,MME)的扩展。此外,还可以以分布式分层方式部署 SCM,其中本地基站管理器或虚拟基站管理器管理附近基站集群的计算、存储资源。

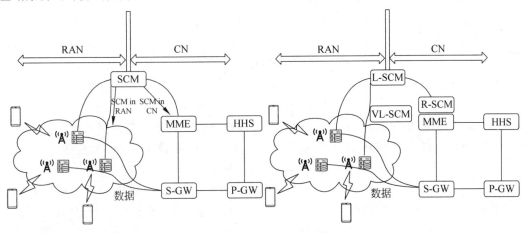

图 2-10　小蜂窝云部署示意图

(2)基站汇聚点部署方案。

基站汇聚点是指在移动通信网络中部署的连接多个基站的区域中心机房或者在网络拓扑中处于中心位置的基站。相较于直接基站部署,将边缘服务器部署在基站汇聚点的优势是汇聚点拥有更大的机房、更稳定的运行环境和更充足的能源供给。基站汇聚点上这种资源和能力更强的边缘服务器称为微云。微云通常是一个小型数据中心,具有较高的计算、存储资源,由于其接入了电网,可以获得充足的能源。

当边缘设备执行计算迁移时,迁移数据首先从边缘设备传输到它所连接的基站,再由该基站传输到基站汇聚点,该计算任务在基站汇聚点上执行,如图 2-11 所示。这样的微云像基站一样是有覆盖范围的,它的范围就是向它传输计算迁移任务的基站覆盖范围的总和。由于基站大多连接到多个汇聚点,随着网络状况和基站服务范围内边缘设备的变化,基站汇聚点的服务质量也会变化。由于一个普通基站大多连接到多个汇聚点,所以汇聚点的覆盖范围会发生变化。一个基站如何选择它使用的汇聚点边缘服务器,是要考虑多重因素的(例如距离、能耗和服务质量等)。

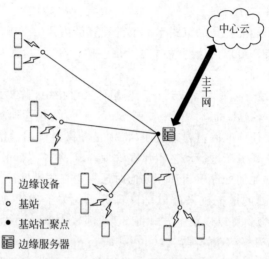

图 2-11　基站汇聚点部署架构图

2. 5G 移动通信中的边缘计算部署方案

第五代移动通信技术(5G)的发展和实施,给移动边缘计算的研究带来了新的挑战。5G系统允许将 MEC 映射成应用功能,从而可以基于配置的策略使用其他网络功能提供的服务和信息。此外,5G 架构中定义了许多为 MEC 的不同部署提供灵活支持的功能,并支持用户移动事件下 MEC 的连续性。在 5G 的服务化架构中,NF 既是服务的提供者,也是服务的使用者,任何 NF 都可以提供一个或多个服务。5G 系统架构提供了对服务的使用者进行身份验证和对服务请求授权所必需的功能,并支持高效灵活地公开和使用服务。对于简单的服务或信息请求,可以使用请求-响应模型。对于长期存在的进程,5G 架构还支持订阅-通知模型。上述这些原则与 MEC 定义的应用接口框架一致。

MEC 中有效使用服务所需的功能包括注册、服务发现、可用性通知、取消注册以及身份验证和授权。所有这些功能在 5G 服务化架构和 MEC 应用接口框架中都是相同的。

5G 移动通信网络与传统通信网络相比有很大区别,超密集网络(ultra-dense network, UDN)作为 5G 的关键技术之一,对边缘计算的影响很大。超密集网络通常由大量低功耗、小覆盖的小型基站系统组成,通常部署在人群密集的火车站、商场、办公楼等热点地区。小型基站包括毫微微基站(femtocell base station,FBS),也称为飞基站,微微基站(picocell base station,PBS),也称为皮基站,以及其他小型接入节点。通过密集部署小型基站,可以极大地提高网络吞吐量和频谱效率(spectral efficiency,SE)。超密集网络中基站的数量大大增加且具有移动的计算存储能力,这就为边缘服务器的部署提供了便利,但是毫微微基站 FBS 的密集和随机部署会导致严重的小区间干扰。

5G 中的边缘计算部署主要是超密集的边缘服务器部署方案,宏基站(macro base station,MBS)、小蜂窝基站(small cell base station,SCBS)、微微基站和毫微微基站等都可以部署边缘服务器。这时边缘服务器的资源很少,能力较低,就可以实行联合计算迁移,由多个服务器为一台边缘设备提供服务。

2.3.2　智能电网中的边缘计算部署方案

电力网的能量来源正从化石燃料向分布式可再生能源进行转移,能源消费者的角色也在向电力产销者进行转换。在新型灵活的电力网络框架下,需通过先进的传感和测量技术、通信技术、数据分析技术和决策支持系统,来实现电网的可靠、安全、经济、高效运行。目前的智能电网中已部署了大量的智能电表和监测设备,其数据结构复杂、种类繁多,除传统的结构化数据外,还包含大量的半结构化、非结构化数据。引入边缘计算的主要原因如下。

① 电力资源的发、储、配、用对数据实时性要求高。

② 电力系统数据规模指数级的增长对通信和网络存储是极大的考验。

为了解决上述问题,在电力设备终端/边缘侧对智能电表、监测设备采集的数据进行就地分析处理并提供就地决策,实现设备管理、单元能效优化、台区管理等功能,以提高管理效率和满足实时性要求。对于设备预测性维护等需要采用大数据技术的,需在云端进行数据处理、分析和训练。训练模型可在边缘智能设备中定期更新,以提供更精准的决策。边缘计算系统可以对这些电力网智能新技术给予很好的支持,既能提供大量的计算资源和缓存资源,又能提高计算任务和数据请求任务的响应能力。边缘计算在电力网中的部署方案总体架构如图 2-12 所示。

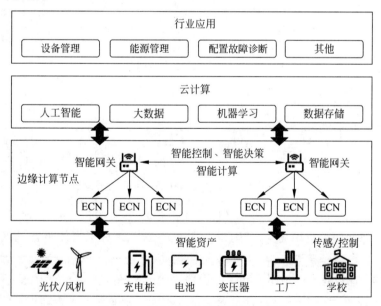

图 2-12　电力网边缘计算部署架构图

在智能电网系统中,根据数据需求和功能需求对系统进行分层分区,实现边缘端、边缘集群和云端的协同配合,最终提高设备的管理水平,提升综合能源管理效率,利用边缘计算技术产生更快的服务响应,满足行业实时业务、应用智能、安全等方面的需求。

2.3.3 工业物联网中的边缘计算部署方案

工业物联网(industrial internet of things,IoT)是指物联网在工业领域的应用,是互联网和新一代信息技术与工业系统全方位深度融合所形成的产业和应用生态。其本质是以机器、原材料、控制系统、信息系统、产品以及人之间的网络互联为基础,通过工业数据的全面深度感知、实时传输交换、快速计算处理和高级建模分析,实现智能控制、运营优化和生产组织方式的变革。

工业物联网中的边缘计算部署方案是基于电信级工业现场边缘计算技术架构,为工业物联网提供云平台到现场级边缘计算分布式平台质量可保障的外网连接,基于虚拟化技术实现灵活、隔离的应用部署能力;现场级边缘计算分布式平台采用网络实时传输技术(如TSN等)提供本地确定性时延网络,承载差异化服务质量需求的新型业务,目标是提供智能、实时、安全且质量可保证的工业现场边缘计算业务及网络系统。面向工业物联网的现场级边缘计算部署方案框架如图 2-13 所示。

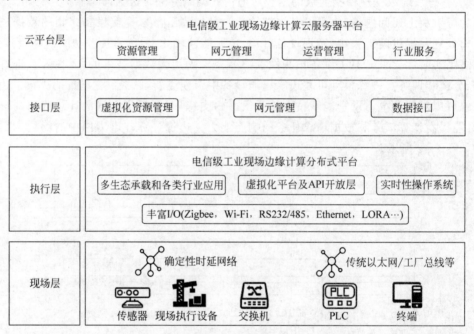

图 2-13 工业物联网现场级边缘计算部署框架

电信级工业现场边缘计算分布式平台配合云平台,将会构建智能、实时以及安全的工业网络。本方案包含四类应用场景,分别是工业视觉应用、远程部署和配置、协议转换以及确定性时延网络。

工业视觉应用:包含本地图像和视频识别。此场景将人工智能的训练过程保留在云平台进行,将匹配过程放在边缘计算分布式平台进行。一方面保证了边缘识别的准确率,另一方面也大大降低了时延,可以给用户带来超低时延的业务体验。具体的应用过程可以有图像和视频识别。图像识别可以应用于生产过程中的残次品检测,视频识别可以应用于指导校正工作人员在工作时的动作是否标准,例如组装货物时是否有漏掉部件的情况。

远程部署和配置:边缘计算云平台提供了管理接口和数据接口,采用轻量级虚拟化管理。可以对海量设备进行管理和部署,对应用进行远程升级和维护。

协议转换:工业网络的接入方式有多种,例如工业以太网、工厂总线等,并且每种又包含了多种协议,导致各组网之间无法互联,各种协议之间无法互通。边缘计算分布式平台可以将不同的协议(例如 Modbus 协议、Profinet 协议)转换为通用协议,例如 OPC-UA 协议,解决工业网络各协议之间的互联互通问题。

确定性时延网络:时间敏感网络发展至今已经逐步成熟,可以采用时间敏感网络技术为工业中的运动控制提供确定性的超低时延网络传输环境,例如机器协同生产、多轴共同作业等场景。在本方案中,拟采用时间敏感网络交换机,构建时间敏感网络并协同控制雕刻机完成雕刻作业。

此外,电信级工业现场边缘计算分布式平台还将对采集的数据进行清洗和脱敏处理,保证数据的可用性和敏感信息不被泄露,并结合芯片级的安全启动和安全密钥的认证为网络提供一个安全的环境。面向工业物联网的边缘计算应用场景如图 2-14 所示。

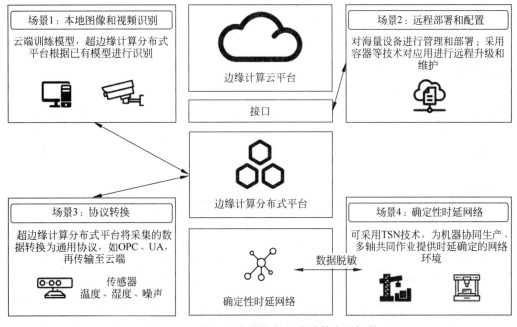

图 2-14　面向工业物联网的边缘计算应用场景

电信级工业现场边缘计算解决方案通过端到端质量可保障的网络,提供应用的远程部署和维护。边缘计算分布式平台进行确定性时延网络的配置,从而承载本地人工智能、协议转换、数据采集和预处理等业务,有效保障了边缘智能性、网络实时性、数据安全性,可提升工业生产效率。

本章小结

本章首先阐述了边缘计算系统的整体结构,并对边缘计算系统中的各组成部分进行详细的功能分析和模型构建。然后分析了边缘计算系统的网络架构,并介绍了几种典型的边缘计算网络模型。最后介绍并分析了几种典型的边缘计算系统部署方案。

习题

(1) 请详细描述边缘计算的分层结构中,各层分别在系统中起什么作用。

(2) 边缘计算系统有哪些主要组成部分,它们在系统中做什么?

(3) 建立边缘计算系统能为整个网络带来什么有利之处?请详细说明。

(4) 画出一个基于移动通信网络的边缘计算系统详细结构图。

(5) 给出边缘计算系统各组成部分的能耗表达式。

(6) 详细描述边缘计算系统中的计算迁移过程。

(7) 讨论计算迁移策略受哪些因素影响。

(8) 讨论并列举边缘计算系统中计算迁移受到哪些约束。

(9) 讨论 ETSI 和中国边缘计算产业联盟的边缘计算参考架构之间的主要区别。

(10) 讨论边缘计算系统对智能电网有哪些促进作用。

(11) 结合学习生活中的场景,讨论边缘计算系统对哪些事情有帮助。

参考文献

[1] Abbas N,Zhang Y,Taherkordi A,et al. Mobile Edge Computing:A Survey[J]. IEEE Internet of Things Journal,2018,5(1):450-465.

[2] Miettinen A P,Nurminen J K. Energy efficiency of mobile clients in cloud computing[C]//IEEE International Conference on Cloud Computing Technology and Science,Helsinki,Finland,2010:4-4.

[3] Melendez S,Mcgarry M P. Computation offloading decisions for reducing completion time[C]//Consumer Communications and Networking Conference,Las Vegas,2017:160-164.

[4] Burd T D,Brodersen R W. Processor design for portable systems[J]. Journal of VLSI signal processing systems for signal,image and video technology,1996,13(2):203-221.

[5] De Vogeleer K,Memmi G,Jouvelot P,et al. The energy/frequency convexity rule:modeling and experimental validation on mobile devices[C]//International Conference on Parallel Processing,Lyon,France,2013:793-803.

[6] Zhang W,Wen Y,Guan K,et al. Energy-Optimal Mobile Cloud Computing under Stochastic Wireless Channel[J]. IEEE Transactions on Wireless Communications,2013,12(9):4569-4581.

[7] Khan A U,Othman M,Madani S A,et al. A Survey of Mobile Cloud Computing Application Models [J]. IEEE Communications Surveys and Tutorials,2014,16(1):393-413.

[8] Jia M,Cao J,Yang L,et al. Heuristic offloading of concurrent tasks for computation-intensive applications in mobile cloud computing[C]//International Conference on Computer Communications,Toronto,Canada,2014:352-357.

[9] Mahmoodi S E,Uma R N,Subbalakshmi K P,et al. Optimal Joint Scheduling and Cloud Offloading for Mobile Applications[C]//IEEE International Conference on Cloud Computing Technology and Science,Sydney,Australia,2019,7(2):301-313.

[10] Mao Y,You C,Zhang J,et al. A Survey on Mobile Edge Computing:The Communication Perspective [J]. arXiv,2017.

[11] Mach P,Becvar Z. Mobile Edge Computing:A Survey on Architecture and Computation Offloading [J]. IEEE Communications Surveys and Tutorials,2017,19(3):1628-1656.

［12］　You C，Huang K，Chae H，et al. Energy Efficient Mobile Cloud Computing Powered by Wireless Energy Transfer［J］. IEEE Journal on Selected Areas in Communications，2016，34(5)：1757-1771.

［13］　Zhang W，Wen Y，Guan K，et al. Energy-Optimal Mobile Cloud Computing under Stochastic Wireless Channel［J］. IEEE Transactions on Wireless Communications，2013，12(9)：4569-4581.

［14］　Chen X，Jiao L，Li W，et al. Efficient Multi-User Computation Offloading for Mobile-Edge Cloud Computing［J］. IEEE ACM Transactions on Networking，2016，24(5)：2795-2808.

［15］　Lyu X，Tian H，Sengul C，et al. Multiuser Joint Task Offloading and Resource Optimization in Proximate Clouds［J］. IEEE Transactions on Vehicular Technology，2017，66(4)：3435-3447.

［16］　You C，Huang K，Chae H，et al. Energy-Efficient Resource Allocation for Mobile-Edge Computation Offloading［J］. IEEE Transactions on Wireless Communications，2017，16(3)：1397-1411.

［17］　Breslau L，Cao P，Fan L，et al. Web caching and Zipf-like distributions：evidence and implications ［C］//International Conference on Computer Communications，1999：126-134.

［18］　Li Q，Shi W，Ge X，et al. Cooperative Edge Caching in Software-Defined Hyper-Cellular Networks ［J］. IEEE Journal on Selected Areas in Communications，2017，35(11)：2596-2605.

［19］　Jafar S A. Topological Interference Management Through Index Coding［J］. IEEE Transactions on Information Theory，2014，60(1)：529-568.

［20］　Li C，Zhang J，Haenggi M，et al. User-Centric Intercell Interference Nulling for Downlink Small Cell Networks［J］. IEEE Transactions on Communications，2015，63(4)：1419-1431.

［21］　European Telecommunications Standards Institute. Mobile-edge computing—Introductory technical white paper［R］. 2014. Edge Computing (MEC) Industry Initiative，2014.

［22］　ETSI GS，MEC 003，Mobile Edge Computing (MEC)；Framework and Reference Architecture V1. 1. 1［S］. France：Mobile-Edge Computing (MEC) Industry Initiative，2016.

［23］　边缘计算产业联盟. 边缘计算：边缘计算产业联盟(白皮书)［R］. 北京：边缘计算产业联盟，2016.

［24］　边缘计算产业联盟. 边缘计算参考架 3.0 ［R］. 北京：边缘计算产业联盟，2018.

［25］　Lobillo F，Becvar Z，Puente M A，et al. An architecture for mobile computation offloading on cloud-enabled LTE small cells［C］. Wireless Communications and Networking Conference，Istanbul，Turkey，2014：1-6.

［26］　Giannoulakis I，Kafetzakis E，Trajkovska I，et al. The emergence of operator-neutral small cells as a strong case for cloud computing at the mobile edge［J］. Transactions on Emerging Telecommunications Technologies，2016.

［27］　ETSI GS NFV 002；Architectural Framework，V1. 1. 1 ［S］. France：Mobile-Edge Computing (MEC) Industry Initiative，2013.

［28］　Puente M A，Becvar Z，Rohlik M，et al. A seamless integration of computationally-enhanced base stations into mobile networks towards 5G［C］//Vehicular Technology Conference，Boston，USA，2015：1-5.

［29］　Jia M，Cao J，Liang W，et al. Optimal cloudlet placement and user to cloudlet allocation in wireless metropolitan area networks［C］//IEEE International Conference on Cloud Computing Technology and Science，Hong Kong，China，2017，5(4)：725-737.

［30］　于佳，岳胜. MEC 在 5G 中的部署与挑战［J］. 电子技术与软件工程，2019(16)：15-16.

［31］　Dong Y，Guo S，Liu J，et al. Energy-Efficient Fair Cooperation Fog Computing in Mobile Edge Networks for Smart City［J］. IEEE Internet of Things Journal，2019，6(5)：7543-7554.

第 3 章　边缘计算中的计算卸载

在传统的中心计算时代,人们利用中心云强大的计算和存储能力,享受云计算带来的福祉。随着日益紧张的网络通信资源,加之万物互联的背景,资源从中心下沉到了边缘。正如共享经济的迅猛发展,能否利用网络边缘设备之间的互联关系,使边缘小节点代行中心大节点之职能,是边缘计算模式中至关重要的"边缘思维"。由此衍生出了边缘计算中的关键技术——计算卸载。

在万物互联的背景下,虽然移动设备的处理能力日益强大,但是受制于芯片尺寸和终端尺寸,移动设备的处理能力终归有限。此外,终端尺寸往往直接影响电池容量,进而影响终端设备可以用来处理任务的能量的多少。因此一些计算密集型任务(对算力要求较高)或时间敏感型任务(对处理时间要求较高)无法在本地或传统云计算模式(包括云计算、移动云计算等)下完成。借用边缘思维,试图在周围边缘节点计算能力的协助下处理本地任务,这一过程称为计算卸载。

3.1　什么是计算卸载

计算卸载的提出应追溯到移动云计算概念的提出。在移动云计算模式中,移动用户可以将计算密集型任务通过无线网络的方式传输到远端云服务器执行,达到缓解计算和存储限制、延长设备电池寿命的目的,这个过程称为移动云计算中的计算卸载。值得注意的是,移动云计算这种模式本质上是云计算应用场景的扩展,而不是云计算本身概念的扩展。因此虽然移动云计算为云计算技术提供了更多的应用场景,但是本质上并未解决中心化云计算模式存在的问题。

与之相对应的是边缘计算,在万物互联的背景下边缘计算模式产生了,这是一种与中心化云计算完全不同的分布式计算模式。在边缘计算中,计算卸载指的是用户终端将任务传输到邻近的一个或多个边缘节点(远端云节点也可以加入),在边缘节点的帮助下完成任务处理,以解决设备在资源存储、计算性能以及能效等方面的不足。当然也有文献称之为计算迁移,本章统一称计算卸载。相比于移动终端将计算卸载到云服务器可能导致的不可预测时延、传输距离远等问题,边缘计算能够更快速、高效地为移动终端提供计算服务,同时缓解核心网络的压力。

需要注意的是,在传统移动云计算场景中,更希望利用云来解决计算密集型任务。因为移动设备的处理能力不足,相当于移动设备的"硬伤",只能通过求助强大的云中心来解决问题。而在边缘计算场景中,更希望利用边缘节点来解决延迟敏感型任务。在边缘计算场景中,虽然边缘节点具有异构性,但同时也表现出了同质性,即边缘节点的处理能力和能量都是有限的。因此在边缘计算模式中,卸载策略应该是以减少网络传输数据量为目的的,也就是主要针对延迟敏感型任务的。表 3-1 列出了传统移动云计算场景和边缘计算场景下计算卸载的异同。

表 3-1　移动云计算与边缘计算卸载对比

类　目	移动边缘计算	移动云计算
计算模型	分布式	集中式
服务器硬件	小型,中等性能	大型,高性能
与用户距离	近	远
连接方式	无线连接	专线连接
隐私保护	高	低
时延	低	高
核心思想	边缘化	中心化
计算资源	有限	丰富
存储容量	有限	丰富
应用	延迟敏感型	计算敏感型

计算卸载定义中的动词"传输"暗含了多重意义,比如:"是否需要传输",当前任务是否需要利用卸载技术提升性能(可能会带来额外的传输延迟);"传什么",传任务还是传任务所需数据,传部分任务还是传全部任务;"什么时候传",在任务的什么阶段进行传输能最大化效益;"怎么传",具体采用哪种计算卸载的方法等。定义中的"一个或多个边缘节点"暗含了计算卸载的另一个选择特性——"传给谁",任务交由哪些边缘节点代为执行。以上问题是计算卸载中的重点研究问题,可以统称为卸载决策问题。

3.2　计算卸载的分类

对计算卸载的分类有助于决定在不同情境下如何快速制定卸载策略,根据分类标准的不同,存在多种分类方法,大体上有以下分类标准,如图 3-1 所示。

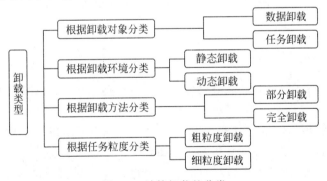

图 3-1　计算卸载的分类

3.2.1　根据卸载对象分类

根据卸载对象可以将计算卸载分为数据卸载和任务卸载。数据卸载是指将处理某个任务的所需数据(图片、文本等信息)卸载到边缘节点。任务卸载是指直接将某个任务打包卸载到边缘节点。

以图像处理中的人脸识别为例,若将人脸图片卸载到边缘节点,边缘节点识别后返回结果则为数据卸载；若将整个人脸识别程序打包卸载给边缘节点执行则为任务卸载。一般来说数据卸载适用于相同的任务架构和模型,只需要调整相关参数即可获得结果的任务(如相同的神经网络结构,只需要输入不同参数等)。而任务卸载适用于边缘节点和用户设备具有完全相同的任务运行环境的情况(如同样的操作系统、同样的配置环境等)。

3.2.2　根据卸载环境分类

根据卸载环境将计算卸载分为静态卸载和动态卸载。静态卸载是指按照某种配置好的规则和策略进行计算卸载。动态卸载是指在卸载过程中根据实际影响因素的变化动态规划卸载过程。

所谓实际影响因素主要是指"动态性",一方面在边缘计算模式下,用户和边缘节点都有可能处于运动状态——具象的"动态";另一方面在计算卸载过程中有可能面临任务的随机性、网络资源波动等不稳定因素——抽象的"动态"。静态卸载和动态卸载中的卸载策略有时也分别被称为离线卸载策略和在线卸载策略。

3.2.3　根据卸载方法分类

将计算卸载按照卸载方法可以分为部分卸载和完全卸载。部分卸载是指将计算过程的一部分交由边缘节点执行,另一部分本地执行。完全卸载是指将整个计算过程交由边缘节点处理。

3.2.4　根据任务粒度分类

将计算卸载按照任务粒度可以分为粗粒度卸载和细粒度卸载。粗粒度卸载是指将整个移动终端应用作为卸载对象,并未根据功能再将其划分为多个子任务。在细粒度卸载中,将一个移动应用划分为多个具有数据依赖关系的子任务,因为划分后的子任务所需的计算复杂度和数据传输量更少,因此可以将部分或者所有任务卸载到多个远程服务器上进行处理,以此节省计算时间和传输时间。

3.2.5　其他分类标准

可以根据应用情景对计算卸载进行分类,如能量约束下的计算卸载、可分负载应用的计算卸载、基于边缘云选择的计算卸载、可充电环境下的计算卸载等。也可以根据卸载决策参数将计算卸载分为能耗卸载、时延卸载等。另外,也可结合网络拓扑关系将计算卸载分为一对一卸载、一对多卸载、多对一卸载和多对多卸载等。

值得注意的是分类方法并不是绝对的,往往根据不同的分类标准可以得到不同的分类结果。仍以图像处理中的人脸识别为例,只将人脸图片卸载到边缘节点,边缘节点识别后返回结果称为数据卸载,若将人脸识别作为整个任务的一部分,则可以称之为部分卸载;若将整个人脸识别程序打包给边缘节点执行为任务卸载,也可称之为完全卸载。某一个卸载决策可能是多种分类的组合,如在可充电环境下根据通信资源变化和用户设备剩余能量将部分任务交由边缘节点处理的过程就是可充电环境下的部分动态卸载。掌握计算卸载的分类方法有助于快速做出通行的卸载决策,但不宜拘泥于分类本身。

3.3　计算卸载的步骤

计算卸载的步骤本质上来说是对提出的卸载决策问题的主要处理流程,如图 3-2 所示。

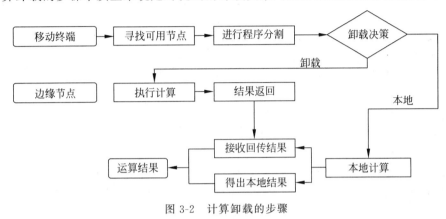

图 3-2　计算卸载的步骤

计算卸载的主要步骤包括以下六方面。

(1) 节点发现。根据需求在边缘网络中寻找可用节点。注意此处可用节点并不局限于边缘节点,也包括和边缘网络连接的中心节点(在端边云协同的计算模式中,中心云节点用以处理计算密集型任务)。

(2) 程序分割。主要针对部分卸载情况下,对任务流程进行分割,应尽量确保分割后各分割部分的自包容性,同时也应注意任务的拓扑结构。

(3) 卸载决策。卸载决策问题是计算卸载的核心问题,主要包括卸载与否、卸载什么、何时卸载、卸载去哪儿、怎样卸载等问题。

(4) 程序传输。主要考虑卸载过程中的网络通信状况,有诸多文献针对网络通信模型差异、网络通信波动等问题对程序传输部分进行优化处理。

(5) 执行计算。该过程主要发生在边缘节点,用户只需等待即可。值得注意的是,在考虑系统性能时往往需要考虑边缘节点的能量损耗,但若只从用户角度出发,这段时间内的能量损耗只有等待时的待机损耗,而这部分往往可以忽略不计。

(6) 结果回传。计算结果回传是计算卸载的最后一个步骤。不论是数据卸载还是任务卸载、部分卸载还是完全卸载,往往回传的结果与上传的数据或任务相比数据量都非常小。以人脸识别为例,上传的可能是一张照片或整个人脸识别程序,而回传的一般是判断性结果,如图片中的人是谁。因此结果回传产生的延迟和能耗在大多数文献中都忽略不计。

3.4　影响卸载决策的因素

3.2 节介绍了卸载决策问题是边缘计算卸载中的关键问题,3.3 节针对计算决策的步骤展开了讨论,这一节重点关注在边缘计算的卸载决策过程中,由什么决定卸载决策,换言之就是在卸载决策过程中谁起主导作用。表 3-2 从卸载决策的参与实体的角度总结了常见的决策因素,针对边缘计算卸载的多数文献也是针对其中的一个或多个因素展开研究的。

表 3-2　计算卸载决策因素

参 与 实 体	决 策 因 素
用户及用户终端	用户偏好(时间、能耗、开支等);用户信息感知能力;本地设备能耗剩余量;本地设备处理能力;竞争设备数等
任务	数据量;计算量;私密性;类型;是否可分割等
通信条件	网络环境:4G/5G、Wi-Fi 等;网络带宽容量等
边缘云	处理能力(CPU/GPU 类型、速度等);内存;存储空间;负载情况;相对距离;相对动静状态等

通过对文献的梳理可以发现,在边缘计算卸载的相关研究中,主要考虑的还是以下因素。

(1)能耗。对于移动终端和边缘节点来说最重要的约束之一就是能耗,因为大部分智能终端都无法靠自身补充能量,因此大多数研究中都会优先考虑能耗约束或以能量有效性为目标。

(2)时间。计算所需的卸载时间很大程度上决定了完成该计算或任务的整体时间,作为卸载决策的重要参数,时间(或说延迟)直接影响了用户的卸载体验和卸载效率。

(3)可用资源。可用资源主要指的是边缘节点能够提供的资源。在新兴的边缘缓存领域(边缘计算和内容分发网络的交叉领域),可用资源也包括边缘节点能提供的存储空间等。

用户的目的、行为及其自身的影响因素(如用户偏好、用户信息感知能力)等也在很大程度上影响了卸载决策,而针对此方面的研究多将人的行为简化或不予考虑,这是今后的研究过程中值得关注的部分。

3.5　基于能量约束的计算卸载

3.4 节介绍了能耗作为边缘计算卸载决策中的重要决策因素,对卸载过程有重要影响。这一节将以实例探寻在能量约束的应用情景中如何刻画计算卸载问题。

3.5.1　能量约束的必要性

在计算卸载问题中,可以通过两方面考虑能耗:第一,可以直接以"最小化能耗""最大化能量有效性"等作为目标;第二,可以将能耗作为约束条件之一对计算卸载问题进行限制,虽不直接以能耗为目标,但是问题刻画受到能耗条件的限制。

下面从用户、服务和角色三个层面来解释能量约束的必要性,也就是在计算卸载问题中考虑能耗的必要性。

(1)用户层面。在大多数情况下,用户进行计算卸载的目的之一就是节省本地设备的能量消耗。

(2)服务层面。在边缘计算模式下,大部分提供服务的边缘节点也具有"轻量化"的特点,也就是说提供计算服务的服务节点和提供通信服务的通信节点往往也是能量受限的。

(3)角色层面。在万物互联时代,边缘节点的角色身份是多元的。在这一时刻提供服务的节点可能自身也是消费节点,还需要剩余能量维持自身基础运行和计算自身任务。

3.5.2　能量约束计算卸载问题的挑战和目标

在边缘计算环境中,某些服务节点既提供计算服务又提供通信服务,需要新模型来刻画在能量约束下的两种资源(计算和通信)管理之间的相互作用和相互依赖,这称为交互问题。从系统稳定性的角度来看,在实际边缘计算环境中,不论是用户节点还是计算节点往往都工作在随机环境中,对于计算节点来说不同的时空关系上都可能有随机的工作量到达,因此如何在随机环境中维持系统长期低能耗是至关重要的,可称为稳定问题。从用户角度出发,由于边缘计算环境中的节点往往代表的是独立个体,因此如何最大化独立个体所提供的有限资源的价值是至关重要的,这被称为激励问题。

除此之外,在构建能量约束计算卸载问题时还会遇到许多实际或数学刻画问题,需要具体问题具体对待。针对这些问题研究能量约束计算卸载问题的目标包括但不限于在能量约束下最大限度地提高系统的长期性能、在能量约束下提升任务卸载率、增加可卸载设备数量、提出能量有效性高的卸载策略、研究边缘计算环境中关于能量价值的激励问题等。

3.5.3　给定能量约束下最小化系统长期延迟的计算卸载决策

在此实例中,以能量约束下最小化系统长期延迟为例,剖析如何构建一个计算卸载问题。

1. 网络模型

本例模型如图 3-3 所示,在某一个或某几个小区构成的网络中,用户既可以选择本地执行任务,也可以选择将任务卸载到小区内的小型基站。对于小型基站,既可以本地处理任务,也可以将收到的任务通过局域网传输给别的小型基站进行处理。

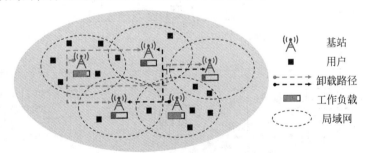

图 3-3　能量约束网络模型示意图

2. 任务传输模型

(1)传输能耗。传输过程既包括用户到小基站之间的传输,也包括小基站之间的有线传输。由于小基站的能量消耗主要是由下行链路传输造成的,因此考虑下行链路无线传输的能量消耗。小基站 i 在时间 t 内的传输能耗可以表示为

$$E_i^t = \sum_{m \in \mathcal{M}_i} \frac{P_i^d w_m^t}{r_{im}^{d,t}} \tag{3-1}$$

式中:P_i^d 为小基站 i 的下行链路传输功率;w_m^t 为下行链路的传输流量;$r_{im}^{d,t}$ 为根据香农

公式计算的下行信道速率,其公式可表示为

$$r_{im}^{d,t} = W\log\left(1 + \frac{P_i^d H_{im}^t}{\sigma^2}\right) \tag{3-2}$$

其中,H_{im}^t 表示下行信道状态矩阵,σ^2 表示下行信道噪声,W 是下行信道带宽。

(2)传输延迟。传输延迟主要是由于用户和小基站之间的任务传输而造成的,即用户与小基站上行链路通信期间所产生的延迟,因此小基站 i 在时间 t 内的传输延迟可以表示为

$$D_i^{u,t} = \sum_{m \in \mathcal{M}_i} \frac{s\pi_m^t}{r_{im}^{u,t}} \tag{3-3}$$

式中:s 为用户上传数据大小;π_m^t 为上行任务到达率;$r_{im}^{u,t}$ 为根据香农公式计算的上行信道速率。

3. 计算卸载模型

计算卸载模型如图 3-4 所示,可以看出当边缘节点收到用户的卸载任务时,就可以选择进入队列等待处理,也可以通过局域网进行调度。若直接在边缘节点计算则会产生计算延迟,局域网调度过程会产生拥塞延迟。图中的 φ_i 是任务到达率,而 β_{ij} 是一个取值区间为 $(0,1]$ 的连续决策变量,决定了将多少任务分配出去。因此将计算卸载延迟表示为计算延迟和拥塞延迟的和,即卸载延迟=计算延迟+拥塞延迟。

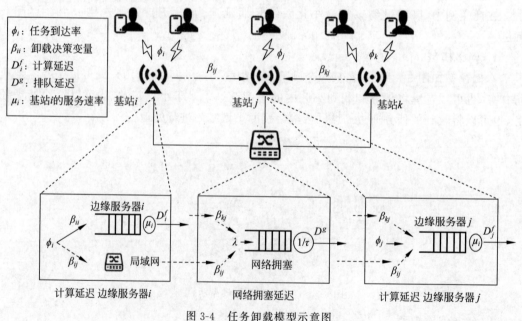

图 3-4 任务卸载模型示意图

计算延迟的刻画参考了排队论中的 M/M/1 模型,简而言之就是,时间等于服务速率与任务到达速率差的倒数。因此,小基站 i 的计算延迟可以表示为

$$D_i^{f,t}(\beta^t) = \frac{1}{\mu_i - \omega_i^t(\beta^t)} \tag{3-4}$$

式中:μ_i 为小基站 i 的服务速率;$\omega_i^t(\beta^t)$ 为到来的总任务负载;β^t 为上述连续决策变量的集合。

拥塞延迟取决于局域网内部小基站之间的通信量,同样以 M/M/1 刻画。

$$D^{g,t}(\beta^t) = \frac{\tau}{1 - \tau \lambda^t(\beta^t)}, \quad \lambda^t < \frac{1}{\tau} \tag{3-5}$$

式中:τ 为局域网无拥塞情况下发送和接收 s 比特数据所需的时间;$\lambda^t(\beta^t)$ 为小基站之间的传输数据量。

与传输能耗不同的是,小基站的计算能耗可以用只与计算任务量相关的线性模型来表示

$$E_i^{c,t}(\beta^t) = \kappa \cdot \omega_i^t(\beta^t) \tag{3-6}$$

式中:κ 为处理单位任务量时的能耗。

4. 问题建模

以上分析了在整个计算卸载过程中的延迟和能耗的构成部分,系统的总延迟和总能耗即为相关部分的线性和。具体来说,系统总延迟定义为传输延迟、计算延迟、拥塞延迟之和,系统总能耗定义为传输能耗与计算能耗之和,可以分别表达为式(3-7)与式(3-8)。

$$D_i^t(\beta^t) = \sum_{j \in \mathcal{N}} \beta_{ij}^t D_j^{f,t}(\beta^t) + \lambda_i^t D^{g,t}(\beta^t) + D_i^{u,t} \tag{3-7}$$

$$E_i^t(\beta^t) = E_i^{tx,t} + E_i^{c,t}(\beta^t) = E_i^{tx,t} + \kappa \cdot \omega_i^t(\beta^t) \tag{3-8}$$

在本实例中,以在给定能量约束下最小化系统长期延迟为优化目标,刻画为优化问题 P3_1。

$$\min_{\beta^0, \cdots, \beta^{T-1}} \frac{1}{T} \sum_{t=0}^{T-1} \sum_{i=1}^{N} E\{D_i^t(\beta^t)\} \tag{3-9}$$

$$\text{s. t. } C1: \frac{1}{T} \sum_{t=0}^{T-1} E\{E_i^t(\beta^t)\} \leqslant \bar{E}_i, \quad \forall i \in \mathbf{N}$$

$$C2: E_i^t(\beta^t) \leqslant E_{max}, \quad \forall i \in \mathbf{N}, \forall t$$

$$C3: D_i^t(\beta^t) \leqslant D_{max}, \quad \forall i \in \mathbf{N}, \forall t$$

$$C4: \beta^t \in B^t, \forall t$$

可以看出,虽然整个优化问题是以最小化延迟为目标的,但是约束条件中的前两个都与能耗紧密相关。其中约束条件 C1 为基站由于某种激励机制而具有一个预先确定的长期能耗约束,C2 为每个时隙内基站的能耗约束。这就是典型的将能耗作为约束条件之一的计算卸载问题。

求得上述问题的最优解需要知道每个时隙的任务到达情况(离线信息),而这几乎是不可能的。此外,长期能量约束和跨时隙的卸载决策存在耦合关系,即当前时隙消耗了较多的能量会导致将来可用能量的减少。因此为了解决上述问题,需要一种在线优化方法,在无法预见未来的情况下有效地执行任务卸载决策。

3.6　基于边缘云选择的计算卸载

在实际边缘计算环境中,一个用户周围会存在多个可用的边缘服务节点,势必会引起边缘云选择。然而多个边缘云之间存在负载均衡问题,因此多服务器边缘计算系统进行计算卸载策略优化面临更大的挑战。多边缘云计算系统有着显著的优越性,具体体现在以下几

方面。

（1）在为大量卸载用户提供服务时，可以通过云间协同减轻某节点负担。

（2）每个用户可以选择将其任务卸载到更优上行链路信道条件的边缘服务器，从而节省传输能量消耗。

（3）协作资源分配可以帮助减轻用户之间的干扰和资源竞争的影响，当多个用户同时卸载其任务时，可以提高边缘云卸载收益。

3.6.1 边缘云选择的必要性及待解决问题

如图 3-5 所示，边缘计算中的边缘云选择问题主要从以下两点出发。

（1）移动性，在边缘计算环境中，不论用户节点还是服务节点都可能处于移动环境，因此需要根据地理位置合理选择适合的边缘服务节点。

（2）竞争性，由于边缘计算环境中不论是计算资源还是通信资源都不及传统中心式计算充足，因此需要把有限的资源高效地分配到最需要的地方，即"好钢用在刀刃上"。

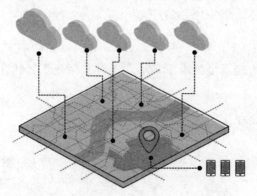

图 3-5　基于位置的边缘云选择示意图

在边缘云选择中，需要确定智能移动设备如何在环境约束下选择最佳的边缘云并将任务卸载到所选的边缘云（常见的环境约束有移动性约束和接入方式约束等）。此外，还需考虑如何合理分配边缘云资源，使边缘节点和用户的系统性能最佳（如总任务执行成本最低）。

3.6.2 环境约束下的多小区机制中的边缘云选择

考虑一个如图 3-6 所示的多小区超密集网络，其中每个小基站都配备一个边缘计算服务器，以为移动用户提供计算卸载服务，最大限度地提高用户的卸载收益。

1. 小区选择约束

在该实例中，为了保证小区通信资源和计算资源最大限度地被利用，规定一个用户只能将其任务卸载到一个边缘云上（经过选择后），称之为选择约束，可以具体表示为

$$\sum_{s \in \mathcal{S}} \sum_{j \in \mathcal{N}} x_{us}^{j} \leqslant 1, \quad \forall u \in \mathcal{U} \tag{3-10}$$

式中：x_{us}^{j} 为二元决策变量，表示用户 u 是否通过子信道 j 将任务上传到基站 s。

由于选择了正交频分复用接入方式，小区内的干扰得到缓解，但是小区间的干扰仍然存在，因此用户 u 和基站 s 在子信道 j 上的信号与干扰加噪声比可表示为

🮱🮲 移动用户　　📶 配有边缘服务器的基站　　------ 潜在链接

图 3-6　多小区机制中的边缘云选择

$$\gamma_{us}^{j} = \frac{p_u h_{us}^{j}}{\sum\limits_{k \in U \backslash U_s} x_{ks}^{j} p_k h_{ks}^{j} + \sigma^2}, \quad \forall u \in \mathcal{U}, s \in \mathcal{S}, j \in \mathcal{N} \tag{3-11}$$

数据传输速率可表示为

$$R_{us} = W \log_2(1 + \gamma_{us}) \tag{3-12}$$

2. 延迟和能耗

在本实例中,卸载延迟主要取决于传输延迟和计算延迟,二者分别表示为

$$t_{\mathrm{up}}^{u} = \sum_{s \in \mathcal{S}} \frac{x_{us} d_u}{R_{us}}, \quad \forall u \in \mathcal{U} \tag{3-13}$$

$$t_{\mathrm{exe}}^{u} = \sum_{s \in \mathcal{S}} \frac{x_{us} c_u}{f_{us}}, \quad \forall u \in \mathcal{U} \tag{3-14}$$

式中: t_{up}^{u} 为传输时延; t_{exe}^{u} 为计算延迟; d_u 为传输数据量; c_u 为任务工作量; f_{us} 为基站 s 分配给用户 u 的处理能力。考虑到卸载延迟等于传输延迟加上计算延迟,通过合并同类项可简化为

$$t_u = t_{\mathrm{up}}^{u} + t_{\mathrm{exe}}^{u} = \sum_{s \in \mathcal{S}} x_{us} \left(\frac{d_u}{R_{us}} + \frac{c_u}{f_{us}} \right), \quad \forall u \in \mathcal{U} \tag{3-15}$$

由于计算过程在边缘计算节点而不是本地用户设备,因而考虑用户的能耗时计算能耗可以省略,但是若考虑整个边缘计算系统的能耗则该项往往不可省略。在该例中,卸载能耗即为传输能耗,且采用了最为常见的能耗定义为时间乘以功率的模式。

$$E_u = p_u t_{\mathrm{up}}^{u} = p_u d_u \sum_{s \in \mathcal{S}} \frac{x_{us}}{R_{us}}, \quad \forall u \in \mathcal{U} \tag{3-16}$$

3. 用户卸载增益

既然以用户为考虑对象,用户进行计算卸载一定是"有利可图"的,因此该例中以进行计算卸载带来的能耗和时间减少量的加权和作为评价用户卸载增益 J_u 的标准。

$$J_u = \left(\beta_u^t \frac{t_u^l - t_u}{t_u^l} + \beta_u^e \frac{E_u^l - E_u}{E_u^l} \right) \sum_{s \in \mathcal{S}} x_{us}, \quad \forall u \in \mathcal{U} \tag{3-17}$$

式中: t_u^l 和 E_u^l 分别为本地计算延迟和本地计算能耗; β_u^t 和 β_u^e 分别是能量和时间的权重值,可以代表不同的用户偏好。

4. 问题建模

该实例中,边缘云选择问题可以被刻画为优化问题 P3_2。

$$\max_{X,P,F} J(X,P,F) \tag{3-18}$$

$$\text{s. t.} \quad x_{us}^{j} \in \{0,1\}, \quad \forall u \in \mathcal{U}, s \in \mathcal{S}, j \in \mathcal{N}$$

$$\text{C1:} \sum_{s \in \mathcal{S}} \sum_{j \in \mathcal{N}} x_{us}^{j} \leqslant 1, \quad \forall u \in \mathcal{U}$$

$$\text{C2:} \sum_{u \in U} x_{us}^{j} \leqslant 1, \quad \forall s \in \mathcal{S}, j \in \mathcal{N}$$

$$\text{C3:} \, 0 < p_u \leqslant P_u, \quad \forall u \in \mathcal{U}_{\text{off}}$$

$$\text{C4:} \, f_{us} > 0, \quad \forall u \in \mathcal{U}_s, s \in \mathcal{S}$$

$$\text{C5:} \sum_{u \in U} f_{us} \leqslant f_s, \quad \forall s \in \mathcal{S}$$

在给定卸载决策 X、上行功率 P 和计算资源分配策略 F 的情况下,将系统的总效用定义为所有用户卸载效用的加权和,优化目标是最大化系统效用 $J(X, P, F)$。

前两个约束条件 C1、C2 表明每个任务可以在本地执行,也可以通过一个子信道卸载到一个边缘节点。约束条件 C3 表明任一边缘节点通过某一子信道只能服务单个用户。约束条件 C4 阐明了用户发射功率的可行区间。最后两个约束条件 C4、C5 说明每个边缘节点必须向与其关联的用户分配一个大于 0 的计算资源,并且分配给所有关联用户的总计算资源不得超过节点的计算能力。

以上优化问题是一个混合整数的非线性规划问题,通常需要指数级时间复杂度才能找到最优解。由于大量的变量与用户数量、边缘服务器数量和子带宽数量是线性关系,因此要对问题进行解耦,设计一种低复杂度的次优方案,在实现实用部署的同时保证算法的竞争力。

3.7 可分负载应用的计算迁移和卸载

在边缘计算场景中,可分负载应用是一类可以将数据或任务根据某种规则任意划分为多个部分,而每个部分可以在不同节点进行独立处理的应用。以常见的人脸识别和 AR 应用为例,如图 3-7 所示,其应用内部由多个独立子任务构成,使得实现部分卸载成为可能。

如图 3-8 所示,可分负载应用卸载的研究重点实质上是任务(或组件)之间的依赖关系。任务和组件的依赖关系一般可分为三种:顺序依赖、并行依赖和通用依赖。可以看出顺序依赖(串行)和并行依赖都较为简单,现实生活中多为复杂的通用依赖。

一般来说,任务(或组件)的依赖关系可由有向无环图(DAG)表示,其中:顶点代表任务(或组件);边代表依赖性;权重代表每个过程的输入和输出。所需资源量可以在顶点边标出。

3.7.1 数据划分型可分负载计算迁移

根据现有文献,对于这类应用程序,需要处理的数据量是预先知道的。可以利用并行性在本地端处理部分数据,其余部分在云端或边缘端并行处理,即所谓的并行依赖。

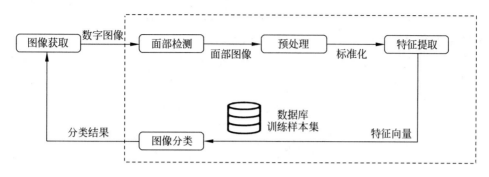

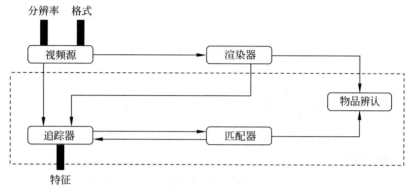

图 3-7　人脸识别应用和 AR 应用示意图

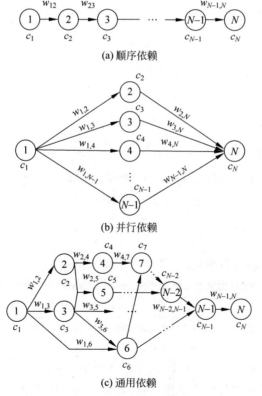

图 3-8　任务依赖模型

如图 3-9 所示,可以将数据划分成不同大小的数据块。在本实例中应用程序被抽象为具有两个参数的概要文件,即$(I,L_{\max}(\cdot))$,其中 I 和 $L_{\max}$ 分别为计算输入的数据量和应用程序相关的延迟需求。假设数据可以划分成任何大小的子集,则该问题的最优解可以作为现实卸载策略的性能上界。

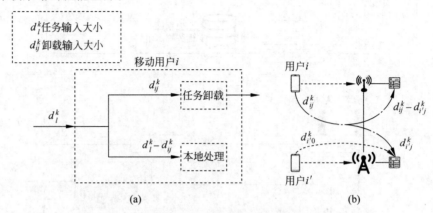

图 3-9 数据划分型可分负载计算卸载示意图

1. 本地计算模型

由于 I 为计算输入的数据量,所以本地执行应用所需 CPU 周期数为

$$C = \alpha I \tag{3-19}$$

式中:α 取决于应用程序的性质,如其计算复杂性。假设 λ 为本地执行的比特数与总输入数据比特数的比值,则本地计算所需要的时间为

$$t_l = \frac{\alpha \lambda I}{f_l} \tag{3-20}$$

式中:f_l 为本地设备的计算能力,根据能耗等于时间和功率的乘积,可以得到

$$P = k f^3 \tag{3-21}$$

$$E_l = \alpha \lambda I k f_l^2 \tag{3-22}$$

式中:P 为功率,由芯片架构和芯片处理能力决定。

2. 卸载计算模型

卸载计算的时间由上下行传输时间和计算时间构成,而卸载计算的能耗是由上下行阶段本地设备的能耗之和构成的。假设信道为频率平坦快瑞利衰落信道,则上传的数据量为

$$(1 - \lambda) I \tag{3-23}$$

3. 问题建模

在问题刻画过程中值得注意的是,由于本书采取边缘节点和本地并行执行的模式,因而任务完成时间取两者之间的最大值,可以表示为

$$L(f_l, P_t, \lambda) = \max\{t_l, t_c\} \tag{3-24}$$

而能量消耗等于本地计算能耗与卸载能耗之和,可表示为

$$E(f_l, P_t, \lambda) = E_l + E_c \tag{3-25}$$

(1) 能量最小化问题。为了延长电池寿命,在保证应用程序的等待时间要求的同时,最小化智能移动设备的总体能耗非常必要,模型可以刻画为能量最小化问题 P3_3。

$$\min E(f_l, P_t, \lambda) \tag{3-26}$$

$$\text{s. t. } C1: L(f_l, P_t, \lambda) \leqslant L_{\max}$$
$$C2: 0 \leqslant \lambda \leqslant 1$$
$$C3: 0 \leqslant P_t \leqslant P_{t\max}$$
$$C4: 0 \leqslant f_l \leqslant f_{l\max}$$

在能量最小化问题 P3_3 中,约束条件 C1 表示延迟约束,C2 表示 λ 的范围,C3 和 C4 分别是无线电接口和 CPU 施加的最大发射功率和计算速度限制。由于 $E(f_l, P_t, \lambda)$ 和 $L(f_l, P_t, \lambda)$ 都是非凸的,因此,问题 P3_3 是一个具有挑战性的非凸问题。值得注意的是,在 DVS 技术下,智能移动设备可以根据优化结果调整其计算速度。

(2) 延迟最小化问题。在移动智能设备对能量消耗有严格要求而应用程序对延迟敏感的情况下,最好使用有限的能量来尽可能缩短执行应用程序的延迟时间,最小化延迟问题刻画为优化问题 P3_4。

$$\min L(f_l, P_t, \lambda) \tag{3-27}$$
$$\text{s. t. } C5: E(f_l, P_t, \lambda) \leqslant E_{\max}$$
$$C2, C3, C4.$$

在延迟最小化问题 P3_4 中,约束条件 C5 表示能量约束,同样,问题 P3_4 也是一个具有挑战性的非凸问题。此外,由于目标函数不具有光滑性,问题 P3_4 也是一个非光滑性的优化问题。

由于两个问题都是非凸优化问题,因此首先对其进行可行性分析,再将非凸问题分别转化为凸问题进行求解,最后针对多边缘云环境进行相应改进。

3.7.2　应用划分型可分负载计算卸载

通常,应用程序由几个可分割且逻辑上独立的任务组成。例如,增强现实应用程序由 5 个关键任务组成,即视频源、跟踪器、映射器、目标识别器和渲染器。在这些任务中,跟踪器、映射器和目标识别器是计算密集型任务,可以凭借边缘计算节点进行计算。通过卸载,可以减少本地设备的能耗和应用程序处理时间。应用划分型可分负载计算卸载主要考虑可分割的应用程序,例如病毒扫描应用程序和图形压缩应用程序等。

可以将这样的应用程序划分为 K 个逻辑独立的任务,由于这种类型的应用程序预先知道要处理的数据量,因此可以将每个逻辑上独立的任务任意划分为几个块以支持并行性。

其问题基本刻画与上文类似,不再赘述。值得注意的是,在可分负载应用的计算卸载中,一般为了简便问题刻画和求解过程,大部分可分负载应用计算迁移问题所采用的依赖模型都是并行模型、顺序模型及二者的简单组合,很少涉及复杂的通用依赖模型,因此这一部分的研究还有待深入和探索。

3.8　可充电环境下的计算卸载

3.8.1　可充电环境下的计算卸载场景

除了一般的计算能力和资源约束之外,边缘计算环境中最常见的问题就是不论本地设备还是边缘节点都受到有限电池容量的限制。针对电池容量限制,一方面可以使用大容量电池,但是受制于现有移动设备的尺寸及硬件成本,这种方案在大多数场景中并不可行。因此,过去常被用于无线可充电通信网络的能量收集技术已经成为边缘计算场景中的重要技术,通过能量收集可以捕获周围环境中的可再生能源,例如太阳辐射、风能和人体运动能量等,这有助于通信网络的自我维持和长久运行。

可充电环境下的计算卸载具有以下优点。

(1) 获取的能量通常是绿色能源,因此使边缘计算成为绿色计算模式。

(2) 为移动设备提供持续计算能力。

(3) 富余的能量带来了更为强劲的处理能力。

然而,在可充电环境中需要考虑以下问题。

(1) 移动设备消耗的能量在每个时刻都是不同的,因此,如何在计算过程中将电池能量保持在稳定水平是一个有待解决的难题。

(2) 系统随机获取与时间相关的信息。基于这些因素,长期优化系统性能具有挑战性。

(3) 双近远问题(doubly near-far problem),即更接近接入点或能量源的用户比其他用户享有更好的信道条件,这意味着更近的用户通常可以更好地进行能量收集和信息传递。

本节就针对双近远问题和稳定性问题展开讨论。

3.8.2 针对双远近问题的可充电协作卸载

本实例采用时分多址(time division multiple access,TDMA)机制的充电卸载协议,设计了一个无线可充电的 MEC 框架以完成近远两类用户的计算密集型任务卸载,并提出了两种传输模式下的卸载方案:直接传输(direct transmission,DT)模式与中继传输(relay transmission,RT)模式,如图 3-10 所示。

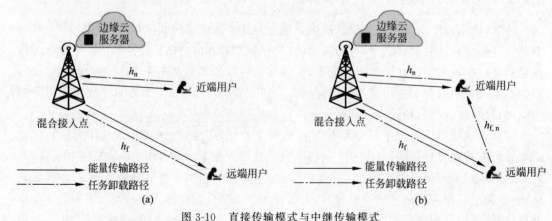

图 3-10　直接传输模式与中继传输模式

1. 直接传输模式

从用户公平性角度考虑,最大化在所有用户中能量效率最小的用户的能量效率。根据 max-min 标准,通过最大化每个用户的个体能效来达到用户公平,其中能量效率被定义为用户吞吐量与其收获能量的比率。

在直接传输模式中,如图 3-11 所示,混合接入点(hybrid access point,HAP)通过与边缘云的连接,从用户公平性的角度为处于两个不同距离的移动设备提供能量。远端用户在 τ_f 将任务卸载到 HAP,近端用户在 τ_n 将任务卸载到 HAP。

图 3-11　直接传输模式

直接传输模式中以最大化模式中每个用户的个体效能为目标,可以刻画为优化问题 P3_5。

$$\max_{r_0,\tau_i} \min_{i\in\{j,n\}} \eta_i^{\mathrm{DT}}(\tau_0,\tau_i) \tag{3-28}$$

s. t.

$$\mathrm{C1}: \sum_j \tau_j = 1, 0 \leqslant \tau_j \leqslant 1, j \in \{0,f,n\}$$

$$\mathrm{C2}: R_i^{\mathrm{DT}} \geqslant r_i^{\mathrm{DT}}, i \in \{f,n\}$$

$$\mathrm{C3}: E_i \leqslant C_i, i \in \{f,n\}$$

约束条件 C2 为最小速率,要满足服务质量的要求,C3 为最大收集能量,不应超过电池容量。在优化问题 P3_5 中,可以看出当固定计费时间时,减少具有较高能量有效性的用户的上载时间,将增加具有较低能量有效性的其他用户的上载时间。获得用户最佳能量有效性的有效方法是,每个用户都获得相同的能量有效性,因此可以直接求得优化问题 P3_5 的最优值。

2. 中继传输模式

从系统高能效角度出发,最大化所有用户的能量效率。采取用户协作机制,近端用户 (near user,NU) 先作为中继节点,转发远端用户(far user,FU)的任务,再卸载自己的任务转发到边缘云。通过优化时间资源分配,来最大化系统的总能效。

图 3-12　中继传输模式

在中继传输模式中,如图 3-12 所示,与边缘云连接的混合接入点(hybrid access point, HAP)在 τ_0 为两个不同距离的移动设备提供能量。为了消除双近远效应,近端用户作为中继使用其收获的能量帮助远端用户将其信息转发给混合接入点。远端用户在 τ_f 将数据发送到近端用户,近端用户在 $\frac{1}{2}\tau_n$ 将远端用户的任务转发到混合接入点,再在剩余时间内将自己的计算任务卸载到混合接入点。

中继传输模式中以最大化系统能效为目标,可以刻画为优化问题 P3_6。

$$\max_\tau \eta^{\mathrm{RT}}(\tau) \tag{3-29}$$

s. t.　$\mathrm{D1}: \sum_j \tau_j = 1, 0 \leqslant \tau_j \leqslant 1, j \in \{0,f,n\}$

$$\text{D2:} \ R_{n,\text{HAP},l}^{\text{RT}} \geqslant r_{n,\text{HAP},l}^{\text{RT}}, l=1,2$$

$$\text{D3:} \ E_i \leqslant C_i, i \in \{f,n\}$$

在优化问题 P3_6 中,D1 为时隙 τ_0 和 τ_i 的范围条件,D2 为最小速率应满足 QoS 的要求,D3 为确保所采集的最大能量不超过电池容量。优化变量 τ_0、τ_f 和 τ_n 的可行区域由约束 D1~D3 给出。可以通过约束 D1 减少变量的数量,同时约束 D3 可以简化为与变量无关的恒定约束。因此优化问题 P3_6 可以转化为优化问题 P3_7。

$$\max_{\tau_0,\tau_n} \ \eta^{\text{RT}}(\tau_0,\tau_n) \tag{3-30}$$

$$\text{s. t.} \quad \text{D1:} \ 0 \leqslant \tau_0,\tau_n \leqslant 1$$

$$\text{D2:} \ R_{n,\text{HAP},l}^{\text{RT}} \geqslant r_{n,\text{HAP},l}^{\text{RT}}, l=1,2$$

$$\text{D3:} \ E_i \leqslant C_i, i \in \{f,n\}$$

通过以上讨论可以知道,提出的能量效率最大化问题 P3_7 是凹凸分式规划问题,属于特殊的非线性分式规划领域,具有与凸优化理论共享的重要属性。通过使用 Dinklebach 的方法,可以将凹凸分式规划转化为凸优化问题,并借助凸优化理论中的经典方法进行求解。

本章小结

计算卸载是边缘计算的关键技术,也是边缘计算中关注的理论焦点。本章介绍了进行计算卸载的必要性,计算卸载的概念、分类及步骤,并以几个具体的应用场景为例,介绍了边缘计算卸载模型和问题刻画。后续章节会针对具体的应用场景展开讨论并更详细的介绍。

习题

(1) 简述计算卸载的分类及其分类标准。

(2) 简述边缘计算进行计算卸载的意义。

(3) 选取一篇关于边缘计算计算卸载的文献,对其如何刻画计算卸载过程进行描述。

(4) 尝试寻找并讨论不同应用场景下的计算卸载技术(如车联边缘计算、边缘智能环境等)。

参考文献

[1] Kumar S,Tyagi M,Khanna A,et al. A survey of mobile computation offloading:applications,approaches and challenges[C]//International Conference on Advances in Computing and Communication Engineering (ICACCE),Paris,France,2018,pp. 51-58.

[2] Kumar K,Lu Y H. Cloud Computing for Mobile Users:Can Offloading Computation Save Energy? [J]. Computer,2010,43(4):51-56.

[3] Mao Y,You C,Zhang J,et al. A Survey on Mobile Edge Computing:The Communication Perspective [J]. IEEE Communications Surveys & Tutorials,2017,19(4):2322-2358.

[4] Mach P,Becvar Z. Mobile Edge Computing:A Survey on Architecture and Computation Offloading [J]. IEEE Communications Surveys & Tutorials,2017,PP(3):1-1.

[5] Habak K,Ammar M,Harras K A,et al. Femto Clouds:Leveraging mobile devices to provide cloud service at the edge[C]//IEEE International Conference on Cloud Computing(ICCC2015). New York,

USA,2015,pp. 9-16.

[6] 施巍松,张星洲,王一帆,等. 边缘计算:现状与展望[J]. 计算机研究与发展,2019,56(1):73-93.

[7] 李子姝,谢人超,孙礼,等. 移动边缘计算综述[J]. 电信科学,2018,34(1):87-101.

[8] 谢人超,廉晓飞,贾庆民,等. 移动边缘计算卸载技术综述[J]. 通信学报,2018,39(11):138-155.

[9] Chen L,Zhou S,Xu J. Computation Peer Offloading for Energy-Constrained Mobile Edge Computing in Small-Cell Networking,IEEE/ACM Transactions on Networks[J]. 2018,26(4):1619-1632.

[10] Mukherjee M,Kumar V,Kumar S,et al. Computation offloading strategy in heterogeneous fog computing with energy and delay constraints[C]//2020 IEEE International Conference on Communications (ICC2020),Dublin,Ireland,2020,pp. 1-5.

[11] Pan Y,Chen M,Yang Z,et al. Energy-Efficient NOMA-Based Mobile Edge Computing Offloading [J]. IEEE Communications Letters,2019,23(2):310-313.

[12] Meng Z,Xu H,Huang L,et al. Achieving energy efficiency through dynamic computing offloading in mobile edge-clouds[C]//2018 IEEE 15th International Conference on Mobile Ad Hoc and Sensor Systems (MASS),Chengdu,China,2018,175-183.

[13] Tran T X,Pompili D. Joint Task Offloading and Resource Allocation for Multi-Server Mobile-Edge Computing Networks[J]. IEEE Transactions on Vehicular Technology,2019,68(1):856-868.

[14] Huang L,Feng X,Zhang L,et al. Multi-Server Multi-User Multi-Task Computation Offloading for Mobile Edge Computing Networks[J]. Sensors,2019,19(6).

[15] Huang X,Zhang W,Yang J,et al. Market-based dynamic resource allocation in Mobile Edge Computing systems with multi-server and multi-user[J]. Computer Communications,2021,165:43-52.

[16] Wang Y,Sheng M,Wang X,et al. Mobile-Edge Computing:Partial Computation Offloading Using Dynamic Voltage Scaling[J]. IEEE Transactions on Communications,2016,64(10):4268-4282.

[17] Wu H,Wolter K. Software aging in mobile devices:Partial computation offloading as a solution[C]// IEEE International Symposium on Software Reliability Engineering Workshops,Gaithersburg,USA,2016, pp. 125-131.

[18] Wang J F,Lv T J,Huang P M,et al. Mobility-Aware Partial Computation Offloading in Vehicular Networks:A Deep Reinforcement Learning Based Scheme[J]. 中国通信,2020,17(10):31-49.

[19] Zhou S,Jadoon W. The partial computation offloading strategy based on game theory for multi-user in mobile edge computing environment[J]. Computer Networks,2020,178:107334-107360.

[20] Dai Y,Xu D,Maharjan S,et al. Joint Computation Offloading and User Association in Multi-Task Mobile Edge Computing[J]. IEEE Transactions on Vehicular Technology,2018,67(12):12313-12325.

[21] Ji L,Guo S. Energy-Efficient Cooperative Resource Allocation in Wireless Powered Mobile Edge Computing[J]. IEEE Internet of Things Journal,2018,6(3):4744-4754.

[22] Wang F,Xu J,Wang X,et al. Joint Offloading and Computing Optimization in Wireless Powered Mobile-Edge Computing Systems[J]. IEEE Transactions on Wireless Communications,2018,17(3):1784-1797.

[23] Mao Y,Zhang J,Letaief K B. Dynamic Computation Offloading for Mobile-Edge Computing with Energy Harvesting Devices[J]. IEEE Journal on Selected Areas in Communications,2016,34(12):3590-3605.

[24] Bi S,Ying J,Zhang. Computation Rate Maximization for Wireless Powered Mobile-Edge Computing with Binary Computation Offloading[J]. IEEE Transactions on Wireless Communications,2018, 17(6):4177-4190.

第4章 边缘内容缓存

为使内容传输得更快、更稳定,人们在现有的互联网基础之上设置智能虚拟网络,实时地根据网络流量和各节点的连接、负载状况以及到用户的距离和响应时间等综合信息,将用户的请求重新导向离用户最近的服务节点上,确保用户就近取得所需内容,缓解网络拥塞的状况,提高用户访问网站的响应速度,这就是内容分发网络和边缘缓存的强大之处。

4.1 内容分发技术与边缘计算

4.1.1 内容分发网络

随着网络流量的指数性增长以及用户对网络速度的无限需求,网络资源分发的准确性、可用性、可靠性等成为互联网技术的关键问题之一。随着各类用户信息服务不断涌现,服务器与客户端的能力与资源的不对称性和高带宽消耗,使得单纯地依赖高性能数据中心为支撑的网络体系难以为分布于全球各地的网络用户提供可靠的服务质量,促使了内容分发技术的产生。

19世纪90年代后期,由于网络接入带宽的限制,网络拥塞成为当时制约互联网性能的最主要因素。研究人员提出采用代理缓存技术提升网络性能,即通过缩短资源在网络中的传输距离以降低带宽消耗与网络拥塞,进而增强资源可用性与服务可靠性。然而,代理缓存技术存在以下局限性。

(1) 具有较强的本地局部性,对于整个互联网的效率提升作用有限。随着Web技术的不断推进,静态页面在网络流量中的比重持续下降,动态交互数据与多媒体共享资源的迅猛增长导致代理缓存技术很难满足这些内容分发的需求。

(2) 近源的部署策略并不能很好地解决flash crowd与slashdot现象。flash crowd指的是某一段时间内,大量合法用户同时访问某网站导致该网站服务性能下降,比如我国的12306网站在春节期间会出现该现象。而slashdot现象指的是当一个受众广泛的网站介绍了另一个小众的网站后,小众网站流量激增的现象。小网站流量的激增使得它的访问速度变慢或者一时间完全不能访问。

1998年,麻省理工学院Leighton等人为解决在整个互联网中长距离传输的时延与网络拥塞问题,首次提出内容分发网络(CDN)这种新型的网络结构,并依托该项新技术建立了全球最大的内容分发网络服务提供商Akamai,以提升互联网边缘的用户访问体验。

内容分发技术实现了网络用户与网络资源提供商之间的通信分割,将其分为两部分:用户与内容分发副本服务器的交互;内容副本服务器与内容源服务器的交互,如图4-1所示。

图 4-1　内容分发技术中的通信分割

这种分离操作将内容源服务商面向用户的服务交付于内容分发网络,可以显著地降低源服务商的操作成本、部署难度及管理复杂性,也催生出巨大的内容分发网络市场。

新兴的内容网络分发技术诞生之后引起了国内外研究机构、IT 产业界的广泛重视。自 2002 年以来,SIGCOMM、USENIX、WWW 等顶级学术会议开始关注内容分发网络。美国大型电信运营商 AT&T 于 2002 年提出了 CDN 下的流媒体内容分发架构。2006 年,国际电信联盟将 CDN 纳入 IPTV 标准化文档体系内。互联网工程任务组制定了多项涉及内容分发网络技术的标准化文档,如 RFC3040、3466、3835、3866 等。国际电信联盟、互联网流媒体联盟(internet streaming media alliance,ISMA)、ETSI 均随后在其标准化文件中对内容分发网络进行了阐述。2009 年,中国电信研究院指出全球内容分发网络市场年均复合增长率(compound annual growth rate,CAGR)达 446%,2013 的市场规模将达 45 亿美元。

全球 2016 年 CDN 市场规模达 60.5 亿美元,2020 年达到 157.3 亿美元,美国 CDN 服务商占 70%,中国 CDN 仅占 0.5%～3.5%,而亚太地区增长速度最快。2016 年我国 CDN 市场规模约 110 亿元,2022 年我国的 CDN 覆盖率仅为 17.2%,与北美成熟市场的 50%覆盖率相比具有较大差距。未来伴随一系列互联网相关政策的出台,以及 VR/AR、4K 视频、游戏、电商等业务带动下的高流量需求爆发,未来 5 年中国 CDN 市场年均增速将达 35%以上,CDN 产业将迎来黄金发展时期。

4.1.2　基于云的内容分发

内容分发网络是一种以降低互联网访问时延为目的的高度分布式服务器平台,在网络边缘或核心交换区域部署内容代理服务,通过全局负载调度机制进行内容分发的新型覆盖网络体系。随着多媒体网络流及实时交互技术的兴起,现今的内容分发网络已成为互联网的核心应用之一。内容分发网络在现有的因特网架构上建立起一层内容分发覆盖网络,用以实现以下目的。

(1)减少链路中的重复流量,缩短传输路径,缓解互联网的流量压力。

(2)部署多个内容副本服务器,降低源服务器负载。

(3)提升内容提供商的服务质量与服务可靠性。

经过数十年的发展,CDN 已经发展到第 4 代,表 4-1 给出了 CDN 的演化路线。

表 4-1　内容分发网络的进化

代　际	特　　点	时　　间	业务对象	简要描述
第一代	基于 Web	1998—2002 年	静态/动态网络数据	分发静态/动态 Web 网页
第二代	基于 VOD (video on demand)	2002—2006 年	多媒体数据	分发大数据量的媒体流

续表

代 际	特 点	时 间	业务对象	简 要 描 述
第三代	基于 P2P（point to point）	2006 年至今	共享类数据	与 P2P 网络融合，降低服务负载
第四代	基于云	2009 年至今	整合型数据	与云平台融合，解决资源整合，服务统一管理

4.1.3 边缘计算下的内容分发

CDN 这个技术其实说起来并不复杂，最初的核心理念就是将内容缓存在终端用户附近，即在靠近用户的地方建一个缓存服务器，把远端的内容复制一份放在本地。图 4-2 呈现了传统服务结构和 CDN 下的服务架构的区别。在 CDN 架构下，网络流量下降，服务时延降低，用户体验改善。图 4-3 中呈现的是一个典型的 CDN 网络的流量变化。

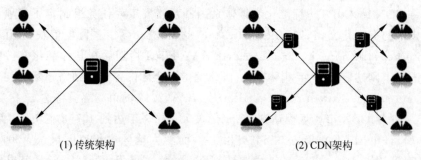

(1) 传统架构　　　　　　　　　　　　　　　　(2) CDN架构

图 4-2　CDN 架构示意图

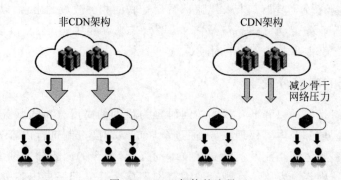

图 4-3　CDN 架构的流量

一个典型的内容分发网络将多个内容存储服务器部署于不同地理位置的互联网服务提供商（internet service provider，ISP）域中，包括网络接入点与骨干交换中心域。这些内容存储服务器统一由全局内容管理服务器管辖，并依据用户的访问体验动态调整内容路由策略，以优化服务负载，降低流量压力等网络性能。通过将站点内容发布至遍布全国的海量加速节点，使其用户可就近获取所需内容，避免网络拥堵、地域较远、运营商差异等因素带来的访问延迟问题，有效提升下载速度、降低响应时间，提供流畅的用户体验。CDN 包括分布式存储、负载均衡、网络请求的重定向和内容管理 4 个要件，而内容管理和全局的网络流量管理（traffic management，TM）是 CDN 的核心所在。一个 CDN 网络的工作流程可以总结如图 4-4 所示。

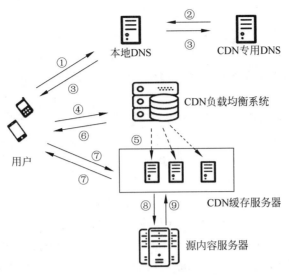

图 4-4　CDN 的具体工作流程

①　当用户点击 App，App 根据 URL 地址去本地 DNS（域名解析系统）寻求 IP 地址解析。

②　本地 DNS 系统将域名的解析权交给 CDN 专用 DNS 服务器。

③　CDN 专用 DNS 服务器将 CDN 的全局负载均衡设备 IP 地址返回用户。

④　用户向 CDN 负载均衡设备发起内容 URL 访问请求。

⑤　负载均衡设备据 IP 地址及用户请求 URL，选择一台用户所属区域的缓存服务器。

⑥　负载均衡设备告诉用户缓存服务器 IP 地址，让用户向所选缓存服务器发起请求。

⑦　用户向缓存服务器发起请求，缓存服务器响应用户请求，将用户所需内容传送到用户终端。

⑧　如这台缓存服务器上没有用户想要的内容，则这台服务器向网站源服务器请求内容。

⑨　源服务器返回内容给缓存服务器，缓存服务器发给用户，并根据用户自定义的缓存策略，判断要不要把内容缓存到缓存服务器上。

CDN 本质上是将更多的缓存服务器（CDN 边缘节点）布放在用户访问相对集中的地区或网络中。当用户访问网站时，利用全局负载技术，将用户的访问指向距离最近的缓存服务器上，由缓存服务器响应用户请求。CDN 不仅缓存视频内容，还对网站的静态资源（如各类型图片、html、css、js 等）进行分发，对移动应用 App 的静态内容（例如安装包 apk 文件、App 内的图片视频等）进行分发。可以说，互联网上的任何内容都可以通过 CDN 提供，事实上，大部分互联网已经通过 CDN 传送，任何连接到互联网的设备都会与 CDN 进行交互，因为 CDN 不仅用于提供计算机上的内容，还用于移动设备、智能电视、机顶盒和许多其他需要快速、可靠、安全在线传输数据的连接设备。现实生活中超过 50% 的数据需要在网络边缘侧分析、处理与存储，CDN 是边缘服务器的网络，提供在线内容的优化分发或传送。大量的边缘服务器协同工作，通过私有全球骨干网传输数据，绕过大部分拥挤的公共和互联网服务提供商（ISP）网络，从而提高内容交付的速度和效率。CDN 的主要目标是通过减少将内容和富媒体传输到用户的互联网设备所需的时间来提高 Web 性能，因此 CDN 和边缘计算理念的核心价值相似。

1. CDN 和边缘计算的相同点

（1）CDN 需要边缘计算。边缘计算和 CDN 的共同点就是要求传输能力，要尽可能接近数据产生的地方。CDN 需要传输和存储大量内容数据，而边缘计算恰好可以提供存储服务，两者部署方式类似，都是接近网络边缘，带宽线路可以复用。

（2）边缘计算需要 CDN。边缘计算的主要计算节点及应用分布式部署在靠近终端的数据中心，这使得在服务的响应性能、可靠性方面都高于传统中心化的云计算概念，而 CDN 的节点正好可以充分复用起来，提供计算服务。

2. CDN 和边缘计算的区别

CDN 概念中的边缘是借助缓存数据提高节点传输数据的能力，侧重点在于传输能力。边缘计算实际上是利用靠近数据源的边缘地带来进行数据计算分类，侧重点在于计算能力。CDN 与边缘计算的主要思想不同，CDN 最后还是会将数据回溯到数据中心进行处理，这样成本依旧很高。而边缘计算不需要将每条数据都传送到云，只需利用数据边缘的设备来进行数据计算处理，能够减少从设备到云端的数据流量。所以，边缘计算能够减缓数据爆炸、网络流量的压力，在进行云端传输时通过边缘节点进行一部分简单的数据处理，从而减少设备响应时间、降低延迟。

3. CDN 和边缘计算的结合

从 CDN 到边缘计算的过渡是势在必行的。由于当前高清视频、VR/AR、大数据、物联网、人工智能急速发展，传统 CDN 将数据回溯到中心云的做法成本太高，很难满足日益增加的海量数据的存储、计算及交互需求。所以 CDN 必须从传统的以缓存业务为中心的 IO 密集型系统演化为边缘计算系统，构架内容计算网络，以解决未来物联网带来的连接挑战，在这一过程中，CDN 行业也必将完成二次迭代。未来的物联网、AR/VR 场景、大数据和人工智能行业实际上对近场计算都有着极强的需求，边缘计算能够保障大量的计算需要在离终端很近的区域完成，并且实现低时延服务。CDN 与生俱来的边缘节点属性令其在边缘计算市场具备先发优势，CDN 本身就是边缘计算的雏形。从这个角度来看，从 CDN 拓展到边缘计算在技术的实现上更容易，当然大家也是这么做的。无论是从 CDN 转向边缘计算，还是在原有的 CDN 体系中加入边缘计算的概念，利用边缘计算来提升 CDN 的自身竞争力都是不错的选择，边缘计算能够助力 CDN 更智能、高效和稳定。

思科和 Reliance Jio 公司正在共同利用多接入边缘计算的强大功能，通过开发移动内容分发网络进一步优化和增强网络视频体验，CDN 被集成到移动 LTE 网络中，借助移动 CDN，移动运营商可以通过边缘 cloudlet 提供内容。

爱立信认为 CDN 的主要目的是本地化存储，而不是进行本地化计算。现在，爱立信将两者结合了起来。2013 年爱立信已为俄罗斯第一大电信运营商 Rostelecom 部署了全球最大的内容分发网络（CDN），服务俄罗斯全国各地 30 个主要城市。

阿里云 CDN 积极开展 CDN 布局，现有节点数 1300 多个，覆盖了 70 多个国家和地区，全网带宽输出能力达 90Tbit/s。华为 CDN 最近几年也在积极部署边缘行动，其提供的 CDN 加速节点资源丰富，达到了 2000 多个中国大陆加速节点，500 多个中国大陆境外加速节点，全网带宽输出能力不低于 100Tbit/s。

CDN 相关问题仍然需要进一步深入研究，图 4-5 总结了 CDN 涉及的应用前景、关键问题、关键技术和支撑技术,给出了研究 CDN 的一个总体框架。

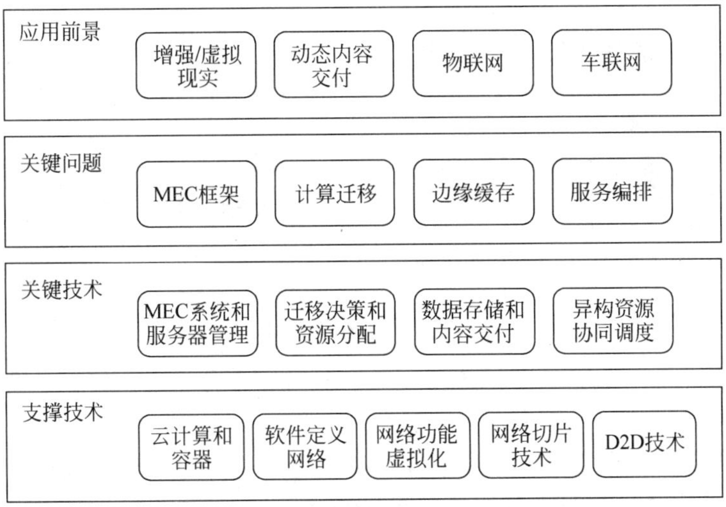

图 4-5 CDN 中的关键问题

现有的内容交付技术可以优化内容传输服务,提高内容服务器的可用性,减少网络延迟,但是传统的内容交付服务无法跟随用户状态的改变而迅速做出相应的调整。从图 4-5 可见,作为关键技术之一,CDN 通过与缓存结合,互联网服务提供商可以将这些视频内容数据保存在本地服务器中,允许更快、更可靠的内容交付。内容交付给用户前通过的互联网基础设施更少,降低了出现问题的可能性,最大限度地减少了重新路由,并减少了用户的延迟,使用户和互联网服务提供商受益。因此,CDN 发展的关键问题之一就是内容缓存的边缘实施问题。

4.2 边缘缓存技术

4.2.1 网络缓存技术概述

缓存技术最早应用于有线网络中。人们针对有线网络中的 Web 缓存和信息中心网络进行了较为全面的研究。最近又出现了应用于内容分发网络和边缘计算的缓存研究,其基本思想是在不同位置预缓存内容,以减轻网络瓶颈中引起拥塞的巨大流量。20 世纪 90 年代初,网络页面和图像的过多传输加剧了网络拥塞,而 Web 缓存技术将流行文件临时存储在客户端计算机或代理服务器上,从而显著地减少了网络拥塞。此外,网络拥塞被发现与传输客户端生成的视频有关。因此,ICN 被提议用于在路由器处缓存内容,这进一步缩短了客户端与内容之间的距离。ICN 还可以利用内容流行度、客户端偏好和网络参数来实现更高效的数据存储和分发。20 世纪 90 年代末和 21 世纪初,网络拥塞问题更多地与视频的传输有关,当时通过使用 CDN 得以缓解局部拥塞。

图 4-6 展示了一个典型的有线网络架构,该架构可装有缓存存储也可不装,它由订阅者、路由器和服务器组成。为了获取内容,客户端发送带有所需内容名称的请求数据包。如果路由器上没有缓存存储,则请求数据包需要通过核心网络才能到达服务器。然后,服务器通过核心网络将请求的数据包发送到客户端。相反,如果装有缓存存储,则路由器可以直接

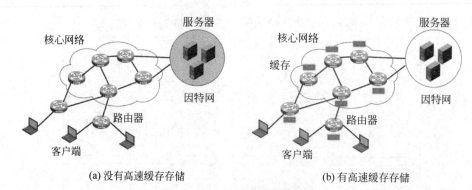

(a) 没有高速缓存存储　　　　　　　　　(b) 有高速缓存存储

图 4-6　典型的有线网络架构

为客户端提供服务而无须使用核心网络。因此,具有缓存存储的网络比没有缓存存储的网络可实现更低的延迟。

　　近年来,缓存技术已经应用于无线蜂窝网络。图 4-7 提供了具有缓存功能的蜂窝网络的典型体系结构,其中包括具有基站(BS)的无线通信网络、有线核心网络以及与因特网的连接。为了获取内容,无线用户首先发送内容请求数据包。如果相邻用户、中继站或基站具有内容,则它们可以在本地为用户提供服务。否则,基站需要从因特网提取内容,然后为无线用户提供服务。

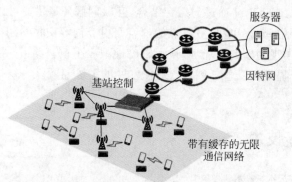

图 4-7　具有缓存功能的蜂窝网络的典型架构

　　与有线网络相比,在无线网络中实现高效的无线缓存技术更具挑战性。例如,与有线客户端相比,蜂窝用户通常具有较小的缓存容量;无线用户具有移动性,有线客户则没有;蜂窝网络倾向于比有线网络具有更多动态网络拓扑结构;无线信道比有线信道具有更多的不确定性。因此,有线缓存策略不能直接应用于无线网络。当设计高效的缓存策略时,还需要考虑蜂窝网络中的独特传输特性,例如,有限的频谱和同信道干扰。

　　自 2009 年以来,学术界和工业界已经对无线缓存技术进行了广泛研究,以减少蜂窝网络中的流量拥塞和提高通信效率。随着云计算和边缘计算的兴起,在网络边缘实施缓存的方案进入了人们的视野。

4.2.2　边缘缓存基本原理

　　CDN 中的边缘缓存是将源站的资源缓存到各地的边缘节点服务器(CDN 节点)上(如图 4-8 所示),用户请求访问和获取资源时,就近调用 CDN 节点上缓存的资源,将源站内容分发至全国所有的节点,缩短用户查看对象的延迟,提高用户访问网站的响应速度与网站的可用性,解决网络带宽小、用户访问量大、网点分布不均、提升网络的能源效率等。据统计,在 3G 移动网络和 4G LTE 网络中进行缓存被证明能够减少三分之一到三分之二的移动流量。

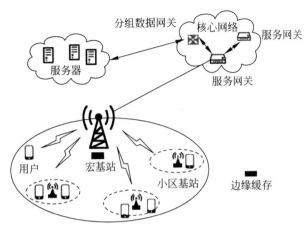

图 4-8　CDN 边缘缓存

随着移动无线通信的兴起,边缘缓存的研究大量出现在无线蜂窝网络中。2010 年之后,缓存技术被广泛应用于多种类型的蜂窝网络,产生了启用缓存的宏蜂窝网络、HetNets、D2D 蜂窝网络、云无线电接入网络和雾无线电接入网。在这些研究中,作者主要设计内容放置和内容传输算法,其中前者确定内容应该缓存的位置,例如基站或用户的存储设备,后者决定检索缓存内容的位置以及如何将内容传输给用户。通常,缓存目标是降低回程成本和网络延迟,或提高频谱和能量效率。随着 5G 技术的发展,结合 5G 无线技术的缓存研究也不断出现,例如 Bai 等人首次提出了启用缓存的 femtocell 的架构,其主要思想是在每个 femtocell 添加存储资源。通过设计缓存和用户关联方案,作者证明了缓存技术能够将系统吞吐量提高 500%,这表明了缓存技术在 5G 应用方面的巨大潜力。

在不同的网络类型中,缓存资源可能也会带来不同的收益。具体而言,在启用缓存的宏蜂窝网络和 HetNet 中,缓存主要降低了回程成本。相比之下,在启用缓存的 D2D 网络和 C-RAN/F-RAN 中,缓存主要提高了频谱效率和能源效率。因此,为了充分利用缓存资源,需要针对不同类型的网络设计不同的缓存策略。

1. 启用缓存的宏蜂窝网络

启用缓存的宏蜂窝网络是指网络的每个基站(BS)都有较大的缓存空间,如图 4-9(a)所示。这允许用户直接从基站获取所需的内容,而不是通过回程链接从互联网获取。在这类网络中,基站在城市地区的典型传输距离小于 800m,典型的传输功率范围为 5~40W,且不同的基站之间没有覆盖重叠。

2. 启用缓存的异构网络

启用缓存的异构网络(HetNet)是指异构网络由宏小区、小型小区(毫微微小区、微微小区)和中继节点组成,如图 4-9(b)所示。由于宏小区基站(MBS)和小型小区(SBS)都具有较大的缓存空间,因此用户可以直接从最近的 SBS 或 MBS 获得请求的文件。从缓存的角度来看,HetNet 与宏蜂窝网络的不同之处主要在于缓存空间、覆盖范围和基站位置。在

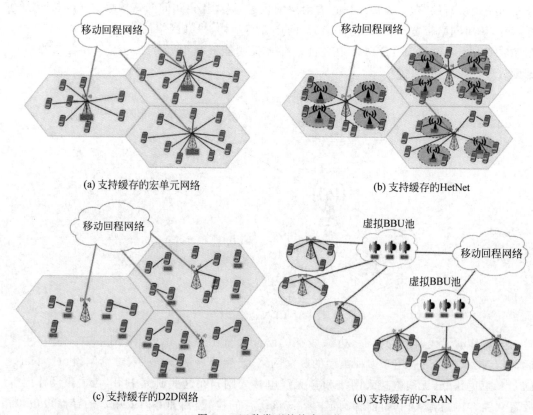

(a) 支持缓存的宏单元网络　　　　　　　　　(b) 支持缓存的HetNet

(c) 支持缓存的D2D网络　　　　　　　　　(d) 支持缓存的C-RAN

图 4-9　四种类型的蜂窝网络

HetNet 中,基站通常具有较小的缓存空间和覆盖范围,并且它们随机位于一个小区中。然后,相应的缓存策略针对的是一小部分用户,这些用户依赖于准确的预测信息,例如,用户的内容请求、位置和轨迹。在宏蜂窝网络中,BS 通常具有较大的缓存空间和覆盖范围,并且它们位于每个小区的中心。值得注意的是,要使用统计信息来为大量用户实现良好的性能。

3. 启用缓存的 D2D 网络

启用缓存的 D2D 网络是指网络允许在设备之间直接通信而不需要通过具有缓存功能的基站,如图 4-9(c)所示。在这里,设备通常被分成簇,由 BS 以集中式,或者分布式进行控制。在此设置中,同一簇群中用户的内容请求可以由簇中的其他用户满足。最近的大部分研究都考虑了单跳 D2D 通信。

4. 启用缓存的 C-RAN/F-RAN

启用缓存的 C-RAN/F-RAN 是基于云计算或者雾计算的集中式无线接入网络,支持 4G 和未来的无线通信标准,如图 4-9(d)所示。通常,拥有较大缓存空间的基带处理单元 (BBU)被组合成 BBU 池,其主要职责是协调处理大规模的无线电资源分配和实现智能联网。将内容通常缓存在 BBU 池中,所以用户通常由 BBU 池提供服务而不连接到核心网络。相比之下,F-RAN 是基于分布式边缘计算的无线接入网络,其中内存存储和信号处理功能安装在网络的边缘,即远程无线电头(remote radio head,RRH)。由于内容通常存储在 RRH,因此大多数传输任务都由 RRH 直接处理,具有较低的传输成本和延迟。只有当 RRH 不能很好地处理时才由 BBU 池来处理任务。

4.2.3　边缘缓存中的内容流行度

当前的内容提供商（content provider，CP）获取的内容规模显著增长，因此几乎可以肯定无法缓存所有访问内容。为决定哪些内容应该缓存，现有的方案大多考虑结合视频流行度来决定边缘节点缓存什么内容，以尽量最大化边缘缓存的命中率，即用户的内容请求在边缘节点的缓存里命中的概率。因此视频流行度成为很多边缘缓存实施中的基础和预测依据，但是直接获取流行度是困难的，如何准确估计视频流行度成为提高缓存策略的关键基础之一。例如，Bharath 等人提出了使用指定时间间隔（称为训练时间）内的瞬时用户需求来估计内容的流行度。Blasco 等人提出了基于先前的缓存文件来估计内容流行度的分布。Chen 等人利用本地用户的兴趣来估计内容的流行度。ElBamby 等人通过每个簇群的视频播放来估计流行度的分布。总的来看，流行度获取方法可以分为以下两大类。

1. 静态模型

大多数边缘缓存的研究假设内容流行度是静态的，并采用独立参考模型，一般假设内容请求是基于独立的泊松过程产生的，该过程的速率与基于二八法则的内容流行度相关。常用的流行度模型是在 Web 缓存中观察得到的 Zipf 分布，即所谓的视频流行度常满足长尾效应。长尾效应可以参见图 4-10，其主要思想是仅仅有一小部分的流行视频会被很多用户请求，大部分的视频内容请求很少。相应地，所有媒体类型中的视频和图像具有最高的重复请求率。

研究应用常常采用基于 Zipf 的流行度模型来刻画长尾效应。Zipf 分布的主要思想类似于二八法则，即 20％的内容会占据 80％的访问量。Zipf 分布由美国语言学家 Zipf 发现并命名。他在 1932 年研究英文单词的出现频率时，发现如果把单词频率按从高到低的次序排列，每个单词的出现频率和访问排名存在简单的反比关系，可以定义为

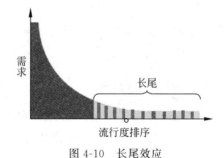

图 4-10　长尾效应

$$p(r) = \frac{C}{r^{\alpha}} \qquad (4\text{-}1)$$

式中：r 为一个单词出现频率的排名；$p(r)$ 表示排名为 r 的单词的出现频率。参数 C 约等于 0.1，参数 α 约等于 1。基于 Zipf 的内容流行度可定义为

$$P(i;\alpha,N) = \frac{\dfrac{1}{i^{\alpha}}}{H_{N,\alpha}} \qquad (4\text{-}2)$$

式中：N 为样本空间中样本点的个数；i 为样本点的流行级别；α 为一个常数，称特征指数；$H_{N,\alpha}$ 为阶归一化系数，定义为

$$H_{N,\alpha} = \sum_{n=1}^{N} \frac{1}{n^{\alpha}} \qquad (4\text{-}3)$$

在实际应用时，样本数量通常是有限的，所以特征指数 α 小于等于 1。而且当 α 越大时，$P(i;\alpha,N)$ 取值越集中。

2. 动态模型

静态模型无法反映随着时间的流逝而发生变化的真实内容流行度,为了克服缺陷,研究人员提出来动态流行度模型。例如,Traverso 等人提出了散粒噪声模型(shot noise model,SNM)的动态流行度衡量模型。该模型使用具有两个参数的脉冲来模拟每个内容,脉冲持续时间反映了内容的流行周期,脉冲高度反映了内容的瞬时流行度。该模型中每个内容都被三个参数刻画: (τ_m, V_m, λ_m)。这里的 τ_m 表示内容 m 在进入系统的时刻,即它何时能够被用户请求; V_m 表示内容的平均请求次数;而 λ_m 代表内容内容流行度模型,表示内容对象 m 随着时间的请求速率变化。一般来说 λ_m 被定义为满足下列条件的函数性质。

(1) 非负性: $\lambda_m \geqslant 0$。

(2) 因果关系: $\lambda_m(t) = 0, \forall t < 0$。

(3) 可积性和规范化: $\int_0^\infty \lambda_m(t)\mathrm{d}t = 1$。

Cha 等人分析了用户生成内容(user generated content,UGC)流行度分布的统计特征,并讨论了利用"长尾"视频需求的机会,采用观看次数的动态变化表明视频内容的流行度。在时间 x 的视频 i 增长率 $d_i(x)$ 表示为

$$d_i(x) = \frac{\sum_{i=0}^{x} r_i(t)}{\sum_{i=0}^{T} r_i(t)} \tag{4-4}$$

这里的 $r_i(t)$ 表示在 t 天时请求的视频 i 的数据量,T 表示了观察的时间段。当 x 接近 T 时,$d_i(x)$ 接近于 1。

4.2.4 边缘缓存策略

缓存策略将决定缓存什么、在哪里缓存、什么时候释放缓存,是影响总体缓存性能的关键。边缘缓存策略的目标主要是提升系统整体容量、提高缓存命中率、减小总传输开销、优化服务时延,提升移动用户内容交付服务的 QoE。边缘缓存的策略包括传统缓存策略和协作缓存策略。

传统缓存策略主要包括以下几点。

(1) 先入先出策略(first-in first-out,FIFO)。如果一个数据是最先进入的,那么可以认为在将来它被访问的可能性很小。空间满的时候,最先进入的数据会被最早置换(淘汰)掉。

(2) 最近最少访问频次(least frequently used,LFU)。如果一个数据在最近一段时间很少被访问到,那么可以认为在将来它被访问的可能性也很小。因此,当空间满时,最小频率访问的数据最先被淘汰。

(3) 最近最少使用策略(least recently used,LRU)。当限定的空间已存满数据时,应当把最近最少被使用的数据淘汰。

对于相同规模的内容,LFU 与 LRU 这两种策略简单而且高效,但是,它们会忽略内容的下载时延以及内容的数据量。早期的边缘缓存策略研究通常都是基于非合作方式的策略,随着边缘缓存策略研究的深入,研究工作者们开始考虑通过边缘节点协作的方式来提高算法的性能表现。协作缓存策略常通过当前流行度、潜在流行度、存储尺寸、网络拓扑中现

有副本的位置评估缓存内容。表 4-2 总结了一些缓存策略的研究工作对比情况。

表 4-2　边缘缓存策略对比

文献	缓存方案	目　标	提出的方法	实验方法	效　果
[4]	非协作	提高系统整体容量	基于用户偏好	仿真	系统整体容量提升 300%
[5]	非协作	提高缓存命中率	基于增强学习	仿真	N-A
[6]	非协作	减少总传输开销	基于马尔可夫决策过程	仿真	总传输开销减少 70%
[7]	协作	提高缓存命中率	基于线性规划	仿真	N-A
[8]	协作	优化服务时延	基于整数线性规划	仿真	时延缩短 32%
[9]	协作	减少总传输开销	自适应粒子群优化算法	仿真	总传输开销减少 54%
[10]	协作	提高缓存命中率	缓存和路由联合设计	仿真	N-A
[11]	协作	降低时延和能耗	基于分组策略	仿真	N-A

非合作缓存方面。Ahlehagh 等人提出了一种基于用户偏好的缓存策略,它研究流行度的区域性,即区域视频流行度与全国视频流行度是显著不同的,不同区域的用户群体可能对特定的视频类别表现出强烈的偏好。将用户偏好定义为每个用户请求特定视频类型的概率,并基于用户偏好的缓存策略有效提高视频请求初次命中的概率。Sengupta 等人基于动态的视频流行度,提出了一种基于增强学习的边缘缓存策略跟踪和估计内容流行度的变化,以此提高命中率。

合作缓存方面。Borst 等人针对最大化缓存服务的流量和最小化带宽成本设计协作缓存策略。Jiang 等人针对优化内容缓存和交付的性能表现,通过整数线性规划问题和次梯度优化的方法来解决移动边缘计算服务器之间的协作问题。Wang 等人探索了可伸缩视频编码(scalable video coding,SVC)的协作视频缓存,以提高系统整体的缓存容量。Wang 等人针对在每个边缘节点中高速缓存内容的最佳冗余比来解决移动网络中边缘缓存节点之间的协作问题。Poularakis 等人针对边缘网络带宽限制和最大化边缘服务器的缓存命中率,通过位置放置和有界逼近算法来解决协作缓存问题。Khreishah 等人针对有限的基站缓存空间和已知的内容流行度,通过最小化网络下载和缓存成本来放置缓存内容。Ostovari 等人则考虑内容流行度未知情况下,最小化下载成本和回程成本的协作缓存内容放置策略。Afshang 等人结合簇群模型,提出以簇群为中心的缓存策略,以最大化整个簇群的覆盖率。

可见,协作缓存是当下及未来的主要技术趋势。表 4-2 给出了目前研究最多的协作缓存策略,结合 SVC 视频和自适应比特率(adaptive bit rate,ABR)视频两种最为流行的视频技术,详细介绍边缘缓存的实施细节。

4.2.5　协作边缘缓存

1. ABR 视频的协作缓存

在无线视频流中,用户的偏好和对视频的特定质量和/或格式的需求由于网络状况的动态变化可能会有所不同,加上用户设备处理的异质计算存储能力,这种不同会更加显著。例如,具有高能力的用户设备和快速的网络连接的用户通常更喜欢高分辨率视频,而处理能力较低的用户设备或低带宽连接的用户可能无法欣赏高质量的视频,因为延迟很大,视频可能不适合设备的显示屏。因此,自适应比特率流技术广泛用于 CDN 中以提高用户体验质量

(quality of experience,QoE)。ABR 视频即码率自适应视频,在 ABR 视频流中,不同的比特率视频的版本(以下称为视频变体)可以根据设备的功能、网络连接和特定功能要求进行生成并传输给用户。同一视频的视频变体由同一视频的转码得来,但是现有视频缓存系统经常忽略这种依赖关系,而将每个视频变体看成独立个体提供给用户,导致缓存效率低下。

Tran 等人为满足用户对不同码率视频的需求,引入协作式缓存框架,边缘计算服务器之间相互协作,不仅提供用户需要的缓存视频,而且能够转码视频到用户期望的码率,而这种变体转码可通过位于视频原始缓存的服务器到用户请求服务器之间传输路径上的任意MEC 服务器转码完成。这种方案的好处是:首先原始远程内容服务器不需要生成相同视频的所有不同变体视频;其次用户可以接收适合其网络和多媒体处理能力的条件的视频,而这种适应性调整由边缘计算完成;最后 MEC 服务器之间的协作增强缓存命中率,并有助于平衡处理负载。

将该类协作缓存问题形式化刻画为受限于 MEC 服务器的缓存容量和处理能力的一个最小化所有用户平均视频访问延迟的整数线性规划(integer linear programming,ILP)的问题,如图 4-11 所示。首先考虑一个由 K 个 MEC 服务器 $\mathcal{K}=\{1,2,\cdots,K\}$ 组成的边缘网络,MEC 服务器之间通过主干网络连接,且每个 MEC 服务器在蜂窝 RAN 中与 BS 并排部署。MEC 服务器兼有缓存和处理能力,即其上装备有一个缓存单元和一个转码器。该缓存单元是远程内容服务器的客户端,不同 MEC 缓存单元之间是对等体关系。每个 MEC 服务器还嵌入了一个 RTP/RTSP 客户端用于通过主干网从其他 MEC 服务器接收视频流并放入自身的输入缓存。自带的转码器会根据需要转码视频到指定码率并存放到输出缓存,如果不需要转码,则输入缓存中的视频内容直接放入输出缓存。

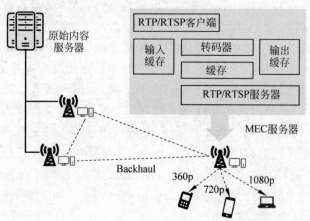

图 4-11 基于 MEC 网络的协作视频缓存框架

此外,每个 MEC 服务器还嵌入了一个 RTP/RTSP 服务器端用于向用户传输请求的输出缓存中的视频流。在该框架中,精确命中被定义为需要的视频刚好在当前缓存中,软命中为请求的视频在当前缓存中没有但是可以通过转码获取。

假设视频集合为 $\mathcal{T}=\{1,2,\cdots,V\}$,每个视频长度相同,并有 L 个不同码率,r_l 表示了视频变体 l 对应的数据大小。$\{v_1,v_2,\cdots,v_L\}$ 是视频 v 按照尺寸从小到大排列的变体集合,用户能够请求的所有变体集合为 $\mathcal{V}=\{v_l \mid v \in \mathcal{T},l=1,\cdots,L\}$。视频 v_l 从 v_h 转码得来必须满足 $l \leqslant h$,对应的转码成本为 p_{hl}。假设 $p_{hl}=p_l$,因为 p_{hl} 正比于 r_l。每个用户请求与自己

最近的一个 BS，即 home BS。一个 0-1 的变量 $c_j^{v_l}$ 表示视频 v_l 是否被缓存到服务器 j 上，相应的缓存放置集合为 $C=\{c_j^{v_l}\mid c_j^{v_l}=1,j\in\mathcal{K},v_l\in\mathcal{V}\}$。$M_j$ 表示的是 MEC 服务器的缓存容量，而 P_j 表示服务器的处理能力。

借助 5 个二元 0-1 变量来描述缓存策略为 $\{x_j^{v_l},y_j^{v_l},z_{jk}^{v_l},t_{jk}^{v_l},\omega_{jk}^{v_l}\}\in\{0,1\}$。如图 4-12(a) 所示，$x_j^{v_l}=1$ 表示基站 j 直接提供 v_l；如图 4-12(b) 所示，$y_j^{v_l}=1$ 表示基站 j 从一个更高码率的视频转码再提供 v_l；如图 4-12(c) 所示，$z_{jk}^{v_l}=1$ 表示 v_l 从基站 k 而非 j 直接提供 v_l，这里 $k\in\mathcal{K}\cup\{0\}$，0 表示远程内容服务器；如图 4-12(d) 所示，$t_{jk}^{v_l}=1$ 表示 v_l 从基站 k 转码更高码率的视频提供而非 j 直接提供 v_l；如图 4-12(e) 所示，$\omega_{jk}^{v_l}$ 表示 v_l 从基站 k 获得一个比从基站 j 转码更高码率的视频提供。

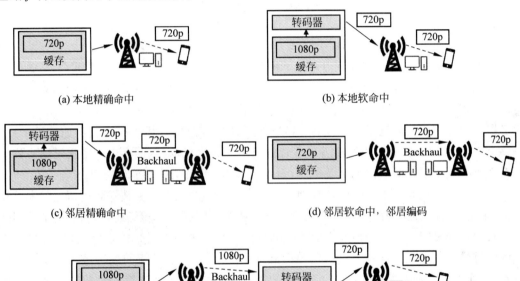

(a) 本地精确命中　　　　　　　　　　　　(b) 本地软命中

(c) 邻居精确命中　　　　　　　　　　　　(d) 邻居软命中，邻居编码

(e) 邻居软命中，本地编码

图 4-12　五种协作缓存策略

从基站 j 获取 v_l 而引发的延迟成本表示为

$$D_j(v_l)=d_{j0}z_{j0}^{v_l}+\sum_{k\neq j,k\in\mathcal{K}}d_{jk}(z_{jk}^{v_l}+t_{jk}^{v_l}+\omega_{jk}^{v_l}) \tag{4-5}$$

这里 d_{jk} 表示的是第 j 个缓存服务器从第 k 个缓存服务器检索到视频的时延。d_{j0} 则表示第 j 个缓存服务器从远程内容服务器获取内容的时延，并且通常 $d_{j0}\gg d_{jk}$。

基于以上符号，需要找出合适的缓存放置策略 C，视频请求调度策略 $R=\{x_j^{v_l},y_j^{v_l},z_{jk}^{v_l},t_{jk}^{v_l},\omega_{jk}^{v_l}\}$，以最小化总传输访问时延，可以建立下面的优化问题 P4_1。

$$\min_{C,R}\sum_{j\in\mathcal{K}}\sum_{v_l\in\mathcal{N}_j^l}D_j(v_l) \tag{4-6}$$

$$\text{s.t.}\quad x_j^{v_l}\leqslant c_j^{v_l},\forall j\in\mathcal{K},v_l\in\mathcal{V} \tag{4-7}$$

$$z_{jk}^{v_l}\leqslant c_k^{v_l},\forall k\in\mathcal{K},v_l\in\mathcal{V} \tag{4-8}$$

$$y_j^{v_l} \leqslant \min\left(1, \sum_{m=l+1}^{L} c_j^{v_m}\right), \forall j \in \mathcal{K}, v_l \in \mathcal{V} \tag{4-9}$$

$$t_j^{v_l} \leqslant \min\left(1, \sum_{m=l+1}^{L} c_k^{v_m}\right), \forall j, k \in \mathcal{K}, v_l \in \mathcal{V} \tag{4-10}$$

$$\omega_j^{v_l} \leqslant \min\left(1, \sum_{m=l+1}^{L} c_k^{v_m}\right), \forall j, k \in \mathcal{K}, v_l \in \mathcal{V} \tag{4-11}$$

$$x_j^{v_l} + y_j^{v_l} + \sum_{k \neq j, k \in \mathcal{K}} (z_{jk}^{v_l} + t_{jk}^{v_l} + \omega_{jk}^{v_l}) + z_{j0}^{v_l} = 1, \forall j \in \mathcal{K} \tag{4-12}$$

$$\sum_{v_l \in \mathcal{V}} r_l c_j^{v_l} \leqslant M_j, \forall j \in \mathcal{K} \tag{4-13}$$

$$\sum_{v_l \in \mathcal{N}_j^t} p_l \left(y_j^{v_l} + \sum_{k \neq j, k \in \mathcal{K}} \omega_{jk}^{v_l}\right) + \sum_{k \neq j, k \in \mathcal{K}} \sum_{v_l \in \mathcal{N}_j^t} p_l t_{kj}^{v_l} \leqslant P_j, \forall j \in \mathcal{K} \tag{4-14}$$

$$x_j^{v_l}, y_j^{v_l}, z_{jk}^{v_l}, t_{jk}^{v_l}, \omega_{jk}^{v_l} \in \{0, 1\}, \forall j \in \mathcal{K}, v_l \in \mathcal{V} \tag{4-15}$$

注意这里的 $\mathcal{N}_j^t$ 表示在时刻 t 由基站 j 提供的视频请求集合。式(4-7)和式(4-8)确保了精确的视频变体可用性。限制条件式(4-9)、式(4-10)、式(4-11)确保了更好码率的视频变体可用性。式(4-12)保证只有一个基站向用户传递请求的视频。式(4-13)给出了每个 MEC 服务器上缓存容量的限制条件。式(4-14)确保了处理资源的可用性。优化问题问题 P4_1 是一个 0-1 整数规划问题,也可以看作多背包问题的简化版本,因此是 NP 完全问题。该类问题很难找到多项式时间内的有效解法,而且在求解过程中,$\mathcal{N}_j^t$ 很难预先确定。

为了克服上述问题中整数线性规划问题的复杂性以及缺乏视频请求到达情况的先验知识,可采用"分而治之"的原则将原始问题分解为两个子问题,即缓存放置问题和请求计划问题。对缓存放置问题在两种情况下讨论其解法:一是当无法获得内容流行度时,可采用流行的最近最少使用缓存策略;二是当内容流行度可用时,通过分析问题的最大化单调子模函数,从而提出一种新颖的启发式 ABR 感知缓存放置算法(APCP 算法),并结合考虑对偶形式设计一个近似求解方法。对第二个请求计划问题,可用一种低复杂度的在线请求调度(ONRS)算法求解。

(1) 视频流行度未知下的缓存放置问题求解。

利用经典的 LRU 规则求解此类问题时,需要进行一些修改以支持视频转码。P_j 很大的服务器只缓存最高码率的视频变体,而很小的服务器多个码率版本的视频应该被存储以应对转码所需的处理和存储资源短缺问题。

(2) 视频流行度已知下的缓存放置问题求解。

视频流行度分布公式被定义为

$$\mathcal{F}_j = \left\{ f_j^{v_l} \mid v_l \in \mathcal{V}, \sum_{v_l \in \mathcal{V}} f_j^{v_l} = 1 \right\} \tag{4-16}$$

这里 $f_j^{v_l}$ 表示一个视频 v_l 请求被发送到基站 j 的概率。假设到达基站 j 的平均视频请求达到率为 λ_j,转码所带来的最大处理负载是

$$\bar{P}_j^{\max} = \lambda_j \sum_{v \in \mathcal{V}} \sum_{l=1}^{L-1} f_j^{v_l} p_l \tag{4-17}$$

那么可定义一个指标"转码因子"τ_j 如下:

$$\tau_j = \frac{P_j}{\overline{P}_j^{\max}} \tag{4-18}$$

为求解算法，这里进一步抽象出请求调度变量，表示基站 k 获取从基站 j 请求视频 v_l 的可用性。

$$\alpha_{jk}^{v_l} = \begin{cases} x_j^{v_l} + y_j^{v_l}, & k = j \\ z_{jk}^{v_l} + t_{jk}^{v_l} + \omega_{jk}^{v_l}, & k \in \mathcal{K}, k \neq j \\ z_{j0}^{v_l}, & k = 0 \end{cases} \tag{4-19}$$

基于这个定义，式(4-7)、式(4-8)、式(4-9)、式(4-10)、式(4-11)可以重写为如下限制：

$$\alpha_{jk}^{v_l} \leqslant \min\left(1, c_k^{v_l} + \tau_k \sum_{m=l+1}^{L} c_k^{v_m}\right), \quad \forall j, k \in \mathcal{K}, v_l \in \mathcal{V} \tag{4-20}$$

式 4-20 表明 $\tau_j = 0$，基站 j 没有转码能力；$\tau_j > 0$，基站有无线转码能力。式(4-12)限制可以改写为

$$\alpha_{j0}^{v_l} + \sum_{k \in \mathcal{K}} \|\alpha_{jk}^{v_l}\|_0 = 1, \quad \forall j, k \in \mathcal{K}, v_l \in \mathcal{V} \tag{4-21}$$

这里 $\|\cdot\|_0$ 表示 0-范数。

为了刻画最小平均访问延迟成本，可建立优化问题 P4_2。

$$\min_{C, \alpha_{jk}^{v_l}} \sum_{j \in \mathcal{K}} \sum_{v_l \in \mathcal{N}_j^t} \overline{D}_j(v_l) \tag{4-22}$$

这里 $\overline{D}_j(v_l) = f_j^{v_l} \sum_{k \in \mathcal{K} \cup \{0\}} d_{jk} \alpha_{jk}^{v_l}$ 是从基站 j 供应视频 v_l 的平均访问延迟成本，并且式(4-13)、式(4-20)、式(4-21)可以表示为

$$\alpha_{j0}^{v_l} \in \{0,1\}, \forall j, k \in \mathcal{K}, v_l \in \mathcal{V} \tag{4-23}$$

$$\alpha_{jk}^{v_l} \geqslant 0, \forall j, k \in \mathcal{K}, k \neq j, v_l \in \mathcal{V} \tag{4-24}$$

优化问题 P4_2 也是 NP 难问题，因为它是一个集合覆盖问题的简化版本。为了得到优化解，优化问题 P4_2 可以转化成一个单调次模集合函数的最大化问题。为此，重写 $\overline{D}_j(v_l)$ 为下面的形式

$$\overline{D}_j(v_l) = f_j^{v_l} \left[\sum_{k \in \mathcal{K}} d_{jk} \alpha_{jk}^{v_l} + d_{j0}\left(1 - \sum_{k \in \mathcal{K}} \|\alpha_{jk}^{v_l}\|_0\right) \right] \tag{4-25}$$

$$= f_j^{v_l} d_{j0} - f_j^{v_l} \sum_{k \in \mathcal{K}} (d_{j0} \|\alpha_{jk}^{v_l}\|_0 - d_{jk} \alpha_{jk}^{v_l}) \tag{4-26}$$

$$\leqslant f_j^{v_l} d_{j0} - f_j^{v_l} \sum_{k \in \mathcal{K}} (d_{j0} - d_{jk}) \alpha_{jk}^{v_l} \tag{4-27}$$

最小化不等式(4-27)右边的函数等价于最大化 $\sum_{k \in \mathcal{K}} (d_{j0} - d_{jk}) \alpha_{jk}^{v_l}$。所以，考虑优化问题 P4_2 的对偶形式，等价转化优化问题 P4_3。

$$\max_{C, \alpha_{jk}^{v_l}} \sum_{j \in \mathcal{K}} \sum_{v_l \in \mathcal{V}} f_j^{v_l} S_j^{v_l}(C) \tag{4-28}$$

其中，

$$S_j^{v_l}(C) \triangleq \max_{k, \alpha_{jk}^{v_l}} (d_{j0} - d_{jk}) \alpha_{jk}^{v_l} \tag{4-29}$$

并且使式(4-13)、式(4-20)、式(4-21)、式(4-23)、式(4-24)都成立。优化问题 P4_3 是一个容

易求解的线性规划问题,该问题的优化解提供了问题 P4_2 的一个上界。而且优化问题 P4_3 具有以下可利用结构,即在给定的基集 $\mathcal{G}=\{c_j^{v_l}\mid j\in\mathcal{K},v_l\in\mathcal{V}\}$ 中,式(4-28)是单调次模函数,可以设计一个近似求解算法。APCP 算法的伪代码如图 4-13 所示。

算法 1:ABR-敏感的能动缓存放置算法(APCP)

1. 初始化

$\nu=\{v_l\mid v=1,\cdots,V;l=1,\cdots,L\}$;

$\mathcal{G}=\{c_j^{v_l}\mid j\in\mathcal{K},v_l\in\nu\}$;$\mathcal{C}=\varnothing$;$\rho\in\mathbf{R}_+$

2. 设置

$\mu_j:=\dfrac{1}{M_j},\forall j\in\mathcal{K}$

3. **While** $\displaystyle\sum_{j\in\mathcal{K}}M_j\mu_j\leqslant\rho$ **and** $\mathcal{C}\neq\mathcal{G}$ **do**

$c_i^{u_n}=\arg\min\limits_{c_j^{v_l}\in\mathcal{G}\setminus\mathcal{C}}\dfrac{r_n}{\mathcal{T}(\mathcal{C}\cup\{c_j^{v_l}\})}$

$\mathcal{C}\leftarrow\mathcal{C}\cup\{c_i^{u_n}\}$

$\mu_i\leftarrow\mu_i\rho^{c_i^{u_n}r_n/M_i}$

end while

4. **If** $\displaystyle\sum_{v_l\in\nu}r_lc_j^{v_l}\leqslant M_j,\forall j\in\mathcal{K}$ **then**

return $\mathcal{C}$

else if $\mathcal{T}(\mathcal{C}\setminus\{c_i^{u_n}\})\geqslant f(\{c_i^{u_n}\})$ **then**

return $\mathcal{C}\setminus\{c_i^{u_n}\}$

else

return $\{c_i^{u_n}\}$

end if

图 4-13　APCP 算法伪代码

这里的限制(4-13)是一个线性的装包数量限制,如果定义其宽度为 W,那么算法 APCP 的近似程度可以表示为 $\Omega(K^{-1/W})$,此时的更新因子为 $\rho=K\exp(W)$。这里的 W 被定义为

$$W\triangleq\left\{\frac{M_j}{r_l}\mid j\in\mathcal{K},l\in\mathcal{L}\right\} \tag{4-30}$$

则算法 APCP 的时间复杂度为 $\mathcal{O}\left(KVL\displaystyle\sum_{j\in\mathcal{K}}\frac{M_j}{r_l}\right)$。

(3)视频请求调度问题求解。

视频请求调度问题是解决如何(How)、在哪里(where)获得用户需要的视频数据问题。时刻 t 的视频调度问题可以刻画为优化问题 P4_4。

$$\min_R\sum_{j\in\mathcal{K}}\sum_{v_l\in\mathcal{N}_j^t}D_j(v_l) \tag{4-31}$$

并且满足限制条件式(4-7)~式(4-11)以及式(4-14)和式(4-15)。

优化问题 P4_4 是一个整数规划问题,可以使用求解器(如 MOSEK)获取最优解,标记该最优解为 OptSE。但是该解对新进入的请求进行重定向,从而导致最优解需要重算。此

外，该方法无法适应大规模的用户请求和不断增加的 MEC 服务器数量，故而在实际应用中面对短时间内到达大量用户请求的情况无法应用。为此，一个称为 OnRS 的在线近似算法被提出。在每一个时刻 t，算法需要决定如何处理新进入的请求，是接受请求精确命中、软命中，还是需从远程服务器获取内容？这个决策一旦被做出就不可撤销，如同请求一旦被调度就不能够重定向。在 OnRS 中，算法会对每一个到达的新请求做出即时决策，下面的描述中为简化，下标 t 被省略。假设基站 j 能够提供的视频集合为 $\mathcal{N}_j$，当前由于转码引发的处理负载为

$$U(\mathcal{N}_j) = \sum_{v_l \in \mathcal{N}_j} p_l \left(y_j^{v_l} + \sum_{k \neq j, k \in \mathcal{K}} \omega_{jk}^{v_l} \right) + \sum_{k \neq j, k \in \mathcal{K}} \sum_{v_l \in \mathcal{N}_k} p_l t_{kj}^{v_l} \tag{4-32}$$

定义视频 v_l 在基站 j 的最近可转变视频变体为 $T(j, v_l) = v_h$，这里的 h 定义为

$$h = \min\{m \mid m \in \{l+1, \cdots, L\}, c_j^{v_m} = 1\}$$

对每一个达到 j 的视频请求 v_l，执行算法 OnRS，其具体的伪代码如图 4-14 所示。

算法 2：在线视频请求调度算法（OnRS）

1.　　对每一个达到基站 BS($j \in \mathcal{K}$) 的视频请求 v_l 执行

2.　　**If** $c_j^{v_l} = 1$ **then** 从缓存 BS j 向用户流 v_l

3.　　**else if** $T(j, v_l) = \varnothing$ **and** $P_j - U_j(\mathcal{N}) - p_l \geqslant 0$ **then**

4.　　　　从缓存 BS j 转码 $T(j, v_l)$ 为 v_l 并且把它发送给用户

5.　　**else if** $\sum_{k \in \mathcal{K}(j)} r_l c_k^{v_l} \geqslant 1$ **then**

6.　　　　找到 $f = \arg\min_{k \in \mathcal{K}(j)} d_{jk}$ 使得 $c_k^{v_l} = 1$

7.　　　　从缓存 BS f 检索 v_l，发送它给 BS j，然后发送给用户

8.　　**else if** $\bar{\mathcal{K}} \triangleq \{k \in \mathcal{K} \backslash \{j\} \mid T(j, v_l) \neq \varnothing\} \neq \varnothing$ **then**

9.　　　　计算出计算资源可用性 $Q_k(\mathcal{N}) = P_k - u_k(\mathcal{N}) - p_l, \forall k \in \bar{\mathcal{K}} \cup \{j\}$

10.　　　找到 $f = \arg\max_{k \in \bar{\mathcal{K}} \cup \{j\}} Q_k(\mathcal{N})$，使得 $Q_k(\mathcal{N}) \geqslant 0$

11.　　　**if** $f = j$ **then**

12.　　　　　从缓存 BS $k \in \bar{\mathcal{K}}$ 根据最小时延成本来检索 $T(j, v_l)$

13.　　　　　从缓存 BS j 转码 $T(j, v_l)$ 为 v_l 并发送给用户

14.　　　**else if** $f \neq \varnothing$ **then**

15.　　　　　从缓存 BS j 转码 $T(j, v_l)$ 为 v_l

16.　　　　　从缓存 BS f 发送 v_l 给 BS j 并发送给用户

17.　　　**else go to line** 20

18.　　　**end if**

19.　　**else**

20.　　　从原始内容服务器检索 v_l 并发送给用户

21.　　**end if**

图 4-14　OnRS 算法伪代码

该 OnRS 算法可以看成在线多选择背包问题的一个实例，需要转码的视频请求就是待放的物品，物品的权重就是转码的代价，每个项目的值就是节省的访问延迟量。由于在线多选择背包问题是 NP 难的，所以优化问题 P4_4 难以在多项式时间内找到有效解。实验证明 OnRS 与 OptSE 非常近似，且时间有效，其时间复杂度为 $\mathcal{O}(\mathcal{K})$。

为验证算法的正确性和性能情况,对缓存放置作者在实验部分设计了 5 个参与比较的算法,一个是 reactive 式 LRU 算法,以及 preactive 式的 APCP、Octopus、LCC、MPC。对视频请求调度部分,有 4 个算法参与比较,分别是 OptRS、OnRS、CachePro 和 CoCahe。参与比较的算法情况如表 4-3 所示。

表 4-3　参与比较的算法情况统计

Reactive 缓存和处理	Proactive 缓存和处理	协 作 缓 存	转 码
LRU-OptRS	APCP-OptRS	√	√
LRU-OnRS	APCP-OnRS	√	√
LRU-CachePro	MPC-CachePro		√
	MPC-CoCache	√	
LRU-CoCache	Octopus-CoCache	√	
	LCC-CoCache	√	

2. SVC 视频的协作缓存

可伸缩视频编码技术(scalable video coding,SVC)是 H. 264/MPEG-4 Part 10 高级视频编码标准的扩展,通常称为 AVC。SVC 将视频信号编码为一组图层,各层互相依赖,形成一个层次结构。不依赖于任何其他层的最底层被称为基本层(层 1),并提供最低质量等级的图像。当用户请求更高质量时,需要基层加上直到该质量对应的最高层所有层,才能够播放视频。每个更高的增强层可以通过视频帧尺寸、帧速率、SNR 中的任何一个维度提高信号质量。因此,SVC 提供了一种适应性较强的视频信号表示方式,实现播放质量的自适应。SVC 已经用于视频流、Web 服务、视频存储等应用程序。尽管转码通常是视频行业中的首选技术,但与之相比,它需要在用户收到视频之前经过网络中的实时处理。此外,SVC 在处理上减少了对网络的需求,只需要将用户设备的不同地层进行有效的组合。

对于 SVC 视频,可以存储某层的不同层视频在不同的缓存中。一个用户请求一个特定质量的视频,需要的所有层都必需同时而非串行获得后才能够成功播放视频。此时,视频传输延迟取决于最后收到的视频层导致的时延。此外,缓存策略需要在考虑到层之间关系的前提下对每一层制定而非对整个视频制定。现在,同一地区常常存在多个网络运营商,他们又会部署自己的缓存。因此,跨网络运营商的协同缓存视频方案可以更好地提高缓存效率,以最小化总体的传输时延。

Poularakis 等人针对 SVC 视频设计以层为基础的缓存策略,以最小化传输时延,满足不同质量要求的用户请求,也提出了网络运营商之间的缓存合作,以设计全局优化的缓存策略。其缓存体系采用如图 4-15 所示的架构。

该缓存体系中假设 K 个网络运营商($\mathcal{K}$)分布在 M 个地方($\mathcal{M}$),下面从运营商独立管理缓存和协同管理缓存两个大的方面来讨论问题。

(1)运营商独立管理缓存。

一个网络运营商 $k \in \mathcal{K}$ 管理着 $\mathcal{N}_k$ 个缓存,每个缓存 $n \in \mathcal{N}_k$ 的容量表示为 C_n,可被用户访问的视频集合为 $\mathcal{V} = \{1, 2, \cdots, V\}$,可以请求的质量水平为 $\mathcal{Q} = \{1, 2, \cdots, Q\}$。令 $\mathcal{L}$ 表示可以请求的层集合,o_{vl} 表示视频 v 的层 l 的大小。在 SVC 编码的视频中,满足以下大小关系:

$$o_{v1} \geqslant o_{v2} \geqslant \cdots \geqslant o_{vQ} \tag{4-33}$$

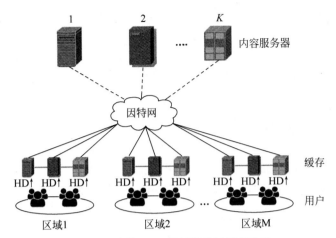

图 4-15　支持 SVC 视频的协同缓存体系

缓存节点 n 的视频 v 的层 l 的平均用户需求表示为 $\lambda_{nvq} \geqslant 0$，节点 n 的请求向量为

$$\boldsymbol{\lambda}_n = (\lambda_{nvq} : v \in \mathcal{V}, q \in \mathcal{Q}) \tag{4-34}$$

网络运营商 k 的总需求向量为

$$\boldsymbol{\lambda}_k = (\boldsymbol{\lambda}_n : n \in \mathcal{N}_k) \tag{4-35}$$

则网络运营商 k 的缓存策略可以表示为

$$x_k = (x_{nvl} : \forall n \in \mathcal{N}_k, v \in \mathcal{V}, l \in \mathcal{L}) \tag{4-36}$$

这里 $x_{nvl} = 1$ 表示视频 v 的层 l 存放在缓存节点 n 上。

考虑到每个节点缓存的内容不能够超过自己的容量，即

$$\sum_{v \in \mathcal{V}} \sum_{l \in \mathcal{L}} o_{vl} x_{nvl} \leqslant C_n \tag{4-37}$$

该缓存策略的设计目标是最小化运营商 k 的所有用户视频传输延迟，即

$$J_k(x_k) = \sum_{n \in \mathcal{N}_k} \sum_{v \in \mathcal{V}} \sum_{q \in \mathcal{Q}} \lambda_{nvq} \max_{l \in \{1, \cdots, q\}} \{(1 - x_{nvl}) o_{vl} d_n\} \tag{4-38}$$

这里的 d_n 为从远程内容服务器获取单位视频的平均时延，那么 $1/d_n$ 表示平均传输速率，而从本地缓存取内容时，时延假设为 0，即 $x_{nvl} = 1$。$x_{nvl} = 0$ 时，时延为 $o_{vl} d_n$。因此，最小化运营商 k 的所有用户视频传输延迟，可以刻画为优化问题 P4_5

$$\min_{x_k} J_k(x_k) \tag{4-39}$$

满足限制条件式(4-37)和二元变量约束：

$$x_{nvl} \in \{0, 1\}, \quad \forall n \in \mathcal{N}_k, v \in \mathcal{V}, l \in \mathcal{L} \tag{4-40}$$

优化问题 P4_5 可以分解 $|\mathcal{N}_k|$ 独立子问题，一个缓存节点对应一个优化问题，而表示节点 n 的优化问题为 P_n 可以定义为

$$\max_{x_n} \sum_{v \in \mathcal{V}} \sum_{q \in \mathcal{Q}} \lambda_{nvq} d_n \sum_{l=1}^{q} (o_{vl} - o_{v,l+1}) \prod_{i=1}^{l} x_{nvi}\} \tag{4-41}$$

并且满足限制条件式(4-37)和

$$x_{nvl} \in \{0, 1\}, \quad \forall v \in \mathcal{V}, l \in \mathcal{L} \tag{4-42}$$

其中，$x_n = (x_{nvl} \in \{0, 1\} : \forall v \in \mathcal{V}, l \in \mathcal{L})$，并设定如果 $l = q$，则 $o_{v,l+1} = 0$。注意，一个特点节点 $n \in \mathcal{N}_k$，没有缓存的话时延为 $\sum_{v \in \mathcal{V}} \sum_{q \in \mathcal{Q}} \lambda_{nvq} o_{vl} d_n (l = 1)$。这是因为所有请求被远程内容服

务器提供而且传输时延受限于尺寸最大的层($l=1$)。因此,缓存可以减少时延,通过一部分请求被本地的缓存提供。如果经缓存视频 v 的 $l=1$ 层,时延可以减少 $\sum\limits_{q\in\mathcal{Q}}\lambda_{nvq}d_n(o_{v1}-o_{v2})$,因为 $l=2$ 需要传输。同理,如果 $l=1$ 和 $l=2$ 缓存,时延减少 $\sum\limits_{q\in\mathcal{Q}}\lambda_{nvq}d_n(o_{v2}-o_{v3})$。

优化问题 P4_5 是 NP 难的,因为它可以看成多选择背包问题。对于 NP 难的问题,现在已经存在拟多项式最优算法和多项式近似算法,本书采用了 FPTA 拟多项式最优算法求解该问题。

(2) 运营商协同管理缓存。

假设 k 个网络运营商(NO)为来自视频集合 $\mathcal{V}$ 的请求提供服务。然而,每个网络运营商都有自己的用户订阅,并可能需要满足不同的需求。定义所有缓存节点集合为

$$\mathcal{N}=\bigcup_k\mathcal{N}_k$$

总的预期需求为

$$\Lambda=\bigcup_k\lambda_k$$

当一个视频层不能够从本地缓存 n 获取,它会从同一地区的缓存 n' 获取。$d_{nn'}$ 表示从本地缓存 n 获取缓存 n' 单位视频的时延,显然 $d_n>d_{nn'}$。此时总的时延 $J_T^c(x)$ 可表示为

$$J_T^c(x)=\sum_{k\in\mathcal{K}}J_k^c(x) \tag{4-43}$$

这里

$$J_k^c(x)=\sum_{n\in N_k}\sum_{v\in\mathcal{V}}\sum_{q\in\mathcal{Q}}\lambda_{nvq}\max_{l\in\{1,\cdots,q\}}\Big\{\prod_{n'\in N:M_{n'}=M_n}(1-x_{n'vl})o_{vl}d_n\Big\}+ \tag{4-44}$$

$$\Big(1-\prod_{n'\in N:M_{n'}=M_n}(1-x_{n'vl})\Big)o_{vl}\min_{n'\in N:M_{n'}=M_n,x_{n'vl}=1}\{d_{nn'}\}$$

$\mathcal{M}_n\in\mathcal{M}$ 表示节点 n 所属的区域。当一个区域内的缓存无法提供所需的每个层 l 和节点 n 时,将从远程内容服务器获取,即 $\prod\limits_{n'\in N:M_{n'}=M_n}(1-x_{n'vl})=1$。否则,从本区域其他能够提供最小传输时延的缓存获取。因此,要解决的优化问题 P4_6 可以刻画为

$$\min_x J_T^c(x) \tag{4-45}$$

满足限制条件式(4-37)和

$$x_{nvl}\in\{0,1\},\quad\forall n\in\mathcal{N},v\in\mathcal{V},l\in\mathcal{L} \tag{4-46}$$

这里 $x=(x_{nvl}:\forall n\in\mathcal{N},v\in\mathcal{V},l\in\mathcal{L})$。

因为内容仅能够在同一区域的节点间传递,所以该问题可以分解为 M 个子问题,每个问题对应一个区间 $m\in\mathcal{M}$。令 $\mathcal{N}_m\subseteq\mathcal{N}$ 表示区域 m 的缓存节点。对于区域 m,可观察到的没有使用缓存导致的总时延为

$$D_{wc}^m=\sum_{n\in N_m}\sum_{v\in\mathcal{V}}\sum_{q\in\mathcal{Q}}\lambda_{nvq}o_{vl}d_n,\quad l=1 \tag{4-47}$$

这里所有的用户视频请求都用远程内容服务器上的 $l=1$ 层响应(尺寸最大)。如果一些层被本地缓存,那么时延将会下降,因此需要解决的是最大化区域 m 的时延减少问题,可以刻画为 P4_7。

$$R_m:\max_{x_m}D_{wc}^m-\sum_{n\in N_m}\sum_{v\in\mathcal{V}}\sum_{q\in\mathcal{Q}}\lambda_{nvq}\max_{l\in\{1,\cdots,q\}}$$

$$\left\{ \prod_{n' \in \mathcal{N}_m} (1 - x_{n'vl}) o_{vl} d_n + \left(1 - \prod_{n' \in \mathcal{N}_m} (1 - x_{n'vl})\right) o_{vl} d_{nn^*} \right\} \tag{4-48}$$

并且使限制条件

$$\sum_{v \in \mathcal{V}} \sum_{l \in \mathcal{L}} o_{vl} x_{nvl} \leqslant C_n \quad \forall n \in \mathcal{N}_m \tag{4-49}$$

$$x_{nvl} \in \{0,1\}, \quad \forall n \in \mathcal{N}_m, v \in \mathcal{V}, l \in \mathcal{L} \tag{4-50}$$

都成立。这里 $x_m = (x_{nvl} : n \in \mathcal{N}_m, v \in \mathcal{V}, l \in \mathcal{L})$。如果没有缓存能够提供视频 v 的层 l，会被远程内容服务器传递给节点 n，即 $\prod_{n' \in \mathcal{N}_m} (1 - x_{n'vl}) = 1$，导致时延 $o_{vl} d_n$；否则节点缓存了视频 v 的层 l，能够提供最小时延的节点传输内容给用户，那么该节点必是

$$n^* = \arg \min_{n' \in \mathcal{N}_m : x_{n'vl} = 1} \{d_{nn'}\} \tag{4-51}$$

优化问题 P4_7 也是 NP 难问题。每个节点需要在为自己的用户缓存流行视频层（优化本地需求）和为本区域其他用户缓存流行视频层（优化全局需求）之间达到均衡。为解决该问题，尝试将节点缓存区域基于参数 $F \in \{0,1\}$ 进行分割，F 代表了全局流行视频所占的比例，$1 - F$ 表示本地流行视频所占比例。求解优化解的解法将用到以下两个关键组件。

① MCK(m)：一个容量为 $F \sum_{n \in \mathcal{N}_m} C_n$ 和 V 类物品构成的背包，每类物品有 Q 个项目，第 v 类物品的第 i 个项目的权重为

$$\omega'_{vi} = \sum_{l=1}^{i} o_{vl} \tag{4-52}$$

其值为

$$p'_{vi} = \sum_{n \in \mathcal{N}_k} \sum_{q \in \mathcal{Q}} \lambda_{nvq} d_n \sum_{l=1}^{q} (o_{vl} - o_{v,l} + 1) \prod_{j=1}^{l} (1_{\{j \in \{1,2,\cdots,i\}\}}) \tag{4-53}$$

此处的 $1_{\{\cdot\}}$ 是一个指标函数，即如果 $1_{\{c\}} = 1$ 表示条件 c 为真，否则条件为假取值为 0，并且 $o_{v,l+1} = 0 (l = q)$。这个问题中的第 v 类物品的第 i 个项目对应着视频 v 的第 i 层。

② $P_n(\mathcal{A}_n)$：问题 P_n 的实例，其中 $\mathcal{A}_n \subseteq \mathcal{L}$ 层已经放置到了缓存 n 中。该问题可以在多项式时间内化简为一个 MCK 问题。

问题 MCK(m) 代表着全局流行视频层的放置，是一个典型的背包问题。问题 $P_n(\mathcal{A}_n)$ 代表着局部流行视频层的放置。结合这两个组件的各自优势，可以得到 LCC 算法（layer-aware cooperative caching，LACC）的伪代码如图 4-16 所示。

算法 3：LACC

Stage 1：解决问题 MCK(m)。对于每个从背包中拿出的项目，对于各自的视频用最高局部需要来放置合适的视频层到节点 $n \in \mathcal{N}_m$ 上。确保在每一步至多 $FC_n + s$ 数据量被放置在节点 $n \in \mathcal{N}_m$ 上，s 是最大的项目尺寸。

Stage 2：对于每个 $n \in \mathcal{N}_m$，通过解决问题 $P_n(\mathcal{A}_n)$ 来填充剩余容量，$\mathcal{A}_n$ 是由 stage1 放置在 $n \in \mathcal{N}_m$ 上视频层组成。

图 4-16　LCC 算法伪代码

经证明，LCC 算法对问题 P4_7 可以达到 $\min\{\rho\mu, \rho'\mu'\}$ 的近似比。这里

$$\rho = F - \frac{s}{\sum_{n \in \mathcal{N}_m} C_n}, \quad \mu = \min_{n \in \mathcal{N}_m} \frac{\min_{n' \in \mathcal{N}_m \backslash n} \{d_n - d_{nn'}\}}{\max_{n' \in \mathcal{N}_m \backslash n} \{d_n - d_{nn'}\}} \tag{4-54}$$

$$\rho' = 1 - F - \frac{2s}{\min_{n \in \mathcal{N}_m} C_n}, \quad \mu = \min_{n \in \mathcal{N}_m} \frac{\min_{n' \in \mathcal{N}_m \backslash n} d_{nn'}}{\max_{n' \in \mathcal{N}_m \backslash n} d_{nn'}} \tag{4-55}$$

4.2.6 边缘缓存发展趋势

随着 5G 网络的发展和普及,边缘缓存的重要性将变得更加重要。在 5G 技术的助推下,边缘缓存的可能在以下两方面继续深入研究。

1. D2D 边缘缓存

D2D 技术是 5G 技术中的重要组成部分。在 D2D 网络中如缓存放置得很好,则用户很容易在相邻用户处找到其请求的内容。如此,近距离 D2D 缓存可以卸载总流量的很大一部分,故设计良好的缓存策略对于提高 D2D 网络的性能至关重要。

Giatsoglou 等人提出了一种 D2D 网络中的内容放置方法,采用 D2D 用户处随机缓存策略,并创建 D2D 连接。Taghizadeh 等人考虑激励问题,鼓励用户参与 D2D 缓存,降低参与者的总经济成本。Chen 等人基于用户提供给其相邻用户的内容数量设计激励机制,将 D2D 缓存表示成 Stackelberg 博弈问题,利用迭代梯度算法来获得 Stackelberg 平衡。Bai 等人和 Zhu 等人关注用户之间的社交联系和共同兴趣在设计内容放置策略时的重要作用。Naderializadeh 等人提出基于请求内容的用户与提供内容的用户间的地理距离来调度 D2D 链路进行内容传输。

2. SDN 和边缘缓存结合

软件定义网络(SDN)在 5G 网络中的应用越来越多,新兴的网络功能虚拟化(NFV)技术是 5G 网络的重要组成部分,借助软件编程技术将若干网络功能模块虚拟,并使缓存节点可适应用户和内容动态地增加或扩展下行节点容量,提高 D2D 缓存内容交换效率。

本章小结

本章介绍了内容传输网络(CDN)的来历、概念、主要研究内容、工业界的实施方法与我国在 CDN 方面的发展情况。通过分析 CDN 和云计算、边缘计算的联系和区别,介绍了边缘缓存的作用和用途。围绕边缘缓存问题,从边缘缓存位置、缓存内容、缓存策略、常见的缓存技术、边缘缓存和 D2D 与 SDN 结合等方面展开讨论,详细介绍了现今边缘缓存的最新研究成果。

习题

(1) CDN 和边缘计算的关系、缓存和 CDN 与边缘计算的关系分别是怎样的?

(2) Proactive 缓存和 Reactive 缓存的区别是什么?

(3) 边缘缓存的关键问题、关键技术包括哪些?

(4) EPC 缓存技术、RE 技术分成几种类别?

(5) 内容流行度如何度量?

(6) CCN 缓存主要的优化目标包括哪些?

参考文献

[1] Wang X,Chen M,Taleb T,et al. Cache in the air：exploiting content caching and delivery techniques for 5G systems[J]. IEEE Communications Magazine,2014,52(2)：131-139.

[2] Poularakis K,Iosifidis G,Argyriou A,et al. Distributed caching algorithms in the realm of layered video streaming[J]. IEEE Transactions on Mobile Computing,2019,18(4)：757-770 .

[3] 张开元,桂小林,任德旺,等. 移动边缘网络中计算迁移与内容缓存研究综述[J],软件学报,2019,30(8)：2491-2516.

[4] Ahlehagh H,Dey S. Video-aware scheduling and caching in the radio access network[J]. IEEE/ACM Trans. on Networking,2014,22(5)：1444-1462.

[5] Sengupta A,Amuru S,Tandon R,et al. Learning distributed caching strategies in small cell networks [C]//2014 11th International Symposium on Wireless Communications Systems (ISWCS),Barcelona,Spain,2014,pp. 917-921.

[6] Gu J,Wang W,Huang A,et al. Distributed cache replacement for caching-enable base stations in cellular networks[C]//Proc. of the IEEE Int. Conf. on Communications(ICC),Sydney,Australia,2014,pp. 2648-2653.

[7] Borst S,Gupta V,Walid A. Distributed caching algorithms for content distribution networks[C]//Proc. of the Conf. on Information Communications,San Diego,USA,2010. 1478-1486.

[8] Jiang W,Feng G,Qin S. Optimal cooperative content caching and delivery policy for heterogeneous cellular networks[J]. IEEE Trans. on Mobile Computing,2017,16(5)：1382-1393.

[9] Wang S,Zhang X,Yang K,et al. Distributed edge caching scheme considering the tradeoff between the diversity and redundancy of cached content［C］//2015 IEEE/CIC International Conference on Communications in China (ICCC),Shenzhen,China,2015,pp. 1-5.

[10] Poularakis K,Iosifidis G,Tassiulas L. Approximation caching and routing algorithms for massive mobile data delivery[C]//Proc. of the Global Communications Conf. IEEE,Atlanta,USA,2013,pp. 3534-3539.

[11] Khreishah A,Chakareski J. Collaborative caching for multicell-coordinated systems[C]//Proc. IEEE Conf. Comput. Commun. Workshops (INFOCOM WKSHPS),Hong Kong,2015,pp. 257-262.

[12] Ostovari P,Wu J,et al. Efficient online collaborative caching in cellular networks with multiple base stations[C]//Proc. 13th IEEE Int. Conf. Mobile Ad Hoc Sensor Syst. (MASS),Brasília,Brazil,2016,pp. 1-9.

[13] Shanmugam K,Golrezaei N,Dimakis A G,et al. FemtoCaching：Wireless content delivery through distributed caching helpers[J]. IEEE Trans. Inf. Theory,2013,59(12)：8402-8413.

[14] Traverso S,Ahmed M,Garetto M,et al. Temporal locality in today's content caching：Why it matters and how to model it? [J]. ACM SIGCOMM Computer Communication Review,2013,43(5)：5-12.

[15] Cha M,Kwak H,Rodriguez P,et al. Analyzing the video popularity characteristics of large-scale user generated content systems[J]. IEEE/ACM Trans. on Networking,2009,17(5)：1357-1370.

[16] 王道谊,周文安,刘元安. 内容分发网络中内容流行度集中性的研究[J].计算机工程与应用,2011,47(6)：102-104,121.

[17] Bharath B N,Nagananda K G,Poor H V. A learning-based approach to caching in heterogenous small cell networks[J]. IEEE Trans. Commun. ,2016,64(4)：1674-1686.

[18] Blasco P,Gündüz D. Learning-based optimization of cache content in a small cell base station[C]//Proc. IEEE Int. Conf. Commun. (ICC),Sydney,Australia,2014,pp. 1897-1903.

[19] Chen Z,Kountouris M. Cache-enabled small cell networks with local user interest correlation[C]//

Proc. IEEE 16th Int. Workshop Signal Process. Adv. Wireless Commun. (SPAWC), Stockholm, Sweden, 2015, pp. 680-684.

[20] ElBamby M S, Bennis M, Saad W, et al. Contentaware user clustering and caching in wireless small cell networks[C]//Proc. IEEE Int. Symp. Wireless Commun. Syst. (ISWCS), Barcelona, Spain, 2014, pp. 945-949.

[21] Zhou B, Cui Y, Tao M. Optimal dynamic multicast scheduling for cache-enabled content-centric wireless networks[C]//Proc. IEEE Int. Symp. Inf. Theory (ISIT), Hong Kong, 2015, pp. 1412-1416.

[22] Cui Y, Jiang D, Wu Y. Analysis and optimization of caching and multicasting in large-scale cache-enabled wireless networks[J]. IEEE Trans. Wireless Commun. , 2016, 15(7) 5101-5112.

[23] Liu A, Lau V K N, Mixed-timescale precoding and cache control in cached MIMO interference network[J]. IEEE Trans. Signal Process. , 2013, 61(24): 6320-6332.

[24] Malak D, Al-Shalash M. Optimal caching for device-to-device content distribution in 5G networks [C]//Proc. IEEE Globecom Workshops (GC Wkshps), Austin, USA, 2014, pp. 863-868.

[25] Afshang M, Dhillon H S, Chong P H J, Fundamentals of cluster-centric content placement in cache-enabled device-to-device networks[J]. IEEE Trans. Commun. , 2016, 64(6): 2511-2526.

[26] Giatsoglou N, Ntontin K, Kartsakli E, et al. , D2D-aware device caching in mmWave-cellular networks [J]. IEEE J. Sel. Areas Commun. , 2017, 35(9): 2025-2037, .

[27] Taghizadeh M, Micinski K, Biswas S, et al. Distributed cooperative caching in social wireless networks [J]. IEEE Trans. Mobile Comput. , 2013, 12(6): 1037-1053.

[28] Chen Z, Liu Y, Zhou B, et al. Caching incentive design in wireless D2D networks: A stackelberg game approach[C]//Proc. IEEE Int. Conf. Commun. (ICC), Kuala Lumpur, Malaysia, 2016.

[29] Bai B, Wang L, Han Z, et al. Caching based socially-aware D2D communications in wireless content delivery networks: A hypergraph framework[J]. IEEE Wireless Commun. , 2016, 23(4): 74-81.

[30] K. Zhu, W. Zhi, L. Zhang, et al. , "Social-aware incentivized caching for D2D communications [J]. IEEE Access, 2016(4): 7585-759.

[31] Naderializadeh N, Kao D T H, Avestimehr A S. How to utilize caching to improve spectral efficiency in device-to-device wireless networks[C]//Proc. 52nd Annu. Allerton Conf. , Monticello, IL, USA, 2014, 415-422.

[32] Ji M, Caire G, Molisch A F, The throughput-outage tradeoff of wireless one-hop caching networks [J]. IEEE Trans. Inf. Theory, 2015, 61(12): 6833-6859.

[33] Tran T X, Pompili D. Adaptive Bitrate Video Caching and Processing in Mobile-Edge Computing Networks[J]. IEEE Transactions on Mobile Computing, 2019, 18(9): 1965-1978.

[34] Poularakis K, Iosifidis G, Argyriou K, et al. , Distributed Caching Algorithms in the Realm of Layered Video Streaming[J], IEEE Transactions on Mobile Computing, 2019, 18(4): 757-770.

第5章 边缘计算中的商业实践

尽管边缘计算技术带来的美好前景令人振奋,但是目前边缘计算的可行商业模式仍不明确,也没有统一清晰的应用范围定义。同时,要收获边缘计算所带来的技术范式革新福利,除了研究边缘计算实现技术的相关问题,还应该讨论如何围绕着边缘计算概念打造边缘计算的多元化生态系统,而边缘计算的部署模型和资源协作机制等是边缘计算生态打造过程中的核心问题。

与资源丰富的中心云不同,边缘云服务商和网络服务商的计算资源和无线资源是有限的。在商业环境中,服务供应商不可能长期地提供免费服务。供应商的资源提供行为需要得到经济激励。例如,买方需要向供应商支付计算资源和无线通信资源的使用成本,同时买方需要通过提供边缘服务或者各种资源获取利润。因此,边缘计算的应用和推广面临着许多挑战,如设计资源定价机制、资源分配机制、制定预算分配策略等。

5.1 边缘计算的部署模型

移动边缘计算的理念是将计算和存储能力推到移动网络的边缘。通过边缘计算,移动设备的性能可以得到极大的提高,从而增强用户的使用体验,并使应用开发商可以提供基于边缘计算技术的新服务和新产品。边缘计算意味着巨大的商业机会,因此整个行业都在努力围绕边缘计算技术发掘新的收入来源和新的部署模型。例如:为了将现有的 AWS IoT 平台"边缘化",亚马逊在 2016 年年底推出了 AWS Greengrass。通过 AWS Greengrass,IoT 应用可以在集中式云端和本地的 IoT 设备或网关上运行。虽然 AWS Greengrass 利用了与 AWS 云相同的编程模型,不过边缘的能力被限制在更多的轻量级功能上(例如通过 AWS Lambda 的"无服务器"计算模型)。

物联网应用的很大一部分可能仍然在云端运行,同时也有一些应用逻辑部署在本地,以执行某些分析或控制功能。在这样的边缘计算模型中,通过在本地处理 IoT 数据而不是将所有信息发回云端,可以降低往返延迟和带宽成本。微软的 Azure IoT Edge 提供了与 AWS Greengrass 类似的功能,而且显然走得更远:随着 Azure Stack 的推出,客户现在不仅可以在微软的集中式云上运行完整的 Azure 云环境,还可以在自己的边缘设备上运行该环境,这使得企业能够利用混合云环境通过边缘计算产生潜在的服务优势(低延迟、合规性等)。亚马逊和微软只是众多边缘计算探索者的一部分,边缘计算潜在的经济效益让更多的企业和单位投入到了这场计算范式转变中。

由于边缘计算还在发展阶段,现有的边缘计算的边界还不明确,整个行业对其商业模式的探索也还处于摸索阶段。想要设计可行的部署模型,首先需要弄清楚边缘计算技术为服务的服务商和服务对象带来了什么。

表 5-1　边缘计算的预期收益

收　　益	服 务 提 供 方	服 务 对 象
传输延迟	降低	大幅降低
应用适应性	提高	提高
安全性	中	中
资源要求	大幅降低	降低
网络相关性	降低	大幅降低
存储要求	大幅降低	降低
能耗	降低	降低
资源维护开销	大幅降低	降低
核心设备拥堵	降低	—

通过表 5-1 可以看出,边缘计算的出现为服务的提供方和服务对象都带来了可观的收益。对服务对象而言,边缘计算使移动应用的用户体验更好,对边缘设备的要求更低。对服务提供方而言,边缘计算可以帮助其更好地优化资源,同时提高服务效率,节省服务成本。根据边缘计算为服务双方带来的收益预期,可以对五种潜在的商业模式进行讨论:边缘托管、边缘 IaaS/PaaS/NaaS、边缘系统集成、边缘 B2B2x、端到端的边缘计算。接下来,依次介绍和分析各个商业模式。

5.1.1　边缘托管模型

在边缘托管的部署模型中,如图 5-1 所示,服务商提供和管理边缘网络中的计算/存储资源被预装并连接到异构网络中。客户/合作伙伴将在服务提供方的边缘云之上运行其软件,例如虚拟内容交付网络(CDN)或分布式云堆栈。从合作伙伴的角度来看,他们可以灵活地在多个电信运营商之间运行其支持边缘服务的软件,以实现最佳的服务体验,同时还可以通过使用网络感知的服务接口(API)来丰富他们的产品价值。

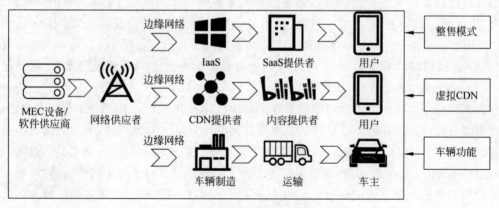

图 5-1　边缘托管部署模型

对服务商来说,这种商业模式风险相对较低。因为它主要依靠成功的资本支出,并以最低的商业承诺为基础。在这种部署模型中,服务商只有在建立了客户订单后,才会投资于其基础设施,向合作伙伴提供边缘计算服务。这种商业模式一旦建立成功,每个订单都会从设置费、托管费和附加功能(如 API、增值维护和监控等)中为服务商创造一个收入流。

5.1.2　边缘 IaaS/PaaS/NaaS 模型

在边缘 IaaS/PaaS/NaaS 部署模型中,边缘服务的服务商使用边缘云作为客户服务拓展接口,为客户提供分布式计算和存储能力、边缘基础设施和网络服务上的应用开发平台,以及 API 和虚拟网络功能(VNF)等服务,边缘计算在这种商业模式中可以称为以"即用型服务"。如图 5-2 所示,该模型所对应的客户将是那些希望在边缘计算基础设施上部署应用,并利用边缘计算平台功能突出自身优势的服务供应商。例如,希望优化应用的 IoT 应用服务供应商,他们可以高效地分析设备的数据,以快速触发操作。该部署模型的其他潜在客户还包括初创企业、大型企业、系统集成商、CDN 服务供应商、内容所有者和其他云服务供应商。

图 5-2　边缘 IaaS/PaaS/NaaS 部署模型

在该部署模型的实际运转中,客户会在服务提供方的边缘计算基础架构中指定节点位置和所需的边缘云处理能力,并根据资源的使用情况支付费用(如虚拟机、网络带宽)。与上述边缘托管业务模式相比,服务提供方使用该商业模式的风险较高。因为在收入流建立之前,服务提供方需要在部署边缘基础设施(服务器、站点设备等)上进行前期投资。

5.1.3　边缘系统集成模型

边缘系统集成的商业模式可以建立在网络运营商内部现有的业务基础上,为有特定要求的企业客户提供定制化的交互式解决方案,这些客户的定制化要求多数由边缘计算技术来满足和实现。如图 5-3 所示,在该商业模式下,边缘计算可以作为项目集合中的众多组件之一,其他组件可能包括硬件和设备、服务以及第三方的技术服务。例如,政府或公司为其智慧城市项目建立边缘计算的解决方案,将需要部署边缘计算的基础设施和一些必要的硬件(传感器、执行器和设备),整合成不同的网络和系统,并协调开发智慧城市平台和应用。在该用例中,项目集通过边缘计算的网络弹性和低延迟(用于实时应用)等技术优势来推动智慧城市的建设。

就边缘系统集成商业模式的潜在客户(可能是政府或企业)而言,该商业模式的收益和具体的项目挂钩:收益通常是根据项目的每个阶段(捕捉需求、计划/设计、实施、支持等)所需的努力和资源水平来细分的。客户需要部署的边缘计算基础设施的数量和支付的具体费用因项目而异。从服务商的角度来看,这种业务模式可以降低一定的风险,因为所部署的边

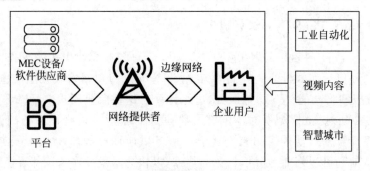

图 5-3　边缘系统集成部署模型

缘计算基础设施可以是客户提供的(即仅限于客户的场所,例如制造厂、交通道路),因此不需要服务商进行大量的前期投资。

5.1.4　边缘 B2B2X 模型

在边缘 B2B2X 的部署模型中,边缘服务提供方可以为政府、企业或中小企业客户创建基于边缘计算技术的业务解决方案。根据被服务方现有的 B2B 解决方案和业务需求,对客户的内部目的进行分析,然后使用边缘计算技术为客户提供的服务(B2B2X)来改进客户现有的业务流程。如图 5-4 所示,一般来说,在这种商业模式下,边缘计算大部分被用于改进"现成的"解决方案,而且定制化程度相对较低。与边缘系统集成模型相比,边缘 B2B2X 模型所需的工作量要少得多。

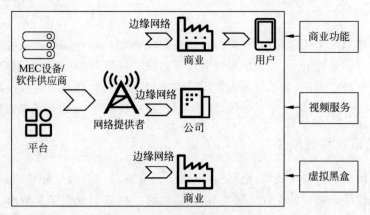

图 5-4　边缘 B2B2X 部署模型

在该模式下,服务商可以通过边缘计算技术为网络拥堵严重的大型活动提供服务,例如体育场馆或音乐会,从而增强观众的体验。活动组织者可以将其服务货币化,作为一项额外的付费服务提供给与会者,或者将边缘计算服务与门票价格捆绑在一起,以提升客户体验。这种部署模型的另一个例子是 CCTV 视频监控:将所有的视频传输到云端是不经济的,但是如果能在边缘地区对视频进行分析,只有被认为重要的事件才会触发通知相关的紧急服务,并将相关的视频传输到云端,这样可以大大减少企业的数据存储资源开销。在该商业模式中,为了提供有效的边缘服务解决方案,服务方需要与服务对象进行深入的讨论和合作,从而提供特定的边缘组件和应用。

这种部署模型的风险主要来自于前期开发和企业客户需求的不确定性。如果有足够的前期项目基础和需求管理模式,B2B2X 解决方案可以为服务商带来可观的长期回报和潜在的终端用户价值。

5.1.5　端到端的边缘计算

图 5-5 展示了端到端的边缘计算部署模型,一些公司已经在考虑在现有的娱乐服务中通过边缘云提高服务质量。基于边缘计算中的数据缓存方案,通过用户终端附近的边缘服务器,使用端到端的方式为用户提供低时延的服务,以提升用户体验和产品竞争力。另外,服务方也可以将这些服务作为其现有服务的付费附加服务,例如以 VR 技术配合边缘计算服务转播付费体育赛事。

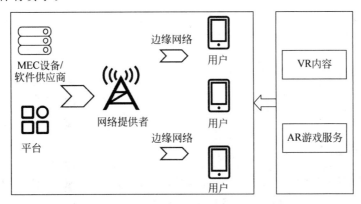

图 5-5　端到端的边缘计算部署模型

这种部署模型需要大量投资来增强现有的内容服务,例如 VR 体育直播的边缘计算功能。在该模型中,服务商需要很长的时间周期才能达到收支平衡,这表明这种端到端的商业模式存在着巨大的风险(但也具有潜在的高回报)。需要注意的是,没有对该商业模式的其他正向影响进行分析,比如说对用户流失率的影响、品牌价值的影响等。

5.2　边缘计算场景下的动态资源定价机制

在边缘计算场景中,边缘网络内的边缘设备数量具有随机性。同时,边缘网络还具有动态性特点,即进入和退出边缘网络覆盖范围内的设备是非常随机的,很难去准确预测和控制。因此,如果不考虑边缘网络实时的动态变化,边缘资源分配策略所得到的结果往往很差。使用动态定价策略,可以通过不断调整价格来提供更有效的边缘网络资源分配策略,这类方法在学术界和工业界都引起了极大的关注。

5.2.1　边缘场景下动态资源定价机制的意义

全球移动行业(智能手机、平板电脑、智能手表)的爆炸式增长,正在影响着人们的日常生活。智能移动设备的功能变得越来越强大,以满足复杂的移动应用日益增长的需求。然而,由于物理尺寸的限制,移动设备面临着电池容量和执行计算密集型应用的挑战。移动边缘计算(MEC)作为一种新的云计算范式,通过利用附近的服务器作为边缘云来为其他的边缘设备提供云计算的服务,从而提高应用执行性能,并且减少能耗开销。此外,边缘云通过网络边缘的接入点(AP)与边缘设备共享计算数据资源,这可以显著降低数据的传输延迟。

与资源丰富的中心云不同,边缘云和AP的计算资源与无线资源是有限的。在商业环境中,资源供应商(边缘云和AP)不可能提供(或长期提供)免费服务,供应商的资源分享行为需要得到经济激励。例如,买方需要向供应商支付计算资源和无线通信资源的使用费用。因此,边缘计算在商业化方面面临着许多挑战,如设计资源定价和资源分配机制、制定任务执行和预算分配策略等。不得不说,定价机制在边缘计算的实际应用中起着重要作用。

不巧的是,因为边缘技术场景具有动态性,很多其他行业的现有定价机制没有办法直接用于边缘计算场景。由于边缘云计算与边缘设备的位置相关,所以在边缘网络中,智能移动设备(智能手机、智能汽车、PAD)的数量的急剧变化会导致边缘资源供给差异(边缘设备的资源需求和服务方的资源供给)。就像一些移动应用,如"滴滴打车"等,通常在不同的地点和时间会得到不同的服务价格。这是因为在不同场景下,服务或资源(车辆、司机)的价格会随着资源供给的变化而变化。边缘网络中的资源或服务需求与地点相关,并且随着时间的变化而变化,因此固定的资源价格很难实现对边缘资源的优化配置。综上所述,动态定价机制对边缘计算的商业化非常重要,因为资源和服务的价格是由快速变化的市场需求决定的。

5.2.2　边缘场景下动态资源定价的挑战和目标

在设计边缘场景下的资源动态定价机制时,作为卖方的资源供应商需要考虑如何为自己的资源定价,以最大限度地提高回报率和服务质量。一个精心设计的定价机制可以刺激更多附近的服务器参与到边缘计算的系统中来,从而实现边缘资源共享,充分利用边缘云计算服务来提高边缘设备的任务执行性能。在研究边缘计算资源定价问题的时候,有两个关键问题需要解决。

(1) 面对边缘计算系统中的一些约束条件,如任务完成期限、预算限制、计算和无线资源限制等,边缘设备应该如何分配给每个资源供应商的预算?

(2) 每个供应商在MEC系统的市场上如何确定资源价格,以带来最好的服务体验?

边缘计算场景下的动态资源定价的目标是通过平衡边缘计算系统中资源市场的资源供给和资源需求,提供一种有效的定价机制,共同优化边缘计算系统中的服务质量。

5.2.3　实例:移动边缘计算系统的动态定价策略

本小节将展示一个边缘计算定价实例。如图5-6所示,考虑一个边缘网络环境中有多个AP节点和多个边缘设备(智能汽车、智能手机),其中边缘网络中的边缘设备最大数量为n_0。通过假设空间中的边缘设备都可以作为边缘服务器的实例化,将时间划分为多个时隙。

让$N[t]$和$M[t]$分别表示第t个时隙开始时,边缘网络中的边缘设备数量和计算任务的执行数量。让$a_v[t]$和$d_v[t]$分别表示第t个时隙中到达和离开的边缘设备数量。同理,$a_u[t]$和$d_u[t]$分别表示在第t个时隙中到达和离开的任务数。那么系统的动态状态可以表示为

$$\begin{cases} N[t+1] = (\min\{N[t]+a_v[t]-d_v[t], N_0\})^+ \\ M[t+1] = (\min\{N[t+1]+n_0, M[t]+a_u[t]-d_u[t]\})^+ \end{cases} \tag{5-1}$$

其中上标"+"表示非负值,即$a^+ = \max\{a, 0\}$。当可用的边缘云服务器不能支持系统中的

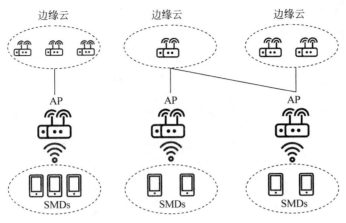

图 5-6　边缘计算系统实例

所有任务时,就会出现任务丢包现象。在第 t 个时隙开始时,丢包任务的数量由以下公式给出

$$l[t] = \max\{0, M[t] - N[t] - n_0\} \tag{5-2}$$

将任务的到达和完成建模为伯努利过程。一个新的计算任务在第 t 个时隙开始时到达率为 λ_u。

$$\begin{cases} \Pr\{a_u[t] = 1\} = \lambda_u \\ \Pr\{a_u[t] = 0\} = 1 - \lambda_u \end{cases} \tag{5-3}$$

在每个时隙结束时,假设每个任务完成并离开系统的概率为 μ_u,并且每个任务的完成概率是相互独立的。因此,可以得到

$$\Pr\{d_u[t] = d\} = C(m, d)\mu_u^d (1 - \mu_u)^{m-d}, \quad \forall 0 \leqslant d \leqslant m \tag{5-4}$$

其中,$m = M[t] > 0, C(m, d)$ 是二项式系数。如果 $M[t] = 0$,有 $\Pr\{d_u[t] = 0\} = 1$。同理,$a_v[t]$ 和 $d_v[t]$ 的分布取决于边缘设备的到达率 $\lambda_v[t]$ 和离开率 $\mu_v[t]$,由以下公式给出。

$$\begin{cases} \Pr\{a_v[t] = 1\} = \lambda_v[t] \\ \Pr\{a_v[t] = 0\} = 1 - \lambda_v[t] \end{cases} \tag{5-5}$$

因此,有

$$\Pr\{d_v[t] = d\} = C(n, d)\mu_v[t]^d (1 - \mu_v[t])^{n-d}, \quad \forall 0 \leqslant d \leqslant n \tag{5-6}$$

其中,$n = N[t] > 0, \lambda_v[t]$ 和 $\mu_v[t]$ 取决于当前时隙的价格 $c[t]$。价格 $c[t]$ 被定义为每个边缘设备在第 t 个时隙获得的付款。考虑了 K 个价格标准,其集合用 $\mathcal{C} = \{c_1, c_2, \cdots, c_K\}$ 表示。让 λ_k 和 μ_k 表示给定价格标准 c_k 的边缘设备到达率和离开率,即当 $c[t] = c_k$ 时,$\lambda_v[t] = \lambda_k, \mu_v[t] = \mu_k$。可以合理地假设,较高的价格会吸引边缘设备以较高的概率和较长的时间到达并停留。从而,对于任何 $c_i < c_j$ 的情况,可知:$\lambda_i < \lambda_j$ 和 $\mu_i < \mu_j$。

根据式(5-1),下一个时隙的系统状态 $M[t+1]$ 和 $N[t+1]$ 只取决于当前状态 $M[t]$ 和 $N[t]$,而不取决于前一个时隙的状态。因此,系统状态可以被表述为一个二维马尔可夫链,其中 $M[t]$ 和 $N[t]$ 为二维马尔可夫链下的任务情况和边缘设备情况。在每个时隙的开始,马尔可夫链的状态可以向其他状态过渡。为了便于理解,图 5-7 中给出了一个实例与一个状态(1,1)的过渡图。

为了清晰易懂,将 $(a_u[t], d_u[t], a_v[t], d_v[t])$ 表示为 (a_1, d_1, a_2, d_2)。状态(1,1)不

能过渡到与它没有链路的其他状态。当 $M[t]>N[t]+n_0$ 时,任务会发生掉包,所以当状态$(1,1)$转移到状态$(2,0)$时,边缘计算系统将不得不丢掉一个任务。动态定价策略是在每个时隙开始时调整资源服务的价格,由给定状态(m,n)选择价格 c_k 的概率 $f_{m,n}^k$ 决定,即

$$f_{m,n}^k = \Pr\{c[t]=c_k \mid M[t]=m, N[t]=n\} \tag{5-7}$$

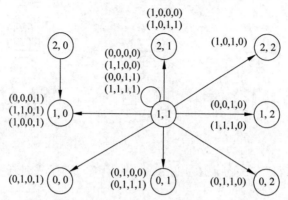

图 5-7　状态转移示意图

对于每一个 $0 \leqslant m \leqslant N+n_0$ 和 $0 \leqslant n \leqslant N$ 的归一化条件为

$$\sum_{k=1}^{K} f_{m,n}^k = 1 \tag{5-8}$$

让 $R_{m,n}^k$ 表示在当前时隙(m,n)状态下的平均掉包数,在价格标准为 c_k 的情况下,$R_{m,n}^k$ 可以由以下公式给出

$$R_{m,n}^k = \mathbb{E}\{l[t] \mid M[t]=m, N[t]=n, c[t]=c_k\} \tag{5-9}$$

用 $q_{m,n}(\Delta m, \Delta n)$ 表示马尔可夫链中从状态(m,n)到状态$(m+\Delta m, n+\Delta n)$的过渡概率。$R_{m,n}^k$ 和 $q_{m,n}(\Delta m, \Delta n)$ 可以根据等式(5-1)至(5-4)得到。

在此基础上,可以得到马尔可夫链的转移矩阵 $\boldsymbol{H}$。将该马尔可夫链的稳态分布表示为:$\pi = \{\pi_{0,0}, \pi_{0,1}, \cdots, \pi_{0,N_0}, \cdots, \pi_{n+n_0,n} \cdots, \pi_{N_0+n_0,N_0}\}$,满足以下条件

$$\begin{cases} \mathbf{1}^{\mathrm{T}}\pi = 1 \\ \boldsymbol{H}\pi = \pi \end{cases} \tag{5-10}$$

在第 t 个时隙中,当系统状态$(M[t], N[t])=(m,n)$时,丢包的成本和期望值由 nc_k 和 $R_{m,n}^k$ 给出,动态定价的概率为 $f_{m,n}^k$。因此,丢包任务的平均成本和平均期望值由以下公式给出

$$C_{\mathrm{ava}} = \sum_{n=0}^{N_0} \sum_{m=0}^{n+n_0} \sum_{k=1}^{K} nc_k \pi_{m,n} f_{m,n}^k \tag{5-11}$$

并且

$$E_{\mathrm{los}} = \sum_{n=0}^{N_0} \sum_{m=0}^{n+n_0} \sum_{k=1}^{K} R_{m,n}^k \pi_{m,n} f_{m,n}^k \tag{5-12}$$

此外,在第 t 个时隙到达的任务数量的期望值为到达率 λ_u。因此,数据包丢失率,即计算任务在完成前被丢包的概率,可以由以下公式给出

$$P_{\mathrm{los}}^{\mathrm{ava}} = \frac{E_{\mathrm{los}}}{\lambda_u} \tag{5-13}$$

综上,边缘系统应该保证用户的 QoS,即丢包率 P_{los}^{ava} 不能超过容错率 P_{los}^{th}。此外,还需要尽可能降低边缘计算系统的成本,即平均成本 C_{ava}。因此,可以刻画为一个优化问题 P5_1。

$$\min_{\pi, f_{m,n}^k} \sum_{n=0}^{N_0} \sum_{m=0}^{n+n_0} \sum_{k=1}^{K} nc_k \pi_{m,n} f_{m,n}^k$$

$$
\begin{aligned}
\text{s. t} \quad &a: \frac{1}{\lambda_u} \sum_{n=0}^{N_0} \sum_{m=0}^{n+n_0} \sum_{k=1}^{K} R_{m,n}^k \pi_{m,n} f_{m,n}^k \leqslant P_{los}^k \\
&b: \mathbf{1}^T \pi = 1 \\
&c: H\pi = \pi \\
&d: \sum_{k=1}^{K} f_{m,n}^k = 1 \quad \forall m, n \\
&e: f_{m,n}^k \geqslant 0 \quad \forall m, n, k \\
&f: \pi_{m,n} \geqslant 0 \quad \forall m, n
\end{aligned}
\qquad (5\text{-}14)
$$

其中约束(5-14. b)和(5-14. c~d)分别表示对 QoS 要求和稳态条件的约束,优化目标最小化边缘计算场景下的动态定价。

5.3　边缘计算场景下的资源拍卖

边缘云是连接互联网的计算机或计算机群,移动设备可以通过高速无线局域网(WLAN)利用边缘云的资源。在这种架构中,移动设备作为客户机,边缘云作为服务商,可以在单跳通信延迟较低的情况下,实现高效的无缝交互。由于边缘云的空间分布和功能或托管资源的不同,移动设备对边缘云有不同的偏好。此外,边缘云需要激励来共享资源,比如通过获得移动设备使用服务所支付的货币价值等方式来实现边缘网络中的资源共享。可以看出,请求服务的移动设备和提供这种服务的边缘云之间存在着一种交易,而这种交易可以通过资源拍卖来实现。

5.3.1　边缘计算中拍卖机制的意义

拍卖是一种非常流行的交易形式,可以在市场上以竞争性价格将卖家的资源有效地分配给买家。拍卖理论是经济学中研究较多的领域,也被应用于其他领域,如无线系统的无线资源管理。如果把边缘计算中的买方和卖方的资源交易系统看成一种商业行为,那么拍卖机制需要处理好买方(如以最低的价格获得最高的费用)和卖方(如以最小的成本获得最大的回报)的利益冲突,以及买方/卖方之间的内部竞争。该资源拍卖机制应公平分配交易资源,确定定价,并在竞争的存在下使每个买方/卖方能够获得的报酬最大化。这样,买卖双方都能被激励参与到拍卖中来,生态系统就能达到均衡。这样的拍卖机制需要满足多种要求,如个体合理性、预算平衡、真实性或激励相容性等。

个体的合理性确保买方的收费永远不会高于其出价,而卖方的报酬不低于其要求。预算平衡要求拍卖人作为买卖双方之间的中间人,在没有拍卖人的情况下主持和运行拍卖会。真实性是抵制市场操纵、保证拍卖公平的必要条件。如果真实地揭示私人估值总是每个参与者获得最优效用的弱主导策略,那么这个拍卖机制就是真实的(也称为激励相容性),在激励相容的拍卖中,除了真实的出价和喊价,其他都是弱主导策略。在经济学中,从不同的角度对效用的定义有多种多样的方式,其中分配性效用是一种主要的类型,其目的在于实现系统福利的最大化。

5.3.2 边缘计算中拍卖机制的挑战

许多现有的拍卖机制不能直接应用到边缘计算的场景中,因为不能达到可行的拍卖机制的要求。对于边缘网络中的拍卖机制,没有一种机制可以做到高效、真实、合理,同时又能平衡预算。只考虑同质性商品,McAfee双重拍卖可以实现三个理想的特性,即个体合理性、预算平衡性和真实性。协同通信的真实性拍卖方案(TASC)提出的真实拍卖机制(TASC)扩展了McAfee双重拍卖,在TASC中,考虑到了交易商品的异构性。虽然TASC是一种在边缘网络中可行的拍卖方式,但TASC的有效性还可以进一步提高。Parkes等人提出了基于Vickrey的双重拍卖,利用参与者对其他参与者出价/任务的不确定性来减少拍卖过程中被操纵的可能性,提高资源的分配效率,同时加强预算平衡和个体的合理性。这种机制可以是相当有效和相当真实的,但在计算上并不高效,很难用于实际的边缘计算场景中。

所以,在边缘场景中,拍卖机制很难同时满足上述所有的理想属性。在许多情况下,某些属性(例如真实性)必须放宽以换取其他属性(例如系统效率)。

5.3.3 实例:边缘计算中拍卖机制的设计

为了协助移动用户和边缘云之间的匹配,需要一个可信赖的第三方来管理他们之间的交易,双重拍卖很好地满足了这一场景的双边性质。双重拍卖中的可信第三方是移动用户(买方)和边缘云(卖方)之间的拍卖人(基站或者AP)。拍卖人需要确定中标的买家和中标的卖家之间的匹配,并向买家收取费用和向卖家转交费用。

很显然,拍卖人至少应该在拍卖过程中不亏本,并最好能从主持拍卖中受益。以主导的视频流媒体服务为例,可以找出一些支持拍卖人的实体:内容服务供应商通常向内容交付网络(CDN)运营商支付内容交付费用,而CDN运营商则反过来向ISP、移动运营商或网络运营商支付在其边缘云服务商托管服务器的费用。此外,边缘云可以提供更接近用户的服务,从而以更低的交付成本和更好的性能补充传统CDN的不足。因此,终端用户需要向内容服务供应商支付内容消费的费用,而内容服务供应商则反过来向CDN运营商或边缘云支付内容交付费用。在边缘服务支撑下,买方可以用更低的成本得到更高质量的交付内容,因此,内容的服务商可以减少服务开销,保持自身的竞争力。

考虑到为n个移动设备(买家)提供可用的m个边缘云(卖家),可将底层资源分配问题表述为类似于Yang等人提到的单轮多项目双重拍卖。每个买家(或者卖家)可以私下向拍卖人提交自己的出价(或要求),这样每个人都不知道其他人的出价(或要求)。

对于每个买家$b_i \in \mathcal{B}$,$\mathcal{B}=\{b_1, b_2, \cdots, b_n\}$,其出价向量用$\boldsymbol{D}_i=(D_i^1, D_i^2, \cdots, D_i^m)$表示,其中$D_i^j$是卖方$s_j \in \mathcal{S}$,$\mathcal{S}=\{s_1, s_2, \cdots, s_m\}$的出价。由所有买家的投标向量组成的矩阵定义为$\boldsymbol{D}=(\boldsymbol{D}_1; \boldsymbol{D}_2; \cdots; \boldsymbol{D}_n)$。对于$\mathcal{S}$中的所有卖家,喊价向量由$\boldsymbol{A}=(A_1, A_2, \cdots, A_m)$表示。可以看出,卖家的出价在买家之间并不存在差异,因为卖家的目的只是收取使用资源的费用。此外,由于移动设备对边缘云有偏好,所以买家的出价对卖家来说也有区别。虽然买家的出

价对卖家来说是隐私信息,但边缘云确实需要向附近的移动用户发布一些信息,如托管资源、计算能力、网络带宽和通信延迟等,以便用户可以确定自己对边缘云的估值。但是,边缘云会保持其服务成本不变。因此,持有私人信息的拍卖者需要应用安全机制来保护隐私。

给定 $\mathcal{B}$,$\mathcal{S}$,$\mathbf{D}$ 和 $\mathbf{A}$,拍卖人决定中标的买方集合为 $\mathcal{B}_w \subseteq \mathcal{B}$,中标的卖方为 $\mathcal{S}_w \subseteq \mathcal{S}$,$\mathcal{B}_w$ 和 $\mathcal{S}_w$ 之间的映射即 $\sigma:\{j:s_j \in \mathcal{S}_w\} \rightarrow \{i:b_i \in \mathcal{B}_w\}$,中标的买方 $b_i \in \mathcal{B}_w$ 收取的价格为 P_i^b,中标的卖方 $s_j \in \mathcal{S}_w$ 收取的报酬为 P_j^s;为了强调 b_i 和 s_j 之间的特殊匹配的效用,也用 P_{ij}^b 和 P_{ij}^s 分别表示价格和付款。除了价格和付款之外,买卖双方的效用还取决于买方对所获服务的估值和卖方提供服务的成本。让 V_i^j 是买方 b_i 从卖方 s_j 获得服务的估值,C_j 是卖方 s_j 提供服务的成本。买方 b_i 的估值向量由 $\mathbf{V}_i=(V_i^1,V_i^2,\cdots,V_i^m)$ 表示。给出一个买方-卖方映射,$i=\sigma(j)$,买方 b_i 和卖方 s_j 的效用分别定义如下:

$$U_i^b = \begin{cases} V_i^j - P_i^b, & b_i \in \mathcal{B}_w \\ 0, & \text{其他} \end{cases}$$

$$U_j^s = \begin{cases} P_j^s - C_j, & s_j \in \mathcal{S}_w \\ 0, & \text{其他} \end{cases} \tag{5-15}$$

注意,用 U_{ij}^b 和 U_{ij}^s 来捕捉服务双方的效用,即买方 b_i 和卖方 s_j 之间的匹配效率。可以看出,效用 $U_i^b > 0$ 意味着移动用户 b_i 作为买方可以从拍卖中获取收益。因此,U_i^b 表示移动用户对所分配资源的满意程度。此外,作为卖家的边缘云的效用 U_j^s 代表了边缘云所收到的付款超过其成本,实现了盈利。所以也可以说,U_j^s 体现了边缘云的收益。

拍卖模型可以用 $\Psi=(\mathcal{B},\mathcal{S},\mathbf{D},\mathbf{A})$ 表示。相应地,拍卖人应该按照拍卖机制来确定一组中标买家 $\mathcal{B}_w$,一组中标卖家 $\mathcal{S}_w$,$\mathcal{B}_w$ 和 $\mathcal{S}_w$ 之间的映射 σ,一组向中标买家收取的清算价格 $\mathcal{P}_w^b$,以及一组奖励给中标卖家的清算付款 $\mathcal{P}_w^s$。一个可行的拍卖机制应该首先满足以下三个理想的属性。

(1) 计算高效。拍卖的结果包括买卖双方的中标集合、买卖双方的映射,以及清算价格和支付方式,是可以用多项式时间复杂度来计算的。

(2) 个体合理性。没有一个中标的买方的报酬高于其出价,没有一个中标的卖方的报酬低于其叫价。

(3) 预算平衡。拍卖人向所有中标买家收取的总价不低于拍卖人奖励所有中标卖家的总价。综上所述,可以设计出一个满足以上要求的拍卖。算法 1 如图 5-8 所示。

在候选人确定与定价阶段,候选人确定和定价操作是耦合在一起的。首先,拍卖人以 A_j 的价格确定每个卖家的候选买家 s_j,然后相应地确定买方候选人收取的价格和向卖方支付的款项。让 $\mathbf{A}_{-j}$ 表示不包括 s_j 的叫价向量,A_{-j}^o 是 $\mathbf{A}_{-j}$ 的中位数。一个向量的中位数是中间元素的值,中间元素的值按非递减的顺序排列。如果有一个偶数的值,则两个中间值的平均值被定义为中位数。根据算法 1,在这个阶段有两种情况来确定卖方 s_j 的中标买家候选人。

(1) 只有一个买家 b_i 出价不低于 A_j。如果 $D_i^j \geqslant A_{-j}^o$ 并且 $A_j \leqslant A_{-j}^o$,b_i 被加入到买方候选集 $\mathcal{B}_c$ 中,价格为 A_{-j}^o,而 s_j 被加入到卖方候选集 $\mathcal{S}_c$ 中,价格为 A_{-j}^o;否则,b_i 不能赢得关于边缘云 s_j 的拍卖。

(2) 两个或更多的买家出价不低于 A_j。如果最高出价低于 A_{-j}^o,则没有买家赢得候选

```
Algorithm 1  TIM-CD&P(B, S, D, A).
Input: B, S, D, A
Output: B_c, S_c, σ̂, P_c^b, P_c^s
 1: B_c ← ∅, S_c ← ∅, P_c^b ← ∅, P_c^s ← ∅;
 2: for s_j ∈ S do
 3:     找到中位要价订单;
 4:     B^j = {b_i : D_i^j ≥ A_j, ∀b_i ∈ B};
 5:     if |B^j| = 1 then
 6:         if D_i^j ≥ A_{-j}^o and A_j ≤ A_{-j}^o then
 7:             σ̂(j) = i, B_c ← B_c ∪ {b_i}, S_c ← S_c ∪ {s_j};
 8:             P_{ij}^b = P_j^s = A_{-j}^o;
 9:             P_c^b ← P_c^b ∪ {P_{ij}^b}, P_c^s ← P_c^s ∪ {P_j^s};
10:         end if
11:     else if |B^j| > 1 then
12:         出价订单排序;
13:         if D_{i_{(1)}}^j ≥ A_{-j}^o then
14:             if 可以匹配的订单数量大于2 then
15:                 从中随机选中一个订单进行匹配;
16:             else
17:                 选择出价最高的订单进行匹配;
18:             end if
19:             σ̂(j) = i, B_c ← B_c ∪ {b_i}, S_c ← S_c ∪ {s_j};
20:             P_{ij}^b = P_j^s = max{A_{-j}^o, D_{i_{(2)}}^j};
21:             P_c^b ← P_c^b ∪ {P_{ij}^b}, P_c^s ← P_c^s ∪ {P_j^s};
22:         end if
23:     end if
24: end for
25: return (B_c, S_c, σ̂, P_c^b, P_c^s);
```

图 5-8　算法 1 的伪代码

者淘汰阶段。由于 $\mathcal{B}_c$ 中的买家候选者可能会赢得卖家候选集 $\mathcal{S}_c$ 中的两个或更多的卖家,所以算法只为这样的买家选择一个最佳卖家。在候选者淘汰阶段结束时,每个买家 $b_{\sigma(j)} \in \mathcal{B}_w$ 都有一个一对一的映射,只有一个胜出的卖家 $s_j \in \mathcal{S}_w$。

5.4　服务供应商之间的协作激励机制

5.4.1　协作激励机制设计的意义和目标

边缘计算将云计算服务集成到边缘网络的环境中,是一种新的云计算范式。虽然边缘计算可以提高移动应用的性能,但是由于资源受限问题,需要对边缘网络中的无线通信和计算资源进行有效管理。此外,由于边缘计算需要多个服务供应商同时提供资源(各个云计算服务商、网络运营商),因此需要设计一套协作激励机制,使不同的服务供应商可以整合自己拥有的资源,一起为边缘设备提供计算服务。为了解决边缘计算中的资源管理问题,同时也为了增加服务供应商的收入,多个合作的边缘云服务供应商可以在资源池中共享它们的无线资源和计算资源。在这种模式下,一个服务供应商闲置的资源可以被其他服务供应商使用,从而提高边缘网络中的资源利用率。在边缘计算中,预留资源等资源管理技术是维护服务质量(Quality of Service,QoS)的关键方法,对于有计算敏感性要求的移动应用来说尤为重要。在边缘计算的场景中,要想最大限度地提高资源的利用率,需要设计出激励机制来让不同的服务供应商有效配合,从而实现边缘云服务的服务供应商的收益最大化。

5.4.2　协作激励机制设计的挑战

结合上述资源池共享模式,需要面对在协作激励机制设计中的几个挑战。第一,如何对资源池中的资源进行最佳分配,以实现收益最大化,从而满足移动用户的需求? 第二,合作的边缘云服务商之间如何分享服务带来的收益? 第三,边缘云服务商如何决定到底该不该合作建立资源池?

5.4.3　实例:协作激励机制设计

1. 系统模型

如图 5-8 所示,边缘计算环境由多个服务区域组成,每个区域由无线基站覆盖。无线基站的覆盖区域集由 $\mathcal{A}=\{1,\cdots,A\}$ 表示,其中 A 为总区域数。基站的集合用 $\mathcal{B}=\{1,\cdots,B\}$ 表示,其中 B 是无线基站的总个数。边缘云服务商的集合用 $\mathcal{D}=\{1,\cdots,D\}$ 表示,其中,D 是边缘云服务商的总数量。

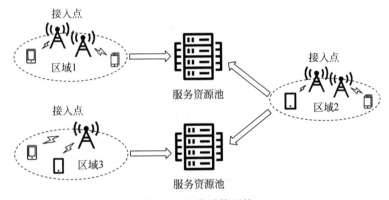

图 5-8　边缘计算环境

应用集用 $\mathcal{P}=\{1,\cdots,P\}$ 表示,其中 P 是可用的移动应用总数。$\alpha_{a,b}$ 代表基站对用户的可用性,其中,如果 a 区域内的用户(即 $a\in\mathcal{A}$)可以访问基站 b(即 $b\in\mathcal{B}$),则 $\alpha_{a,b}=1$,否则 $\alpha_{a,b}=0$。$\beta_{a,d,p}$ 代表用户对边缘云服务商的可访问性,如果区域 a 中的用户使用应用 p(即 $p\in\mathcal{P}$)可以访问边缘云服务商 d(即 $d\in\mathcal{D}$)中的服务器,则 $\beta_{a,d,p}=1$,否则 $\beta_{a,d,p}=0$。需要注意的是,由于地理距离长,数据传输延迟大,有些边缘云服务商可能不适合某些地区的用户。服务供应商的集合用 $N=\{1,2,3,\cdots,S\}$ 表示,其中 S 是服务供应商的总数量。让 $K_{b,s}^{bw}$ 表示服务供应商 s 在基站 b 处的预留带宽(即 $s\in N$),让 $K_{d,s}^{cp}$ 表示服务供应商 s 在边缘云服务商 d 处预留的服务器数量,让 R_p^{bw} 表示每个应用 p 实例所需的带宽,本书中,R_p^{cp} 表示每个应用 p 实例所需的服务器利用率,让 V_p 表示每个运行移动应用 p 的实例对服务供应商产生的收入。

为了增加移动应用的可用无线电和计算资源的数量,供应商可以合作创建一个资源池,该资源池在逻辑上由基站预留的可用带宽和边缘云服务商预留的可用服务器组成,以支持移动应用。合作服务供应商的集合(即决定合作并创建资源池的服务供应商的集合)用 C 表示(即 $C\subseteq N$)。C 被称为联盟,其中 $C\subseteq N$ 称为大联盟。可以有多个联盟,所有联盟的集合称为大联盟或合作结构 $\Phi=\{C_1,C_2,\cdots,C_{|\Phi|}\}$,其中 $N=\bigcup_{i=1}^{|\Phi|}C_i$,$C_i\in\Phi$。每个联盟都有自己的资源池,由该联盟中的合作服务商创建资源池。给定一个联盟 C,$K_b^{bw}(C)$ 和 $K_d^{cp}(C)$ 分别表示基站 b 和边缘云服务商 d 在相应资源池中的可用带宽和可用服务器总数,有 $K_b^{bw}(C)=\sum_{s\in C}K_{b,s}^{bw}$,$K_d^{cp}(C)=\sum_{s\in C}K_{d,s}^{cp}$。一个联盟里所有的合作服务供应商都可以

分享服务收益。

2. 问题建模

服务供应商的收益最大化问题可表达为优化问题 P5_2。

$$\nu(\mathbb{C}) = \max_{x_{a,b,d,p}} \sum_{a\in A}\sum_{b\in B}\sum_{d\in D}\sum_{p\in P} x_{a,b,d,p} V_p \tag{5-16}$$

s. t.

$$C1: \sum_{a\in A}\sum_{d\in D}\sum_{p\in P} x_{a,b,d,p} R_p^{bw} \leqslant K_b^{bw}(\mathbb{C}), b\in B$$

$$C2: \sum_{a\in A}\sum_{b\in B}\sum_{p\in P} x_{a,b,d,p} R_p^{cp} \leqslant K_d^{cp}(\mathbb{C}), d\in D$$

$$C3: \sum_{b\in B}\sum_{d\in D} x_{a,b,d,p} \leqslant D_{a,p}^{dm}(\mathbb{C}), a\in A, p\in P$$

$$C4: \sum_{d\in D}\sum_{p\in P} x_{a,b,d,p} \leqslant M\alpha_{a,b}, a\in A, b\in B$$

$$C5: \sum_{b\in B} x_{a,b,d,p} \leqslant M\beta_{a,d,p}, a\in A, b\in B, p\in P$$

$$C6: x_{a,b,d,p} \geqslant 0, a\in A, b\in B, d\in D, p\in P$$

优化问题 P5_2 的目标函数定义了在设计的协作机制下,最大限度地提高所有基站和所有边缘云服务商的收益。约束条件 C1 确保了边缘计算服务所需的带宽资源小于资源池里的带宽资源。约束条件 C2 表明了边缘计算服务所需的计算资源小于资源池里的计算资源。约束条件 C3 确保了服务的实例数量必须小于或等于总需求量。约束条件 C4 和约束条件 C5 确保了边缘设备/基站/边缘云服务商之间的可用性。约束条件 C6 确保了服务实例的数量非负。

3. 服务供应商之间的利润分配

在对收益最大化问题进行建模后,联盟 $\mathbb{C}$ 中的所有合作服务商分享支持应用实例所产生的收入。用合作博弈论中的核心值和 Shapley 值的概念来确定每个合作服务商应该获得的收入份额。首先确定联盟 $\mathbb{C}$ 中的合作服务商之间分享收入的核心,让 e_s 表示合作服务商 $s\in\mathbb{C}$ 的收入。

$$C = \{e \mid \sum_{s\in\mathbb{C}} e_s = \nu(\mathbb{C}), \sum_{s\in S} e_s \geqslant \nu(S), \forall S\subseteq\mathbb{C}\} \tag{5-17}$$

其中,e 是 e_s 的向量,而核心是一组收入份额的集合,它保证没有任何服务商会离开联盟 $\mathbb{C}$ 而形成子联盟 $S\subseteq\mathbb{C}$,换句话说,任何子联盟 S 中的服务商的收入之和总是大于或等于该联盟的价值(即 $\sum_{s\in S} e_s \geqslant \nu(S)$)。然而,核心方案有很多限制,比如核心的集合可能是空的,也可能是不完整的。因此,使用 Shapley 值来完善核心的定义,根据资源分配的优化方法,可以得到供应商 s 的 Shapley 值,如下所示:

$$\phi_s(\nu) = \sum_{S\subseteq\mathbb{C}\backslash\{s\}} \frac{|S|!(|\mathbb{C}|-|S|-1)!}{|\mathbb{C}|!}(\nu(S\cup\{s\}) - \nu(S)) \tag{5-18}$$

4. 服务供应商之间的联盟构成

假设的供应商是理性的、自利的,通过组建联盟建立资源池,实现自身利益最大化。为了获得供应商之间的合作策略的稳定解,可以基于离散时间的马尔可夫迭代算法来进行求解。可以将供应商的合作形成描述为一个非合作博弈:商家集(即所有服务商的集合)为

N，C 中的服务商群体(即联盟)存在合作的协议(即 $C \subseteq N$)。因此，C 被称为合作服务商的集合。每个服务商的策略是与其他服务商建立合作关系。服务供应商之间的合作用一个二进制变量 $c_{s,l}$ 来表示。如果 $c_{s,l} = 1$ ，则服务商 s 和 l 合作，否则 $c_{s,l} = 0$ 。因此，服务商 s 与其他服务商合作的策略空间可以用(5-19)来定义。联盟 C_s 可以被定义为

$$C_s = \{(c_{s,1}, \cdots, c_{s,l-1}, c_{s,l}, c_{s,l+1}, \cdots, c_{s,|N|}) \mid c_{s,l} \in \{0,1\}, l \in N \setminus \{s\}\} \qquad (5\text{-}19)$$

$$c_{s,l} = \begin{cases} 1, & s, l \in C \\ 0, & s \notin C \text{ 或 } l \notin C \end{cases} \qquad (5\text{-}20)$$

可以定义不同服务供应商之间合作的纳什均衡如下

$$\psi_s(\mathbf{c}_s^*, \mathbf{c}_{-s}^*) \geqslant \psi_s(\mathbf{c}_s, \mathbf{c}_{-s}^*), \forall s \qquad (5\text{-}21)$$

其中，$\psi_s(\cdot)$ 为供给者 s 的收入，由资源分配和收入管理得到的收入，$\mathbf{c}_s \in \mathcal{C}_s$ 和 $\mathbf{c}_s^* \in \mathcal{C}_s$ 分别表示供给者 s 的策略和纳什均衡策略。其中，$\mathbf{c}_{-s}^* \in \prod_{l \in \mathbf{M} \setminus \{s\}} c_l$ 是其他服务商的联盟策略。根据最佳响应动态的算法，可以得到服务商之间的合作形成的纳什均衡。其中，$\tilde{n}$ 表示迭代指数(即 $\tilde{n} = 1, 2, 3, \cdots$)，$C_s(\tilde{n})$ 表示迭代中服务商 s 的策略，$C_{-s}(\tilde{n}-1)$ 表示迭代 $\tilde{n}-1$ 中除服务商 s 的策略外其他所有服务商的策略。在每一次迭代中，供应商评估新的策略，然后切换到新的策略，实现最高收益：

$$C_s(\tilde{n}) \in \arg\max_{c_s \in C_s} \psi_s(C_s, C_{-s}(\tilde{n}-1)) \qquad (5\text{-}22)$$

在式(5-22)中，服务商 s 在上一次迭代中，鉴于对其他服务商的策略的了解，即 $\mathbf{c}_{-s}(\rho-1)$ ，选择了最佳的新策略(即近视的最佳反应)。然而，服务商可能会在小概率 ζ 的情况下做出错误或非理性的决策(例如，在没有完整信息的情况下)。在式(5-22)的基础上，用离散时间马尔可夫链来建立合作形成的策略适应模型。$\Lambda = \prod C_s = C_1 \times C_2 \times \cdots \times C_{|N|}$ 表示基于服务商的所有可能合作的马尔可夫链的有限状态空间。假设 $c_{s,l}$ 等于 $c_{l,s}$ (即对称合作)，式(5-22)中的策略 $\mathbf{c}_s(\cdot)$ 包含了服务商 s 的合作，并且是状态 κ 的一部分，即 $\kappa \in \Lambda$ 。让 $\kappa = (c_{s,1}, \cdots, c_{s,l}, \cdots, c_{|N|,|N|})$ ，$\kappa \in \Lambda$ 为当前状态。让 $\kappa' = (c'_{s,1}, \cdots, c'_{s,l}, \cdots, c'_{|N|,|N|})$ ，$\kappa' \in \Lambda$ 是下一个状态。从 κ 到 κ' 的状态变化所涉及的服务商的集合可以定义如下：

$$X_{\kappa,\kappa'} = \{s \mid c_{s,l} \neq c'_{s,l}, s \neq l, s, l \in N\} \qquad (5\text{-}23)$$

从状态 κ 到状态 κ' 的过渡概率 $Z_{\kappa,\kappa'}$ 可以表示如下，其中 λ 表示服务商在一个迭代中更新策略的概率。

$$Z_{\kappa,\kappa'} = \lambda^{|X_{\kappa,\kappa'}|} (1-\lambda)^{|N|-|X_{\kappa,\kappa'}|} \prod_{s \in X_{\kappa,\kappa'}} \Theta_s(\kappa, \kappa') \qquad (5\text{-}24)$$

在一个迭代中改变服务商 s 的策略的概率定义如下：

$$\Theta_s(\kappa, \kappa') = \begin{cases} 1-\zeta, & \psi_s(\kappa') > \psi_s(\kappa) \\ \zeta, & \text{其他} \end{cases} \qquad (5\text{-}25)$$

其中，$\psi_s(\kappa)$ 是所有服务商的策略函数，即合作形成的状态。在式(5-25)中，服务商可以切换到收益较高的策略，即 $\psi_s(\kappa') > \psi_s(\kappa)$ 。然而，服务商可以非理性地改变其策略，概率为 ζ 。根据式(5-23)~式(5-25)，马尔可夫链是非周期性的，且不可重复。因此，稳定的合作形成可以由该马尔可夫链的唯一静止概率决定。在式(5-24)中，包含 $Z_{\kappa,\kappa'}$ 的过渡概率矩阵用 $\mathbf{Z}$ 表示，让 π_κ 为稳态时的稳态概率，合作形成的状态为 κ 。稳态概率向量 $\boldsymbol{\pi} = [\cdots, \pi_k, \cdots]^T$ ，可以通过求解 $\boldsymbol{\pi}^T \mathbf{Z} = \boldsymbol{\pi}^T$ 且 $\boldsymbol{\pi}^T \mathbf{1} = 1$ 获得，其中 T 表示转置，$\mathbf{1} = (1, 1, \cdots, 1)$ 。当服务商只做极

少数非理性决策时(即 ζ 的值接近于零),则合作形成的状态将是随机稳定的。让 κ^* 和 π_κ 分别表示随机稳定状态和静态概率,其中 $\pi_\kappa > 0$,随机稳定状态也是马尔可夫链的吸收状态。因此,在随机稳定状态下,服务商不能单方面地切换合作形成策略以获得更高的收益,我们称之为服务商合作的纳什均衡。

本章小结

边缘计算的发展和应用离不开商业模式的支撑,除了在技术上进行钻研,技术的发展和进步也需要资本的力量来推动。本章节首先对目前主流的边缘计算部署模型进行了概述,并介绍了不同部署模型所对应的应用场景,同时还对各个场景下的部署模型优劣进行了分析和比较。之后,通过展示边缘计算场景中的资源定价算法,读者可以对边缘计算中的供需关系有一个基本认识。依托于边缘计算中的拍卖机制设计,本章展示了如何让边缘计算资源像普通商品一样在市场中进行交易。最后,通过边缘云合作机制的设计,可以更有效地整合利用边缘云的计算资源,推动边缘计算技术的大规模商用化。

习题

(1) 目前比较主流的边缘计算部署模型有哪些?
(2) 简要概述每种部署模型分别适合哪些应用场景。
(3) 常见的拍卖机制有哪些? 简要概述双重拍卖具备哪些优势。
(4) 简述一个可行的拍卖机制需要满足哪些条件。

参考文献

[1] 施巍松,张星洲,王一帆,等.边缘计算:现状与展望[J].计算机研究与发展,2019,56(1):69-89.

[2] 赵梓铭,刘芳,蔡志平,等.边缘计算:平台,应用与挑战[J].计算机研究与发展,2018,55(2):327-337.

[3] Han D,Chen W,Fang Y. A dynamic pricing strategy for vehicle assisted mobile edge computing systems[J]. IEEE Wireless Communications Letters,2018,8(2):420-423.

[4] Liu J,Mao Y,Zhang J,et al. Delay-optimal computation task scheduling for mobile-edge computing systems[C]//2016 IEEE International Symposium on Information Theory (ISIT),Barcelona,Spain,2016,pp. 1451-1455.

[5] Jia M,Liang W,Xu Z,et al. Cloudlet load balancing in wireless metropolitan area networks[C]//IEEE INFOCOM 2016-The 35th Annual IEEE International Conference on Computer Communications,San Francisco,USA,2016,pp. 1-9.

[6] Krishna V. Auction Theory[M]. 2nd ed. New York:Academic,2009.

[7] Zhang Y,Lee C,Niyato D,et al. Auction approaches for resource allocation in wireless systems:A survey[J]. IEEE Commun. Surveys Tuts. ,2013,15(3):1020-1041.

[8] Ausubel L M. An efficient dynamic auction for heterogeneous commodities[J]. American Economic Review,2016,96(3):602-629.

[9] Demange G,Gale D,Sotomayor M. Multi-item auctions[J]. Journal of political economy,1996,94(4):

863-872.

[10]　Mishra D,Garg R. Descending price multi-item auctions[J]. Journal of Mathematical Economics, 2006,42(2)：161-179.

[11]　McAfee R P. A dominant strategy double auction[J]. Journal of economic Theory,1992,56(2)：434-450.

[12]　Yang D,Fang X,et al. Truthful auction for cooperative communications with revenue maximization [C]//2012 IEEE International Conference on Communications (ICC),Ottawa,Canada, 2012, pp. 4888-4892.

[13]　Parkes D,Kalagnanam J,et al. Achieving budget-balance with Vickrey-based payment schemes in exchanges[C]//Proc. Int. Joint Conf. Artif. Intell. ,San Francisco,2001,pp. 1161-1168.

[14]　Trevathan J,Read W,Privacy and security concerns for online share trading[C]//Proc. IASK Int. Conf. ：E-Activity Leading Technol. ,2017,pp. 239-246.

[15]　Foster I,Zhao Y,Raicu I,et al. Cloud computing and grid computing 360-degree compared[C]// Proc. Grid Computing Environments Workshop (GCE),2008,pp. 1-10.

[16]　Goyal S,Vega-Redondo F. Network formation and social co-ordination[J]. Games and Economic Behavior,2005,50(2)：178-207.

[17]　Gandhi A. The stochastic response dynamic：A new approach to learning and computing equilibrium in continuous games[R]. Technical Report,2012.

第 6 章　边缘计算场景下的移动性管理

边缘计算系统中的边缘设备有很多都是可移动设备,在边缘服务器为其提供服务的过程中,这些可移动设备与服务器或接入点(AP)的相对位置发生变化,从而造成边缘计算的服务质量降低甚至断开服务连接,对整个边缘计算系统的控制和管理也造成很大的影响。所以在边缘计算系统中,必须考虑移动性问题并对其加以管理,才能实现边缘计算系统的稳定持续运行。

6.1　移动性问题描述

移动性问题是指边缘计算中由于边缘设备的移动性对边缘计算系统的运行造成影响的问题。在边缘计算中,尤其是依托于移动通信网络的移动边缘计算,大部分的边缘设备都是可移动的、非固定位置的设备,称为设备的移动性(甚至一些边缘服务器也具有移动性,例如车联网中的车辆作为边缘服务器等)。边缘设备的移动是随时都在发生的,造成边缘计算系统中无线通信等信息也不停变化,从而使整个系统的状态发生改变,对边缘计算系统的管理和稳定运行造成影响。在边缘计算相关的研究中,对边缘计算系统进行建模时,边缘设备的移动也会使模型参数和模型结构发生变化,从而对整个研究造成不利的影响。这一系列由于设备移动性造成的问题就是本章研究的重点,叫作移动性问题。

6.1.1　问题背景

边缘计算中产生移动性问题的根本原因就是设备的移动性。边缘设备中的手机等移动终端和智能手环、智能眼镜等穿戴设备是随着用户的移动而移动的。用户的分布是分散的,且其运动规律也难以确定。用户在不同时间段、不同区域的位移是变化的,而且天气、施工、大型活动等不确定因素也对用户的移动有着很大的影响。还有一些设备跟随其他设备按照一定路线进行运动,例如车联网中的车载电脑和地铁中的地铁智能控制器等。

然而边缘计算网络的大部分接入点和边缘服务器的位置都是固定的,不能随着边缘设备移动。而且一个边缘服务器可以为多个边缘设备服务,不能只随其中某一个设备移动。这时候,边缘设备与接入点/边缘服务器的相对位移就会改变系统中的某些结构或参数。

这里介绍一类特殊的边缘计算方式,例如边缘计算自组织网络或设备到设备(D2D)边缘计算。这类边缘计算系统中,不是由固定的通过接入点连接的边缘服务器(或基站的边缘服务器)为边缘设备提供服务,而是由其周边的其他边缘设备为其提供服务。利用 D2D 技术可以使边缘设备间直接通信,这些边缘设备直接互相提供边缘计算服务。当一个设备从忙碌转为空闲时,如果它的资源还充足就可以成为边缘服务器,为其他设备提供服务。反之,当一个为其他设备提供服务的边缘设备本身产生新的任务或者资源不充足时,就可以不再为其他设备提供边缘计算服务,重新成为接受服务的边缘设备。在这种边缘计算系统中,移动性也会对系统造成影响,因为其中参与的边缘设备和边缘服务器都具有移动性。

6.1.2　对边缘计算系统的影响

设备的移动性对边缘计算系统的影响是十分复杂的,不管是边缘计算策略的制定还是通信资源的分配等,都会受到移动性的影响。下面就较为重要的四个方面对移动性的影响进行分析。

1. 服务连续性

边缘计算中的边缘服务器为边缘设备提供的服务并不是一次性服务,而是一个持续服务的过程。边缘设备在一段时间内会持续产生计算任务和内容请求任务,它需要边缘服务器持续地提供服务。所以服务的连续性在边缘计算系统中是十分重要的。

然而设备的移动性会对服务连续性造成很大的阻碍。如图 6-1 所示位移 1,当边缘设备从 A 小区移动到 B 小区时,它所连接的基站从 A 切换到 B。这时候由于边缘设备与基站 A 连接断开,A 上面的边缘服务器中来自该边缘设备的计算迁移任务结果无法回传给边缘设备。边缘设备接受的服务被打断,这时候即使基站 B 上的服务器开始为边缘设备提供服务,边缘服务器还是需要重新将计算任务进行迁移,数据传输时间内服务还是中断的。

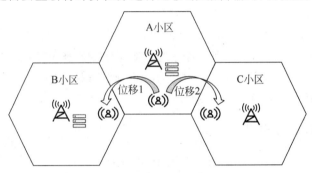

图 6-1　蜂窝网中的设备移动性

或者是边缘设备从小区 A 移动到小区 C 时,如图 6-1 中位移 2,由于该小区没有边缘服务器,所以边缘设备不能够继续接受边缘服务。边缘计算系统的服务连续性受到严重影响。

2. 服务质量

边缘计算系统中,计算任务的响应时间为从该任务产生到任务执行结束且边缘设备收到全部结果数据的时间;内容请求任务的响应时间是该任务产生到边缘设备接收到全部内容数据的时间。大多数情况下,边缘计算系统的服务质量与任务的响应时间息息相关,响应时间越短,服务质量越高。

移动性问题对边缘计算系统的服务质量影响非常大。当边缘设备产生移动时,如图 6-2 所示,如果边缘设备没有离开基站 A 的服务范围,只是沿着路线 A 运动,与基站的距离变远,则信道质量随着距离的增加而变差,计算迁移任务上传和结果回传的时延都会增加,从而降低了服务质量。当边缘设备如图 6-1 中,从 A 小区移动到 B 小区时,即使 B 小区有边缘服务器为其提供服务,但是在服务器切换过程中的数据重复传输造成的时延增加也降低了服务质量。

图 6-2　移动性对无线通信的影响示意图

3. 通信资源分配

在边缘计算系统中,边缘设备和接入点间的通信大多数都需要通过无线通信实现(详见第2章)。当边缘设备移动,远离接入点或者是移动到障碍物较多的地方,无线通信质量就会下降。这时候接入点要想保持与边缘设备间的数据传输速率,就必须增大发射功率或者提高信道带宽。

但是边缘计算系统中多个边缘设备同时连接到一个接入点时,有限的无线通信资源需要合理分配给多个边缘设备。当需要为一个边缘设备分配更多信道带宽或提供更大能量时,势必就要减少给其他边缘设备分配的资源。这就需要重新进行资源分配策略计算。同时也造成对其他设备的影响,降低了其他设备的传输速率,进而增大响应时间,降低服务质量。

4. 边缘服务策略

边缘计算系统中,计算迁移策略和内容缓存策略都是研究的重点(参见第3章、第4章)。这些边缘服务策略需要考虑每个边缘设备与服务器的连接状态、通信条件以及网络结构等信息。边缘设备的移动会使这些重要信息发生改变,服务策略就需要重新调整。边缘设备的移动具有很高的不确定性,当这些重要信息频繁改变时,造成了服务策略的频繁修改,从而影响服务策略的执行。

而由于很多边缘设备是随着用户移动的,用户的移动是一类复杂的人类行为,并且受天气、意外事故等复杂因素的影响。所以在边缘计算系统的服务策略制定过程中,难以很好地刻画边缘设备的移动性。当边缘设备的真实移动与服务策略中参考的移动模型拟合度较低时,会严重影响到策略的准确性和适用性。

6.1.3 移动性的参考模型

模拟真实场景下设备移动性的模型叫作移动模型。由于移动模型在移动通信、人类行为学等研究中具有很高的重要性,已经发展成为一门独立的学科。移动模型的主要目的之一是帮助研究任意类型移动网络中的网络性能,在边缘计算中针对移动性问题构建移动性模型,可以将设备移动性考虑进系统优化问题中,获得考虑了移动性的计算迁移策略和内容缓存策略,最大限度地避开移动性带来的阻碍,从而实现移动性约束下的系统优化。值得注意的是,移动模型和移动轨迹的研究是高度跨学科的,移动模型被用来模拟人、动物和车辆的移动。因此,来自各个领域的研究人员,包括来自移动自组网的研究人员都对其进行了研究。

在边缘计算的研究中,很多研究人员通过建立符合实际运动特性的节点移动模型来模拟终端用户的移动轨迹,再结合移动预测可以使基站为即将到来的终端预留资源。为了对这些模型进行系统的研究,对其进行了层次分类。综合移动性模型是由具体的数学模型(和公式)以及运动的物理定律组成的模型。综合移动性模型可分为单体移动性模型、基于相关或群体的移动性模型、基于人或社会性的移动性模型和车辆移动性模型。

简单地说,单体移动模型是指节点的移动相互独立的模型。基于相关或群体的移动模型是指一个节点的移动依赖于其他节点的移动。然而,在现实生活中观察到,这两种类型是结合在一起的,例如,一个人有时以单体的形式运动,有时又以具有相关移动模式的群体移动。车辆移动也可以作为相关移动模型的一个例子(尽管我们更愿意把它作为一个单独的移动模型),因为车辆的运动是高度受其他车辆的运动控制的,例如,排队行驶的车辆(如高速公路上的车辆)的速度通常不能超过前面车辆的速度。基于人或社会性的移动模型是由人的本性及其社会化倾向所支配的移动模型。当一个人社会化并倾向于群体移动时,他的流动性可能受到其他人的支配,例如,一群救援人员或士兵。车辆移动模型是由日常生活中观察到的道路或高速公路上车辆运动的性质所决定的模型,车辆移动受交通信号、前车运动、限速、事故等因素的影响。除了合成的移动模型,还有在人类、车辆和动物中观察到的真实生活的移动类。图 6-3 显示了移动模型分类。单体移动模型可以进一步细分为随机移动模型、具有时间依赖性的模型、具有空间依赖性的模型和具有地理限制的模型。

下面主要介绍两种边缘设备的移动性模型,一种是针对单体终端的移动模型,另一种是以群组为移动单位的模型。

1. 单体移动模型

移动模型是通过数学方法将物体的移动特征进行提取归纳的一种规范化方法。下面介绍几种常见的针对单体用户的移动模型。

(1) 随机游走模型。

随机游走模型(random mobility models,RMM)起先是由爱因斯坦提出用来描述布朗运动的,之后也被用来描述节点移动。随机游走模型中的移动节点都是依实验者规定的时间或者距离从一个位置点移动到新的位置点。当节点移动时,其移动速度 $v \in [v_{min}, v_{max}]$ 和方向 $\theta \in [0, 2\pi)$ 都服从均匀分布。当一个节点移动了所规定的最大距离或者达到了规定的最大移动时间时,它就会依均匀分布更新速度的大小和方向。特别的是,一旦节点超出规定范围,则将利用算法事先设定好的规则重新返回规定范围移动。图 6-4 显示了满足随机游走模型的节点移动轨迹,可以发现随机游走模型形成的轨迹图缺乏规律性,不太符合实际用户的移动习惯。

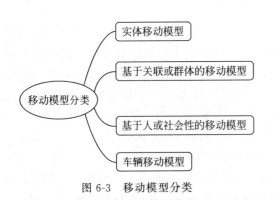

图 6-3　移动模型分类　　　　　图 6-4　随机游走模型的节点移动轨迹

(2) 随机路点模型。

随机路点模型(random waypoint mobility model,RWMM)与随机游走模型相比多了两个特征:第一是每次更新速度时都会随机选定新的目标位置并以速率 v 移动。其中 $v \in [v_{min}, v_{max}]$。第二是当节点运动到目标位置后会进行短暂的停留,其中停留时间 $t \in [t_{min}, t_{max}]$,增加暂停时间为节点移动预留了充足的缓冲,从而便于建立一个更加稳定的节点移动模型。

（3）随机方向模型。

在随机方向模型（random direction mobility model，RDMM）中的规定范围内，所有的移动节点都会随机选择一个初始位置 S 及初始移动方向 θ。然后移动节点将会根据固定的速度 v 移动，直到到达规定范围的边界 E。之后与随机路点模型类型会有短暂的停留，再以同样的方式以 E 作为起点选择一个新的移动方向。其中，移动方向 $\theta \in [0, \pi)$ 且满足下面的概率分布。

$$f(\theta) = \begin{cases} \dfrac{1}{\beta - \alpha}, & \alpha < \theta < \beta \\ 0, & \text{其他} \end{cases} \tag{6-1}$$

其中，α 和 β 分别为移动节点在边界朝着规定区域内运动方向角的上限和下限。

（4）高速公路移动模型。

从模型名称就可以知道高速公路移动模型（highway mobility model，HMM）适用于模拟在高速公路或者城市快速路上的节点移动。高速公路移动模型最大的特征就是用道路图来规范移动终端的行进路线，同时规定每条道路都有正反双向车道。与上面的随机路点模型不同的是，本模型中所有的移动节点都必须在固定的车道上运动，不能随意超越。同时每次更新的移动节点的速率并不是完全随机的，而是与之前的速率大小有关。前后时刻的节点移动速率满足下面的关系式：

$$|v_i(t+1)| = |v_i(t)| + \text{random}() * |a(t)| \tag{6-2}$$

2. 群组移动模型

在日常生活中用户的移动往往具有规律性，并不完全按照独立个体进行运动，往往是多个用户组成群组进行移动，群组移动模型的要点在于构建组内所有节点的相对运动，群组移动模型中的节点除了具备个体特征外，其移动行为还会影响群组内的其他节点，接下来简要介绍几个常见的群组移动模型。

（1）参考点群组移动模型。

参考点群组移动模型（reference point group mobility model，RPGMM）是最常用的一种群组移动模型。RPGMM 分别从群组移动以及个体移动的角度来模拟真实环境中移动终端的运动。参考点群组模型定义了一个参考点（reference point，RP），如图 6-5 所示，参考点的运动特性决定了群组内所有节点的移动趋势。参考点在 t 这一时刻所在点标记为 $\text{RP}(t)$，下一个时刻即 $t+1$ 时刻经过一段位移矢量（图 6-5 中位移矢量表示为 GM）运动到新的位置点，标记为 $\text{RP}(t+1)$，即 $\text{RP}(t+1) = \text{RP}(t) + \text{GM}$。与此同时，群组内单个节点的移动由两部分组成：群组参考点的位移 GM 以及单个节点相对于参考点的随机位移（图 6-5 中参考点的随机位移矢量表示为 RM），表示为 GM + RM 的矢量和。同时，群组内的单个节点受参考点的约束只能在以参考点为圆心，一定长度为半径的圆周内移动。

（2）参考速度群组移动模型。

参考速度群组移动模型（reference velocity group mobility model，RVGMM）与 RPGMM 的设计理念相似。RPGMM 是通过参考点来描述群组移动的，而 RVGMM 是通过参考速度来约束群组的整体移动行为。模型的具体描述如下：$w(t)$ 表示 t 时刻群组的整体移动速度，用 $v(t)$ 表示组内单个节点在 t 时刻的移动速度，这里单个节点的移动速度 $v(t)$ 受群组移动速度影响，等于群组移动速度 $w(t)$ 和节点偏移速度 $u(t)$ 的矢量和，表示为 $v(t) = w(t) + u(t)$。

同时为了避免群组内的单个节点发生掉队现象,$u(t)$的变化范围通常比较小。

（3）队列移动模型。

队列移动模型(column mobility model,CMM)通常表示一种以队列方式进行移动的群组模型,该模型其实是一种特殊的参考点群移动模型,特点是群内的所有节点都与参考点处于同一条直线上。同时在队列行进时,队列中的各个节点也能够围绕各自的参考点发生一定的偏移,大方向上仍然是以一条直线队列的方式进行移动。新参考点与旧参考点满足以下关系:

$$RP^t = RP^{t-1} + \alpha_i^t \tag{6-3}$$

其中 α_i^t 是事先预置好的位移量,决定了队列中参考点实际的位移量。RP^t 用来表示参考点的最新位置,而 RP^{t-1} 用来表示参考点上个时刻所处位置,每次执行更新后都可以通过以下公式计算群组内其他普通节点的位置:

$$p_i^t = RP^t + \omega_i^t \tag{6-4}$$

式子中的 ω_i^t 代表随机偏移量,p_i^t 表示群组内其他普通节点最新的位置点。该模型的示意图如图 6-6 所示。图中深颜色的点代表 RF,浅颜色的点代表队列中其他普通节点。

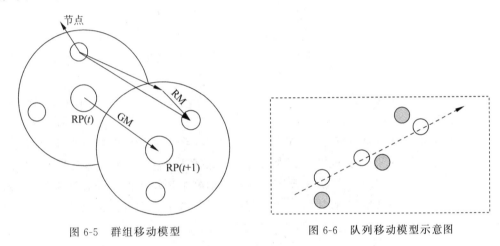

图 6-5　群组移动模型　　　　　　图 6-6　队列移动模型示意图

6.2　边缘计算迁移中的切换管理

在移动环境中,跨小区切换是无线通信面临的重要问题。传统的移动性是指移动目标(用户或终端)在网络覆盖范围内的移动过程中,无论其所处何位置,网络都持续为其提供通信的能力。因此移动通信网络中的移动性管理主要用于在终端移动时,保证终端业务的可达性和通信的连续性,使用户的通信和业务访问不受位置和无线接入网络变化的影响。传统的移动性管理基本功能主要包括位置管理和切换管理,但是在移动通信网络中,为了提高移动通信的效率和安全性,移动性管理还包括了移动性上下文管理的功能。

而移动通信网络中的切换管理主要为了使终端在移动时依然能够提供业务的连续性,保证用户的体验。从具体实现上讲,切换管理主要是为了实现将用户终端从当前服务该终端的基站换到另一个新的基站,并保证在该过程中用户的会话连接仍然保持,数据传输依然继续。根据切换过程中数据传输是否出现丢包,切换可分为无缝切换和非无缝切换。在传统移动通信网络中,通常由当前服务终端的基站发起切换,但在未来移动通信网络中,尤其是在支持异构接入的网络中,主机也可能自主地或者在网络触发下发起切换。切换过程可以分为切换准备和切换执行两个阶段,分别完成目标基站的选择和数据传输路径的切换。在一些协议中,切换执行阶段通常还进一步分为切换执行和切换完成两个阶段,分别对应目标基站的无线接入和核心网内的数据传输路径更新过程。为了保证在移动环境中为用户提供稳定的服务,研究人员提出了跟随云(follow-me cloud)模型与移动感知位置管理(mobile-aware location management,MALM)这两个主要的方案。

6.2.1 跟随云模型

为了更有效地满足移动用户在地理覆盖范围和微云与他们之间的距离方面的需求,一种网络联邦云形式的新协作服务部署方式应运而生。它以透明方式在潜在异构联合云提供商的基础架构上,在分散在特定地理区域上的多个区域数据中心上分配虚拟资源。因此在整个服务使用过程中,为了始终确保通过第三代合作伙伴项目(the 3rd generation partnership project,3GPP)基站或使用非3GPP接入(例如Wi-Fi)连接到移动核心网络的用户通过联合云提供的服务实现最佳的端到端连接,并享受可接受的体验质量,就要考虑下面这样的问题:尽管与移动数据锚定网关的用户连接始终是最佳的,但端到端移动服务交付并不一定是最佳的,因为移动用户移动到不同的物理位置后可能会继续接收从遥远的(次优)数据中心提供的服务。

为了解决这一问题,跟随云的概念在2013年被A. Ksentini等人提出,该设计专为互操作的分散式移动网络/联合云架构而设计。跟随云不仅允许内容,而且允许服务本身跟随移动用户移动,从而确保移动用户始终连接到最佳数据锚点和移动性网关,同时根据地理/网络拓扑接近性或任何其他服务或网络级别的指标(例如负载、服务延迟等),从最佳DC访问基于云的服务。如图6-7所示是联合云和分布式移动网络环境中的跟随云体系结构,它的两个主要组件是跟随云控制器和映射实体。这些可以是两个独立的体系结构组件,两个与现有节点并置的功能实体,也可以作为软件在基础云的任何设备上运行。

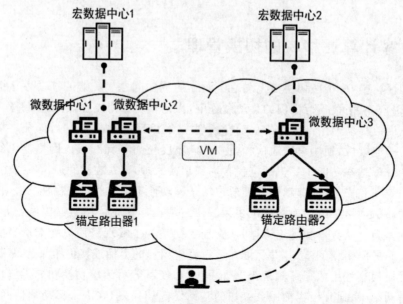

图 6-7 跟随云体系结构

6.2.2　移动感知位置管理

如今,毫微微小区被广泛部署以减轻宏小区的负担。由于毫微微/宏蜂窝网络的常规位置管理方案不考虑移动节点(mobile node,MN)的移动性模式,因此可能发生不必要的位置更新。具体来说,当移动节点沿着毫微微小区覆盖的轮廓移动时,移动节点频繁地执行位置更新过程,这导致相当大的位置更新成本。为了解决此问题,一种移动感知位置管理方案被研究出来,其中移动节点仅在期望停留很长时间的特定毫微微小区进行位置更新。采用最佳策略的移动感知位置管理(MALM)可以减少位置更新的次数,同时提供足够的卸载增益。

在毫微微/宏蜂窝网络中,应支持位置管理以跟踪移动节点的当前位置。对于位置管理,首先将毫微微/宏小区分组到位置区域中。然后,唯一的位置区域标识被分配给每个位置区域。由于每个小区通过无线广播信道周期性地广播其对应的位置区域标识,所以移动节点可以收听位置区域标识并知道其当前位置。当移动到另一个位置区域中的小区时,移动节点执行对移动性管理实体(mobility management entity,MME)的位置更新过程。

在毫微微/宏蜂窝网络中,有两种分配位置区域的方法。一种是将与宏小区重叠的所有毫微微小区分配给与该宏小区相同的位置区域标识(即重叠的毫微微小区和宏小区被分组到同一位置区域中)。另一种方法是,将毫微微小区分为几个组,并且将每个组分配给与宏小区不同的唯一位置区域标识。由于第二种方法具有降低寻呼成本的好处,因此它更常用于实际的毫微微网络。但是,由于毫微微小区的服务覆盖范围小,对于具有高移动性的移动节点可能会发生较高的位置更新成本。特别是当移动节点沿着毫微微小区覆盖的轮廓移动时,即使没有活动的连接,移动节点也频繁执行位置更新过程。

双归属代理(dual-homed agency,DHA)的概念被提出以减少宏小区的位置更新次数。在 DHA 中,维护了两个位置信息条目:一个用于毫微微小区,另一个用于宏小区。这样做的好处是,没有触发从毫微微小区到宏小区的移动位置更新过程。此外,为了在减少位置更新成本和最大化卸载增益之间取得平衡,移动感知位置管理(MALM)方案被提出,该方案是移动节点在预计会长时间停留的毫微微小区中执行位置更新。

MALM 的系统模型如图 6-8 所示,其中宏蜂窝覆盖了毫微微蜂窝。具体而言,假设毫

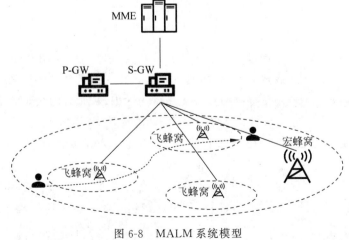

图 6-8　MALM 系统模型

微微小区的覆盖范围彼此不重叠,并且每个毫微微小区都分配给一个不同于宏小区的唯一位置区域标识。这些毫微微/宏小区连接到服务网关(service gateway,S-GW),该服务网关通过 S5 接口连接到分组数据网络网关(packet data network gateway,P-GW)。P-GW 处理所有从分组数据网络传入的数据包以及从传出的数据包到分组数据网络的数据包。特别是当存在从对应节点到移动节点的输入分组时,P-GW 通过 S5 接口将分组发送到 S-GW。之后,S-GW 向 MME 请求寻呼过程,然后 MME 广播寻呼请求。

DHA 类似于多归属位置寄存器(Multiple Home Location Registers,MHLR),用于减少宏小区网络中的位置更新次数。通过 DHA,MME(用于移动节点的位置信息的功能节点)维护两个位置信息条目:一个用于毫微微小区,另一个用于宏小区。当移动节点从毫微微小区移动到宏小区时,由于已在 MME 中维护了宏小区的位置信息,因此不执行位置更新过程。图 6-9 显示了 DHA 的示例,其中 t_i(其中 i 是整数)表示移动节点进行切换事件的时间实例。在第一时间(即在 t_1 之前),由于移动节点与毫微微小区没有任何连接,所以 MME 仅维护用于宏小区(即宏小区 1)的一个位置信息。当移动节点在 t_1 移交给毫微微小区 1 时,执行针对毫微微小区 1 的位置更新过程。结果,在 t_1 和 t_2 之间在 MME 中维护了宏小区 1 和毫微微小区 1 的两个位置信息条目。当 MN 在 t_2 从毫微微小区 1 移动到宏小区 1 时,由于 MME 已经具有用于宏小区 1 的位置信息,因此不需要执行任何位置更新过程。同时,当 MN 在 t_3 移入毫微微小区 2 时,需要另一位置更新。如本示例所示,可以通过 DHA 降低宏小区的位置更新成本。但是,由于 MME 维护两个位置信息,因此在建立连接时可能会出现歧义,这可能会增加连接设置延迟。换句话说,即使移动节点移动出毫微微小区,也存在尝试通过毫微微小区的连接的可能性。在这种情况下,需要通过宏小区进行额外的尝试以建立连接,这会增加连接设置延迟 2。

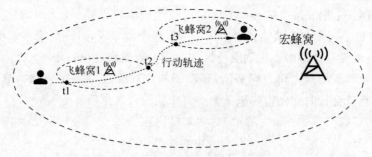

图 6-9　双归属代理(DHA)示例图

为了避免这种歧义,可以通过考虑有关网络等待时间和用户移动性模型(即停留时间)的统计/测量信息来设置连接建立计时器,来确定是否首先搜索毫微微小区。如果连接建立计时器没有到期,则 MME 判定移动节点在毫微微小区中,从而对已注册的毫微微小区进行寻呼。否则,MME 决定将移动节点移出毫微微小区,然后执行对宏小区的寻呼。通过这种方式,可以将连接建立延迟保持在较低水平。图 6-9 也显示了使用连接建立计时器的寻呼过程。当连接请求消息到达 MME 时,MME 检查连接建立计时器。如果连接建立计时器到期,则 MME 将执行对已注册的毫微微小区的寻呼。如果在毫微微小区中找不到用户,则 MME 会对宏小区进行另一次寻呼。相反,如果连接建立计时器未到期,则 MME 进行到宏小区的寻呼。

6.3　边缘计算中的移动性预测

用户移动性预测一直是一个备受关注的研究领域,移动通信的多种业务都可以从用户移动性预测中受益。例如,在内容缓存场景下提供分布式存储,可以根据用户移动性预测结果来优化内容的分发模式,使用户需要的内容提前被缓存在接入点处。在无线资源管理场景下,无线电接入网络(radio access network,RAN)可以使用移动性预测的信息,来决定在何时何地需要预留和分配无线资源,或者快速释放不再被使用的资源。在支持移动性预测的场景下,可以更好地支持服务的连续性和实现无缝移动。

移动性预测的方法主要分成三类:基于时间依赖性的预测模型、基于空间依赖性的预测模型和基于地理限制的预测模型。基于时间依赖性的预测模型,假设移动用户的轨迹会受到一些物理特性的限制,如加速度、速度、方向、位移连续性等,同时很大程度受历史轨迹的影响。基于空间依赖性的预测模型,利用一个空间内用户间的移动呈现相关性的特点进行预测,也可将空间按照经纬度分割成一个个区域块,统计区块特性(如区域人数、流动频率、常访问位置等),构建特征工程用于移动性预测。基于地理限制的预测模型,主要利用了地理位置的围栏性,如道路、围墙、河道、绿化。在利用这些信息进行位置约束的基础上进行预测。

在移动边缘计算场景下,用户移动性预测主要考虑如何利用 RAN 实时获取信息(如用户位置、信道状况、无线电条件、网络负载等)。可以利用 RAN 提供的信息(如小区负载、用户位置和分配的带宽)对用户的移动性进行预测,并针对不同的场景来讨论移动性预测带来的好处。或者在移动边缘计算的框架下,将计算资源以虚拟机(virtual machine,VM)的方式虚拟化,基于用户的移动性预测提出了一种能够灵活选择通信路径和 VM 动态布局的算法。这些研究工作主要是基于移动边缘计算的用户位置信息、上下文信息等,对用户的移动性进行预测。然而对于移动边缘计算而言,更应该发挥其基础性服务功能,利用移动边缘计算的计算资源,在边缘处部署人工智能算法对用户移动性进行预测,并且将预测结果作为一种服务提供给第三方。

移动性预测首先要对移动轨迹进行处理。轨迹是由个体的移动形成的按时间连续的位置序列,轨迹的 2 个要素分别是空间特征和时序特征。原始轨迹序列,如全球定位系统(global position system,GPS)坐标序列,并不建议直接用来进行位置预测,因为预测的准确率较低。因此需要通过聚集、抽象来提取更高层次的空间特征,将空间特征划分为 3 类:偏好区域的空间特征、偏好语义的空间特征和偏好路径的空间特征。此外,通过定位设备所收集的移动轨迹数据并非都是有价值的,过于密集或过于稀疏都会降低预测系统的性能,同时还要保证位置的特定时序以适应所应用的场景。因此要根据模型需要对数据进行采样,构成特定时序的轨迹序列,时序特征的采样方式有 3 种:基于时间的轨迹采样、基于位置的轨迹采样和基于事件的轨迹采样。

移动性预测主要解决两个问题:个体在何时到达下一个位置以及个体的下一个位置是何处。前者要预测的是个体在一个地点的到达时间和驻留时间,是基于时间序列的移动预测;后者要预测的是个体的下一个驻留地点,是基于位置序列的移动预测。如果同时兼顾二者,由于个体的移动在时间维度和空间维度都有很大的随机性,目前还很难做到较高的预测准确率。随着人工智能和大数据的发展,一些新的预测模型在移动预测上产生了良好的效果。可以通过数学方法对移动预测模型进行分类,常用的预测方法分为 3 类:基于概率统计模型的移动预测、基于判别模型的移动预测和基于频繁模式挖掘的移动预测。下面分别就这几种预测方法进行分析。

6.3.1 基于概率统计模型的移动预测

基于概率统计的机器学习算法在处理大规模样本分类和线性系统学习中有高效和灵活的优点。常用的有马尔可夫模型(markov model,MM)、隐马尔可夫模型(hidden markov model,HMM)、贝叶斯模型等,通过计算联合概率预测可能的位置。

1. 基于马尔可夫模型的预测模型

马尔可夫模型根据样本数据计算各个状态的转移概率,建立马尔可夫链,通过初始时刻位置状态和状态转移概率矩阵,计算未来时刻位置的概率并进行预测。马尔可夫链是具有马尔可夫性的随机变量序列,变量的所有取值范围被称为状态空间,在移动预测中的位置集合就是状态空间。而 k 阶马尔可夫链意味着时刻 t 所处的状态分布与之前的 k 个状态有关,是一种"有限记忆"系统。因此,只要求出系统中任意两个状态之间的转移概率就能确定模型。假设轨迹序列为 $\{\cdots, s_{(t-2)}, s_{(t-1)}, s_t, s_{(t+1)}, s_{(t+2)}, \cdots\}$,由一阶马尔可夫链定义可知,$s_{(t+1)}$ 的状态只与 s_t 有关,其满足条件概率

$$P(s_{(t+1)} \mid \cdots, s_{(t-2)}, s_{(t-1)}, s_t) = P(s_{(t+1)} \mid s_t) \tag{6-5}$$

马尔可夫模型是应用最广泛的位置预测方法,但该模型也存在一些缺陷。对于高阶马尔可夫链存在复杂度太高和零频率问题,而低阶马尔可夫链的准确性不高,因此研究者在马尔可夫链的基础上提出了改进方法,他们分别从引入社交特征、弱预测器集成学习、变阶马尔可夫的角度对马尔可夫预测进行改进。其中,以马尔可夫模型为基础对节点的移动性进行初步预测,然后利用与其社会关系较强的其他节点的位置对该节点的预测结果进行修正。也可将马尔可夫模型与回归模型进行集成学习,通过投票机制提升性能。或者通过变阶马尔可夫模型的逃逸机制来解决零频率问题,并采用树结构来减少高阶马尔可夫模型所需的内存。

2. 基于隐马尔可夫模型的预测模型

隐马尔可夫模型是一种特殊的贝叶斯网络,它有 5 个元素,如图 6-10 所示,包括有限的隐藏状态 S、有限的观察状态 O、隐藏转移概率矩阵 $\boldsymbol{A}$、观察转移概率矩阵 $\boldsymbol{B}$ 和状态概率 π。其中,S、O 都是已知,隐马尔可夫模型可以表示为 $\lambda = [\boldsymbol{A}, \boldsymbol{B}, \pi]$,通常利用 Baum-Welch 算

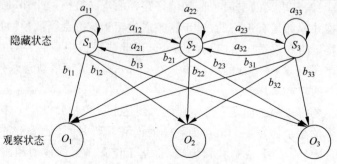

图 6-10 隐马尔可夫模型示意图

法学习参数 λ。在一些场景中,无法直接获取某状态空间(隐藏状态)的值,但是能够通过另外的状态空间(观察状态)间接获取,此时马尔可夫模型不再适用。在移动预测中,将空间特征作为隐藏状态,相应的时刻为观察状态,就能够将时间特征和空间特征关联,预测未来某个时段的位置。

研究者从应用的角度提出隐马尔可夫模型移动预测,例如一种 Wi-Fi 场景选择方案,通过预测用户移动获取高质量的连接,同时降低扫描能耗,该场景为室内移动预测,无法直接观察到用户的历史位置,但通过历史的连接记录作为观察序列能够间接预测用户的位置。研究人员又提出一种自适应流媒体的视频质量智能调控方案,用户所在的道路弧段为隐藏状态,包含噪声的 GPS 采样点为观察状态,预测将要到达的路段,结合用户位置和速度进行带宽估计,进而自适应调整视频源的编码。

两种模型从统计的角度出发,能够充分利用先验知识,但也意味着需要丰富的数据关联信息。此外,用于移动预测的概率统计模型还有多种。可以利用高斯混合模型进行预测,每个高斯分布代表一个特征的概率分布,对预测的结果由高斯分量加权的概率表示,在数据样本不足以及数据关联模糊的情况下适用。又或者利用朴素贝叶斯模型进行移动预测,朴素贝叶斯模型要求各个特征之间相互独立,如果特征之间有很强的关联性,会导致朴素贝叶斯模型效果不佳,但它是最易实现的线性分类器。

6.3.2　基于判别模型的移动预测

基于概率统计的模型能够对线性系统进行高效的学习,但是对分类决策存在较高的错误率,从概率分布的角度考虑,属于生成模型(马尔可夫模型除外)。生成模型根据大量样本统计目标序列和观察序列的联合概率,产生概率密度模型进行预测,反映同类数据的相似度,不关心判别边界,能够充分地利用先验知识。判别模型根据有限样本生成判别函数进行预测,寻找不同类别之间的最优判别边界或分类面,反映的是异类数据之间的差异。生成模型的收敛速度更快,但是分类效果往往弱于判别模型,判别模型如支持向量机(support vector machine,SVM)、人工神经网络(artificial neural network,ANN)、深度神经网络能够逼近任意非线性函数,有更加强大的学习能力。

基于判别模型的机器学习算法如(SVM、ANN)通常用于分类问题。在移动预测中,通过原始轨迹处理和空间特征提取,构造出样本长度为 n 的轨迹序列 $\{l_1, l_2, \cdots, l_n\}$,通过滑动窗口取出长度为步长(steps)的元素,作为分类任务的特征向量,将滑动窗口外的下一个元素作为分类任务的标签,从而构造出分类数据集,滑动窗口越大,意味着受越多历史时隙的位置影响。数据集构造方法如图 6-11 所示,本质上是将预测问题转化成了分类问题。

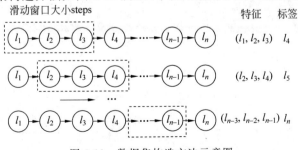

图 6-11　数据集构造方法示意图

1. 基于 SVM/ANN 的预测模型

SVM 适用于解决中小样本、非线性以及高维问题,对于数据噪声有很强的抗噪能力,能够降低异常值对模型的影响。其分类的基本思想是通过定义适当的核函数,将输入空间非线性变换到高维空间,并在此高维空间寻找支持向量来组成最优超平面。由于所预测的位置有多种可能,需要利用多值 SVM 进行预测。ANN 在处理随机数据、非线性数据方面具有明显的优势,对数据规模大、信息不明确的系统尤为适用,并且模型结构简单,当数据充足时,ANN 能有效应用于移动预测,有较强的稳健性和容错能力,但缺点是神经网络需要大量的参数,训练时间较长。

利用上述两种算法进行移动预测,很方便引入其他特征,例如天气特征、交通特征等,通过特征工程处理后,对图 6-11 方式构造的特征向量进行扩充,构造新的特征向量,在无法获取不同特征内在关联的情况下能够简单有效地将多种特征结合。可以利用多值 SVM 在异构网络中对终端进行移动预测,避免了马尔可夫模型的维数灾难,所输入特征向量采用图 6-11 所构造的数据样本。为区别随机移动模式(移动的规则性和可测性较低的移动模式,只受近期位置影响较大)和规则移动模式,通过设定位置熵将用户进行区分,并对二者采用不同维度的特征向量进行预测。可以将 ANN 应用于车载云计算,利用 ANN 预测车辆路线,在路边单元切换过程阈值预留计算资源,使计算任务快速迁移。

上述传统机器学习方法在短期的移动预测中效果良好,但是对于长期的预测能力不足。例如用户在工作日每天的行程大多是规律的,但是每个周末会去俱乐部或游泳馆活动,以及每个月初会去医院检查身体,这种长期的行为模式是普遍存在的。但是对于这类移动模式,传统的机器学习方法往往会当作异常值处理,若单纯地增大网络规模来提高训练准确率,会产生过拟合现象。而基于深度学习的移动预测能够有效解决此问题。

2. 基于深度学习的预测模型

基于深度学习的预测模型,如循环神经网络(recurrent neural network,RNN),能够处理大规模的数据集,并从中挖掘出长期的时间依赖关系。RNN 因具有记忆性而被广泛应用于机器翻译、自然语言处理等领域,它能保留多个历史采样时刻的数据对当前采样产生的影响,因此方便用来提取具有循环移动行为的移动模式。实际应用中较少使用原版的 RNN,因为训练过程会产生梯度爆炸或者梯度消失,导致记忆能力有限。实际中为了能够存储更长期的数据对后文的影响,采用 RNN 的变体,如长短期记忆网络(long short-term memory,LSTM)、门控循环单元(gated recurrent unit,GRU)等,相比于 RNN 存在梯度指数衰减而使网络后面的样本对前面的样本感知力下降的问题,LSTM 等能够过滤对后文有用的样本特征,从而训练更深层的网络。虽然版本不同,但训练和预测的过程是相同的。RNN 结构如图 6-12 所示。

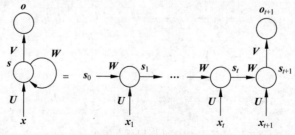

图 6-12　RNN 结构

图 6-12 中，x 表示输入层向量，则 x_t 表示第 t 步的输入向量；步长代表循环周期，即最多能够通过隐藏层的连接获取多少步长的历史输入对目标的影响，例如 $o_{(t+1)}$ 能够获取 $x_1,\cdots,x_t$ 对其产生的影响，s_t 表示第 t 步的隐藏层输出，o_t 表示第 t 步的输出层输出；U 表示输入层和隐藏层之间的权重矩阵；W 表示连续 2 个隐藏层间的权重矩阵；V 表示隐藏层和输出层之间的权重矩阵。对于多对一（多个输入一个输出）网络结构，只保留最后一步的输出。RNN 参数的传递式为

$$s_t = f(Ux_t + Ws_{(t-1)}) \tag{6-6}$$

$$o_t = g(V(Ux_t + Ws_{(t-1)})) \tag{6-7}$$

其中，$f(\cdot)$ 为隐藏层激活函数，$g(\cdot)$ 为输出层激活函数。在移动预测中，通过图 6-11 所示的方式构造数据集，要强调的是滑动窗口的长度和 RNN 的循环周期保持一致。假设滑动窗口大小为 steps，将样本 $\{l_1, l_2, \cdots, l_{steps}\}$ 分别输入 RNN 每步的输入层，$l_{(steps+1)}$ 为输出标签，通过 $l_{(steps+1)}$ 和 o_t 计算损失函数并进行穿越时间的反向传播算法训练。预测时将目标前 steps 步的数据样本传入模型，可直接得到预测值。可以通过引入车辆特征、方向特征、天气特征或文本特征提高 RNN 预测准确率，例如车辆型号和行驶速度相关，而天气也影响车辆的驻留时间和行驶速度，通过卷积神经网络（convolutional neural network，CNN）将这些特征融合并嵌入 LSTM 网络进行联合训练，有效地预测车辆位置。

SVM 和 ANN 只能进行短期预测，RNN 因为记忆性好能够进行长期预测，但是复杂度较高，需要大量训练样本，当样本数目少于某个阈值时，性能就会剧烈下降，产生欠拟合现象。

6.3.3　基于频繁模式挖掘的移动预测

数据挖掘常用的方法有分类、聚类、频繁模式挖掘（即关联分析）等。频繁模式挖掘建立在大数据的基础上，从海量的、有噪声的、不完整的、随机的数据中提取频繁出现在数据中的频繁项集。频繁项集能够发现大型事物或者数据之间的关联或相关性。频繁模式挖掘常用 FP-Growth 算法和 Apriori 算法。利用 Apriori 算法进行移动预测分为三步，首先对用户原始移动轨迹进行特征处理，构造轨迹序列；然后对所提取的轨迹序列计算所有候选频繁项支持度，超过支持度阈值的候选频繁项构成频繁项集；最后通过置信度计算与当前序列最相关的频繁项，从而进行预测。其中，频繁项集就是所提取的移动模式，对当前轨迹序列和频繁项进行匹配，匹配到置信度最高的频繁项。

可以利用 FP-Growth 和 Apriori 对移动进行预测，其中前者结合最长公共子序列算法进行改进，所谓最长公共子序列算法是通过发现和当前序列相似的历史最长公共子序列进行模式匹配；后者将人群移动模式应用于无线网络规划，改进基站的部署方案。FP-Growth 算法将提供频繁项集的数据库压缩到一棵频繁模式树（frequent pattern tree，FP-tree），但仍保留项集之间的关联信息。频繁模式树是一棵特殊的前缀树，它解决了 Apriori 算法会产生大量的候选集的问题。Apriori 算法需多次扫描数据，每次利用候选频繁项集产生频繁项集；FP-Growth 则利用树形结构，不需要产生候选频繁项集而直接得到频繁项集，减少了扫描数据的次数，效率更高，但 Apriori 的算法扩展性较好，可以用于并行计算领域。

在实际预测中，很多研究者构造了其他树结构完成序列匹配。构造了基于路径特征的概率基树进行决策，能够应用于多序列的模式匹配，如图 6-13 所示，移动终端有 1/2 概率选

择走路径 a_2a_3，有 1/2 概率选择走路径 a_4，依次类推，其转移概率是通过历史统计所得的位置转移频率。

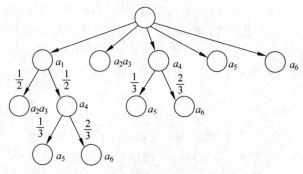

图 6-13　基于路径特征的概率基树

以上总结了几种被广泛使用的移动性预测算法，在应用中具体采用何种算法，需要根据数据集规模、移动的规律性、数据的连续性、异常值数量、时间复杂度、特征维度等综合考虑，每种算法都有各自的利弊，需要研究者合理利用算法的优势，甚至集成不同算法提升预测准确率。

本章小结

本章首先对边缘计算中的移动性问题进行阐述，分析问题原因和对边缘计算的影响；然后分析边缘计算在移动通信网络中由于基站切换问题受到的影响及其解决办法。其次对边缘计算中边缘设备的移动性预测问题进行讨论，并介绍几种常见的预测方法。最后就边缘计算中由于设备移动性造成的计算迁移难题进行分析，最终得到解决方案，实现移动性影响下的计算迁移。

习题

（1）列举四种以上设备移动性对边缘计算产生的影响。

（2）现在有一辆沿直线匀速行驶的汽车，该车上有一台边缘设备，汽车行驶的马路边有若干个边缘服务器，请用数学模型刻画该汽车上的边缘设备的移动性模型和该边缘计算系统的计算迁移模型。

（3）讨论并列举 ANN 算法与 RNN 算法进行移动性预测时的差别。

（4）设计一种基于毫微微/宏蜂窝网络的移动感知位置管理方案。

参考文献

[1]　Abbas N，Zhang Y，Taherkordi A，et al. Mobile edge computing：a survey[J]. IEEE Internet of Things Journal，2018，5(1)：450-465.

[2]　Hoang V H，Ho T M，Le L B，et al. Mobility-aware computation offloading in MEC-based vehicular wireless networks[J]. IEEE Communications Letters，2020，24(2)：466-469.

[3]　He Y,Ren J,Yu G,et al. Joint computation offloading and resource allocation in D2D enabled MEC networks[C]//2019 IEEE International Conference on Communications (ICC). Shanghai,China, 2019：1-6.

[4]　Mach P,Becvar Z. Mobile edge computing：a survey on architecture and computation offloading[J]. IEEE Communications Surveys and Tutorials,2017,19(3)：1628-1656.

[5]　Mach P,Becvar Z. Cloud-aware power control for real-time application offloading in mobile edge computing[J]. Transactions on Emerging Telecommunications Technologies. 2016,27(5)：648-661.

[6]　Mehrabi M,Salah H,Fitzek F H P. A survey on mobility management for MEC-enabled systems[C]. 2019 IEEE 2nd 5G World Forum (5GWF). Dresden,Germany,2019：259-263.

[7]　章雨鹏. 移动边缘计算场景下的移动性支持和资源分配研究[D]. 成都：电子科技大学,2019.

[8]　俞洋. 基于服务感知的 5G 动态移动性管理方案设计[D]. 南京：南京邮电大学,2019.

[9]　Batabyal S,Bhaumik P. Mobility models,traces and impact of mobility on opportunistic routing algorithms：a survey[J]. IEEE Communications Surveys & Tutorials,2015,17(3)：1679-1707.

[10]　Schindelhauer C. Mobility in wireless networks[C]//International Conference on Current Trends in Theory and Practice of Computer Science. Merin,Czech Republic,2006：100-116.

[11]　Guan J,Xu C,Zhou H,et al. The cognitive mobility management based on the identifier/location split mechanism[C]//2011 International Conference on Advanced Intelligence and Awareness Internet (AIAI 2011). Shenzhen,China,2011：35-40.

[12]　Broch J,Maltz D A,Johnson D B,et al. A performance comparison of multi-hop wireless ad hoc network routing protocols[C]//Proceedings of the 4th Annual ACM/IEEE International Conference on Mobile Computing and Networking. Dallas,Texas,USA,1998：85-97.

[13]　Royer E M,Melliar-Smith P M,Moser L E. An analysis of the optimum node density for ad hoc mobile networks[C]//IEEE International Conference on Communications. Helsinki,Finland,2001：857-861.

[14]　Hong X,Gerla M,Pei G,et al. A group mobility model for ad hoc wireless networks[C]// Proceedings of the 2nd ACM International Workshop on Modeling,Analysis and Simulation of Wireless and Mobile Systems. Seattle,Washington,USA,1999：53-60.

[15]　Pei G,Gerla M,Hong X,et al. A wireless hierarchical routing protocol with group mobility[C]// 1999 IEEE Wireless Communications and Networking Conference. New Orleans,LA,USA,1999,3：1538-1542.

[16]　Wang K H,Li B. Group mobility and partition prediction in wireless ad-hoc networks[C]//2002 IEEE International Conference on Communications. Singapore,2002：1017-1021.

[17]　Sánchez M,Manzoni P. ANEJOS：a Java based simulator for ad hoc networks[J]. Future Generation Computer Systems,2001,17(5)：573-583.

[18]　Morenovozmediano R,Montero R S,Llorente I M,et al. IaaS cloud architecture：from virtualized datacenters to federated cloud infrastructures[J]. IEEE Computer,2012,45(12)：65-72.

[19]　Taleb T,Ksentini A. Follow me cloud：interworking federated clouds and distributed mobile networks[J]. IEEE Network,2013,27(5)：12-19.

[20]　Taleb T,Ksentini A,Frangoudis P A. Follow-me cloud：when cloud services follow mobile users[J]. IEEE Transactions on Cloud Computing,2019,7(2)：369-382.

[21]　Mitra S,Chattopadhyay S,Das S S,et al. Deployment considerations for mobile data offloading in LTE-femtocell networks [C]//2014 International Conference on Signal Processing and Communications (SPCOM). Bangalore,India,2014：1-6.

[22]　Lei Y,Zhang Y. Efficient location management mechanism for overlay LTE macro and femto cells [C]//2009 IEEE International Conference on Communications Technology and Applications. Beijing,

China,2009：420-424..

[23] Claussen H,Ashraf I,Ho L T,et al. Dynamic idle mode procedures for femtocells[J]. Bell Labs Technical Journal,2010,15(2)：95-116.

[24] Fu H,Lin P,Lin Y,et al. Reducing signaling overhead for femtocell/macrocell networks[J]. IEEE Transactions on Mobile Computing,2013,12(8)：1587-1597..

[25] Saquib N,Hossain E,Le L B,et al. Interference management in OFDMA femtocell networks：issues and approaches[J]. IEEE Wireless Communications,2012,19(3)：86-95.

[26] Pack S,Park G,Ko H,et al. An SIP-based location management framework in opportunistic WiFi networks[J]. IEEE Transactions on Vehicular Technology,2015,64(11)：5269-5274.

[27] Lin Y,Chlamtac I. Heterogeneous personal communications services：integration of PCS systems [J]. IEEE Communications Magazine,1996,34(9)：106-113.

[28] Pack S,Park G,Ko H,et al. An SIP-based location management framework in opportunistic WiFi networks[J]. IEEE Transactions on Vehicular Technology,2015,64(11)：5269-5274.

[29] Ko H,Lee J,Pack S. MALM：Mobility-aware location management scheme in femto/macrocell networks[J]. IEEE Transactions on Mobile Computing,2017,16(11)：3115-3125.

[30] Poularakis K,Tassiulas L. Exploiting user mobility for wireless content delivery[C]//2013 IEEE International Symposium on Information Theory. Istanbul,Turkey,2013：1017-1021.

[31] Bai F,Helmy A. A survey of mobility models[J]. Wireless Adhoc Networks. 2004,206：147.

[32] Karimzadeh M,Zhao Z,Hendriks L,et al. Mobility and bandwidth prediction as a service in virtualized LTE systems［C］//2015 IEEE 4th International Conference on Cloud Networking (CloudNet). Niagara Falls,ON,Canada,2015：132-138.

[33] Gomes A S,Sousa B,Palma D,et al. Edge caching with mobility prediction in virtualized LTE mobile networks[J]. Future Generation Computer Systems,2017,70：148-162.

[34] Plachy J,Becvar Z,Strinati E C. Dynamic resource allocation exploiting mobility prediction in mobile edge computing［C］//2016 IEEE 27th Annual International Symposium on Personal,Indoor,and Mobile Radio Communications (PIMRC). Valencia,Spain,2016：1-6.

[35] 黄祥岳. 移动边缘计算缓存优化与用户移动性预测研究[D]. 浙江大学,2018.

[36] Xu G,Gao S,Daneshmand M,et al. A survey for mobility big data analytics for geolocation prediction [J]. IEEE Wireless Communications,2017(99)：2-10.

[37] 王莹,苏壮. 无线网络中的移动预测综述[J]. 通信学报,2019,40(8)：157-168.

[38] 于瑞云,夏兴有,李婕,等. 参与式感知系统中基于社会关系的移动用户位置预测算法[J]. 计算机学报,2015,38(2)：374-385.

[39] Zheng Y,Xie X,Ma W. Geo life：a collaborative social networking service among user,location and trajectory[J]. Bulletin of the IEEE Computer Society Technical Committee on Data Engineering,2010,33(2)：32-39.

[40] Yang J,Xu J,Xu M,et al. Predicting next location using a variable order Markov model[C]//The 5th ACM SIGSPATIAL International Workshop on GeoStreaming. Dallas,Texas,USA,2014：37-42.

[41] Yap K L,Chong Y W. Optimized access point selection with mobility prediction using hidden Markov model for wireless network［C］//Ninth International Conference on Ubiquitous and Future Networks. Milan,Italy,2017：38-42.

[42] Hao J,Zimmermann R,Ma H. GTube：geo-predictive video streaming over HTTP in mobile environments[C]. The 5th ACM Multimedia Systems Conference. Singapore,2014：259-270.

[43] 乔少杰,金琨,韩楠,等. 一种基于高斯混合模型的轨迹预测算法[J]. 软件学报,2015,26(5)：1048-1063.

[44] Jia Y,Wang Y,Jin X,et al. Location prediction：a temporal-spatial Bayesian model［J］. ACM

Transactions on Intelligent Systems and Technology（TIST），2016，7（3）：31.

［45］ Chen J，Ma L，Xu Y. Support vector machine based mobility prediction scheme in heterogeneous wireless networks［J］. Mathematical Problems in Engineering，2015，（9）：1-10.

［46］ Mustafa A M，Abubailr O M，Ahmadien O，et al. Mobility prediction for efficient resources management in vehicular cloud computing［C］//International Conference on Mobile Cloud Computing，Services，and Engineering. San Francisco，California，USA ，2017：53-59.

［47］ Fan X L，Guo L，Han N，et al. A deep learning approach for next location prediction［C］//The 2018 IEEE 22nd International Conference on Computer Supported Cooperative Work in Design. Nanjing，China，2018：69-74.

［48］ 陈少权. 基于改进 LCSS 的移动用户轨迹相似性查询算法研究［J］. 移动通信，2017，41（6）：77-82.

［49］ Cui H Y，Yin X L. Mining users' mobility patterns based on apriori［C］//2015 4th International Conference on Mechatronics，Materials，Chemistry and Computer Engineering. Xi'an，China，2015：1-6.

［50］ Jeong J，Lee K，Abdikamalov B，et al. Travelminer：on the benefit of path-based mobility prediction［C］//IEEE International Conference on Sensing，Communication，and Networking. London，UK，2016：1-9.

第7章　边缘计算安全与隐私保护

边缘计算的大量部署极大地改变了传统的网络架构,将计算模型的连接、实时、数据优化、智能、安全价值从集中式推向分布式的边缘。这种新型计算模型的范式转换迅速促进了网络信息技术与业务的发展,同时也将网络攻击的威胁、安全和隐私问题引入了网络边缘。2019年,边缘计算产业联盟(ECC)和工业互联网产业联盟(AII)联合发布了《边缘计算安全白皮书》,详细阐述了边缘安全的重要性和价值。边缘安全主要涉及融合云计算与边缘计算的安全防护体系,增强边缘基础设施、网络、应用、数据识别和抵抗各种安全威胁的能力,为边缘计算发展构建可信环境,是边缘计算产业发展的重要保障。另一方面,边缘计算的用户数据通常在半可信的授权实体(边缘数据中、基础架构提供商)中存储和处理,其中包括用户的身份信息、位置信息和敏感数据等,在边缘计算开放的生态系统中,用户的数据泄露和丢失都将是危害用户隐私的突出问题。这些都给边缘计算安全与隐私保护的研究提出了挑战。

7.1　边缘计算安全威胁与挑战

7.1.1　边缘计算安全威胁

边缘计算允许终端设备将存储和计算任务迁移到网络边缘节点(如基站 BS、无线接入点 WAP、边缘服务器等),既可以满足终端设备的计算能力的扩展需求,同时能够有效地节约计算任务在云服务器和终端设备之间的计算、通信、网络等资源。从边缘计算架构的功能层次来看,边缘计算的安全威胁主要来源于核心基础设施、边缘数据中心、边缘网络、边缘用户设备(包括移动终端)。

1. 核心基础设施

核心基础设施为网络边缘设备提供核心网络接入以及集中式云计算服务和管理功能,其中,核心网络主要包括互联网络、移动核心网络、集中式云服务和数据中心等。在边缘计算服务模式下,部署多层次的异构服务器,可以实现在各个服务器之间的大规模计算迁移,而且能够为不同地理位置的用户提供实时服务和移动代理。在边缘计算开放的环境下,核心基础设施容易受到安全威胁,主要包括隐私泄露、数据篡改、拒绝服务攻击和服务操纵等。

2. 边缘数据中心

边缘数据中心是边缘计算的核心组件之一,主要负责虚拟化服务和多个管理服务。然而在边缘计算的新型模式下,分布式的数据处理方式使边缘数据中心在数据保密以及隐私保护方面存在风险,主要包括物理攻击、隐私泄露、服务操纵和数据篡改等。

3. 边缘网络

边缘网络计算通过实现多网络接入融合实现物联网终端设备与传感器的互联、从无线

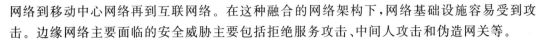

网络到移动中心网络再到互联网络。在这种融合的网络架构下,网络基础设施容易受到攻击。边缘网络主要面临的安全威胁主要包括拒绝服务攻击、中间人攻击和伪造网关等。

4. 边缘用户设备

边缘用户设备包括连接到边缘网络的所有类型设备(包括移动终端和各种物联网设备)。网络边缘设备不仅是服务请求者,还要执行部分计算任务,包括数据存储、处理、搜索、管理与传输等。这些终端设备不仅是数据的使用者,也是数据的提供者,一起参与到各个层次的分布式边缘基础设施中去。边缘用户设备的安全威胁主要包括信息注入、隐私泄露、恶意代码攻击、服务操纵和通信安全等。

7.1.2　边缘计算安全挑战

目前,产业界与学术界已经意识到边缘安全的重要性以及价值,并由此开展了积极的研究与探索,但是仍然处于产业发展的初期,缺乏系统性的研究成果。2019 年,边缘计算联盟发布《边缘计算安全白皮书》,从边缘接入(云-边接入、边-端接入)、边缘服务器(硬件、软件、数据)、边缘管理(账号、管理、服务接口、管理人员)等 3 个攻击面概述了 12 方面的安全挑战。

1. 边缘接入

(1) 不安全的通信协议。

在边缘计算的环境中,边缘节点与海量、异构、资源受限的现场/移动设备的通信一般采用短距离无线通信技术;边缘节点与云服务器之间大多采用中间件或者网络虚拟化技术,这些网络协议对于安全性考虑不足,缺少加密和认证方面的措施,容易被窃听和篡改。例如,电信运营商在边缘计算的场景中,边缘节点与用户之间采用的是基于 WPA2 的无线通信协议,云服务器与边缘节点之间采用基于即时消息协议的中间件,主要考虑的还是通信性能,对于消息的机密性、完整性、真实性与不可否认性考虑不足。

(2) 恶意的边缘节点。

在参与实体类型众多、数量大、信任情况复杂的边缘计算的场景下,攻击者可能将恶意边缘节点伪装成合法的边缘节点,终端用户连接到恶意边缘节点,隐秘地收集用户数据。边缘节点一般都是放置在用户附近,包括基站或者路由器,甚至在 Wi-Fi 接入点的网络边缘,这些都使安全防护变得困难,物理攻击容易发生。例如:在电信运营商边缘计算场景下,恶意用户可能在边缘侧部署伪基站、伪网关等设备,造成用户的流量被非法监听。在企业和IOT 边缘计算场景下,边缘节点地理位置分散、容易暴露,在硬件层面容易受到攻击。边缘计算设备结构、协议和服务提供商不同,入侵检测技术难以检测上述攻击。

2. 边缘服务器

(1) 边缘节点数据易被毁损。

边缘计算的基础设施部署在网络边缘,缺少有效的数据备份、数据恢复和数据审计措施,这可能导致攻击者修改和删除用户在边缘节点的数据来销毁某些证据。例如在电信运营商边缘计算场景下,如果用户数据在边缘节点丢失或者损坏,在云端没有对应用户的数据备份,而边缘节点没有提供有效机制恢复数据,将给用户造成不可弥补的损失。

(2) 隐私数据保护不足。

边缘计算的主要思想是将计算从云数据中心迁移到邻近用户的边缘端,直接在本地对数据进行处理和决策,在一定程度上避免了长距离信息传输,降低了隐私泄露的风险。然而,边缘设备获取的是用户的原始数据,其中包含大量的用户隐私和敏感数据,例如,在电信运营商边缘计算环境中,边缘节点容易收集到用户的位置信息、服务内容以及使用频率等。边缘节点缺少加密和脱敏措施,一旦受到恶意攻击,用户的隐私数据容易泄露。

(3) 不安全的系统与组件。

边缘计算节点分布式地承担计算任务,然而边缘节点的计算结果对于用户和云数据中心而言不一定值得信任。例如,在工业边缘计算、企业或者 IOT 边缘计算场景下,边缘节点可能从云端卸载的是不安全的定制操作系统、第三方软件或者硬件组件。一旦恶意攻击者利用边缘节点上不安全的 host OS 通过入侵边缘数据中心获取系统的控制权限,则可能会篡改边缘节点提供的服务或者返回错误的计算结果。

(4) 易发起分布式拒绝服务。

由于边缘设备通常使用简单的操作系统和处理器,本身的计算资源和通信资源有限,无法部署支撑复杂的安全防御方案,导致这些边缘设备很容易受到入侵。例如,在工业边缘计算场景下,利用这些海量设备发起超大流量的分布式 DoS 攻击。因此,对于大规模的现场设备安全的协调管理是边缘计算的一个巨大挑战。

(5) 易蔓延高级可持续威胁攻击。

高级可持续威胁(advanced persistent threat,APT)攻击是一种高级的、寄生形式的攻击,具有难检测、持续时间长和攻击目标明确等特征,通常在目标基础设施中建立立足点,从中秘密窃听数据,并能适应防备 APT 攻击的安全措施。在边缘计算的环境下,APT 攻击者首先寻找容易攻击的边缘节点,并试图攻击它们和隐藏自己。一旦被攻破,加上现有的边缘计算环境对 APT 攻击的检测能力不足,连接上该边缘节点的用户数据和程序没有安全性可言。

(6) 硬件安全支持不足。

在工业边缘计算、企业和 IoT 边缘计算、电信运营商边缘计算场景下,边缘节点远离云数据中心的管理,被恶意入侵的可能性大大增加。而且边缘节点更倾向于使用轻量级容器技术,容器共享底层操作系统,隔离性更差,安全威胁更加严重。因此,仅靠软件来实现安全隔离,容易出现内存泄露或者篡改的安全威胁问题。

3. 边缘管理

(1) 身份、凭证和访问凭证不足。

身份验证是验证和确定用户提供的访问凭证是否有效的过程。在边缘计算的环境中,边缘设备没有足够的计算和存储资源来执行加密协议,需要将其外包给边缘节点。那么,终端设备与边缘服务器之间怎样相互认证,并且这些安全凭证如何管理?在大规模、异构、动态的边缘网络环境中,如何让大量的分布式边缘节点与云数据中心之间实现统一的身份认证与高效的密钥管理?这些都是亟待解决的问题。

(2) 账号信息容易被劫持。

账号劫持是一种身份窃取,主要目标是攻击者以不诚实的方式获取设备或者服务所绑定的用户特有的唯一身份标识。账号劫持一般是通过钓鱼邮件、恶意弹窗等方式完成。在这种情况下,用户一般容易在无意中泄露自己的身份验证信息。此时,攻击者以此可以进行修改用户账号、新建账号等。值得注意的是,在工业边缘计算、企业和 IoT 边缘计算的场景

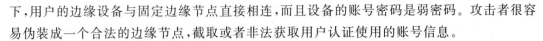

下,用户的边缘设备与固定边缘节点直接相连,而且设备的账号密码是弱密码。攻击者很容易伪装成一个合法的边缘节点,截取或者非法获取用户认证使用的账号信息。

(3)不安全的接口和 API。

开放 API 编程接口是为了方便用户与服务的交互。然而,在各种场景中,例如工业边缘计算、企业和物联网边缘计算以及电信边缘计算等,边缘节点需要为大量异构的现场设备提供接口和 API,并与云数据中心进行交互。在这种复杂的边缘计算环境中,由于分布式网络架构和众多接口及 API 的引入,目前的设计在解决安全问题方面还不够充分。

(4)难监管的恶意管理员。

无论在工业边缘计算、企业和 IoT 边缘计算场景下,还是在电信运营商边缘计算场景下,管理员的信任情况与云计算相比都变得更加复杂。此外,管理大量的、异构的 IoT 边缘设备,对管理员来说也是一个巨大的挑战,很可能存在恶意的管理员。如果攻击者拥有超级用户访问系统和物理硬件的权限,他就可以控制边缘节点,重放、记录、修改和删除任何网络数据或者文件系统。况且,边缘设备的存储资源有限,暂时无法审计恶意的管理员。

7.2 边缘安全的需求特征

边缘计算作为一种新型的计算范式,重新定义了云-管-端的关系,是涉及 EC-IaaS、EC-PaaS、EC-SaaS 的端到端的开放平台。为了支撑边缘计算环境下的安全防护,边缘安全需要满足以下需求特征。

1. 海量特征

海量特征主要包括海量的边缘节点设备、海量的连接、海量的数据等。针对海量特征还需要考虑以下特性。

(1)高吞吐。边缘网络中连接的设备数量海量、异构,而且连接方式和条件多样化,接入与交互频繁,有的还具有移动性。因此,相关安全服务要求边缘节点突破接入时延,应该具有高吞吐量。解决的方案主要包括支持轻量级加密安全接入协议,支持无缝切换接入动态高效认证方案。

(2)可扩展。边缘网络中接入设备的数量成指数式增加,设备上运行着多样化的应用程序并且产生海量数据。因此,边缘节点的资源管理服务应该具有可扩展性,安全服务能够突破支持的最大接入规模限制。解决方案主要包括物理资源虚拟化、跨平台资源整合、支持不同用户请求的资源之间安全协作和互操作等。

(3)自动化。边缘网络中的海量设备运行着多样化的软件和应用程序,安全需求也多样化。因此,边缘设备的安全管理应该自动化。解决方案主要包括边缘节点对连接设备实现自动化的安全配置、自动化的远程软件升级、自动化的入侵检测等。

(4)智能化。边缘网络中的接入设备数量巨大、实时生成和存储的数据量巨大,这也要求边缘侧的安全服务能力突破数据处理能力的限制,走向智能化。解决方案主要包括云边协同安全存储、安全多方计算、差分隐私保护、联邦学习等。

2. 异构特征

异构特征主要包括计算的异构性、平台的异构性、网络的异构性以及数据的异构性。针对异构性特征,边缘安全需要考虑以下特性。

(1)无缝对接。边缘网络中存在大量异构的网络连接和平台,同时也存储着大量异构数据。因此安全服务要求突破无缝对接的限制,实现统一安全接口,包括网络接入、资源调度和数据访问接口等。解决的方案主要有基于软件定义思想的硬件资源虚拟化以及管理功能的可编程,将硬件资源抽象为虚拟资源,对虚拟资源提供统一的资源调度和安全管理。

(2)互操作。边缘设备具有异构性、多样性,特别是在信号接入、计算能耗、存储容量等方面具有不同的能力和特性。因此,要求安全服务能够突破互操作的限制,提供设备的注册和标识。解决方案主要包括建立设备的统一标识,以及进行资源的发现、注册和安全管理。

(3)透明。边缘设备的硬件能力和软件类型的多样化形成安全需求的多样化。因此,安全服务要求突破对复杂设备类型的管理限制,实现不同设备的安全机制配置应具有透明性。解决的方案主要包括边缘节点对不同边缘设备安全威胁的自动识别、安全机制的自动部署、安全策略的自动更新。

3. 资源约束特征

资源约束主要包括计算资源约束、存储资源约束以及网络资源约束等,这就导致安全功能和服务性能上的约束。针对资源约束特征,边缘安全需要考虑以下特性。

(1)轻量化。边缘节点一般都是低功耗,计算、存储和网络资源受限的设备,既不具有支持硬件安全的特性,也不能安全适用云安全的防护。因此,要求安全服务需要提供轻量级的认证协议、数据加密、隐私保护等技术。

(2)云边协同。基于边缘节点的计算、存储资源受限,边缘可管理设备规模和数据规模也受限,而且许多终端设备还有移动性,这些设备已经脱离了云数据中心的安全防护范围。因此,安全服务需要提供云边协同的身份认证、数据备份和恢复、联合机器学习的隐私保护、智能化入侵检查等技术。

4. 分布式特征

边缘计算由于比较靠近用户端,具有分布式的特性。针对分布式特征,边缘安全需要考虑以下特性。

(1)自治。边缘计算具有多中心、分布式的特点。在脱离云数据中心安全防护的环境下,需要实行安全自治,具有本地存活的能力。因此,安全服务需要提供边缘设备的安全识别、设备资源的安全调度、本地敏感数据的隐私保护、本地数据的安全存储等功能。

(2)边边协同。由于边缘计算的分布式特性,有的边缘设备还有移动性,现场环境与事件实时变化,相应的安全服务需求也在相应变化。因此,安全服务需要提供边边协同的安全策略管理,就近本地处理安全威胁。

(3)可信硬件支持。边缘节点连接的设备主要是通过无线连接且具有移动性,会出现频繁的、跨边缘节点的接入和退出情况,导致不断变化的网络拓扑和通信条件,容易受到账号劫持、不安全系统与组件的安全威胁。因此,安全服务需要提供轻量级可信硬件支持的强身份认证、完整性检验与恢复等。

(4)自适应。边缘节点动态地连接大量、不同类型的设备,每个设备上嵌入或者安装了不同的系统、组件和应用程序,它们具有不同的生命周期和服务质量的要求,这将使边缘节

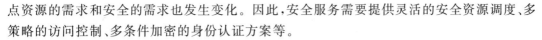

点资源的需求和安全的需求也发生变化。因此,安全服务需要提供灵活的安全资源调度、多策略的访问控制、多条件加密的身份认证方案等。

5. 实时性特征

由于边缘计算靠近用户侧,能够更好地满足实时性应用和服务的需求。针对实时性特征,边缘安全还需要考虑下述特性。

(1) 低延迟。边缘计算能够降低服务延迟,然而许多边缘计算场景仅能提供时间敏感服务,通信网络的协议只强调通信的实时性和可用性,对安全性管理考虑不足,因此,安全服务需要提供轻量级、低延迟的安全通信协议。

(2) 容错。边缘节点可以收集、存储与连接现场设备的数据,但是缺乏数据备份机制,数据的不可用将直接影响服务的实时性。因此,安全服务需要提供轻量级、低时延的数据完整性验证和恢复机制以及高效的冗余备份机制,确保在边缘设备故障或者数据损坏、丢失时,能够限时恢复所受影响。

(3) 弹性。边缘计算节点和边缘设备容易受到各种攻击,需要进场对系统、组件和应用程序进行升级更新,这会影响到边缘服务的实时性。因此,安全服务需要提供支持业务连续性的软件在线更新、维护,系统受到攻击或者破坏后可以动态地、可信地恢复的机制。

7.3　边缘计算的数据安全与隐私保护

边缘计算中的数据安全与隐私保护研究主要包括四方面的内容:数据安全、身份认证、访问控制与隐私保护,如图 7-1 所示。数据安全是创建安全的边缘计算环境的基础,其目的在于保障数据的保密性和完整性。数据安全的主要内容包括数据保密性与安全共享、完整性审计和可搜索加密。边缘计算是一种多信任域共存的分布式交互计算环境,所以需要不同信任域之间的相互认证。身份认证的主要内容包括单一域内身份认证、跨域认证和切换认证。访问控制是确保系统安全性和保护用户隐私的关键技术和方法。访问控制方案主要包括基于属性的访问控制和基于角色的访问控制。边缘计算的分布式授权实体并不是可信的,然而用户身份信息、位置信息以及私密数据都存储在这样的半可信实体中,隐私暴露风险问题突出。隐私保护研究的主要内容包括数据隐私保护、位置隐私保护和身份隐私保护等。

7.3.1　数据安全

在边缘计算的环境中,终端用户的私密性数据均需要部分或者全部外包给第三方(比如云数据中心和边缘数据中心),存储在第三方数据中心的用户数据的所有权和控制权具有分离化、存储随机化的特点,容易产生数据泄露、丢失和非法数据操作等数据安全性问题。外包数据的安全性是边缘计算的一个基础性问题。边缘计算的数据安全研究还处于起步阶段,大多数的研究主要集中在云计算、移动云计算和雾计算的环境中。因此,边缘计算的数据安全研究可以考虑把上述环境中的研究方案与边缘计算分布式、边缘资源受限、实时性、高度动态性的特性相结合,构建轻量级、分布式的数据安全防护方案。

数据安全的研究主要包括数据保密性与安全数据共享、完整性审计和可搜索加密方面的内容。

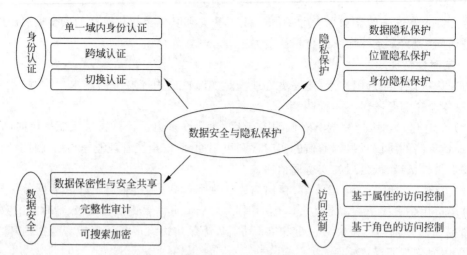

图 7-1　边缘计算数据安全与隐私保护研究内容

1. 数据保密性与安全数据共享

为了实现数据保密性和安全数据共享方案,一般采用加密技术实现数据所有者预先对外包数据进行加密处理和上传操作,根据需要由数据使用者解密。传统的加密算法主要包括对称加密算法(如 DES、ADES)和非对称加密算法(RSA、ECC)。然而对于分布式的边缘计算环境,传统的加密算法加密后的数据可操作性低,部署困难,对后续的数据处理也造成障碍。目前,比较常用的数据加密算法有基于属性加密(attribute-based encryption,ABE)、代理重加密(proxyre-encryption,PRE)和全同态加密(full homomorphic encryption,FHE)算法等。

属性加密是一种控制接受者对加密数据的解密能力的密码机制,当用户所拥有的属性满足一定的接入策略,就可以解密信息。ABE 可以分为基于密钥策略的属性加密和基于密文策略的属性加密。

代理重加密是指一个半可信的代理者能够利用重加密密钥将原本针对数据拥有者公钥的密文转换成针对数据使用者的公钥密文,并可以保证该代理者无法获知对应明文的任何消息。因此,代理重加密主要应用于数据转发、文件分发等多用户的共享云安全应用中。

全同态加密算法是一种基于数学难题和计算复杂度理论的密码学技术。其基本思想在于对明文进行代数运算再加密,与加密后对密文进行相同的代数运算是等价的。

2. 完整性审计

在边缘计算环境中,用户数据存储到边缘云或者数据中心,如何确定外包存储数据的完整性和可用性是一个重要问题。目前,数据完整性审计的相关研究主要为了满足动态审计、批量审计、隐私保护、低复杂度等四方面的需求。首先,服务器中的用户数据是动态更新的,因此数据的完整性审计方案不能仅限于静态数据,还要具有动态审计功能。进一步来说,大量用户发出的审计请求或者数据都被分布式地存储在多个数据中心,完整性审计需要具有批量审计能力。其次,边缘计算借助于第三方审计平台进行审计,如果第三方平台为不可信或者半可信,则完整性审计必须保护用户数据的隐私。最后,边缘设备的计算能力、存储容量受限、通信网络带宽受限的情况下,完整性审计需要考虑审计方案的复杂度问题。

3. 可搜索加密

为了实现数据安全并且降低边缘终端的资源消耗,用户一般将加密的密文外包存储在第三方云服务器中。可搜索加密是指用户需要寻找包含某些关键字的文件时,可以在云端服务器的密文上进行搜索操作。因此,可搜索加密既可以保障数据的私密性和可用性,又支持密文数据的查询和检索。可搜索加密算法的复杂度很高,执行的过程会产生大量的能耗,设计高效的、适合边缘设备和隐私保护的可加密搜索算法是一个重要的研究方向。目前,主要的可搜索加密算法包括安全排名可搜索加密、基于属性的可搜索加密、支持动态更新的可搜索加密、可搜索代理重加密等。

安全排名可搜索加密是指系统按照一定的相关度准则(例如关键词频率)将搜索的结果返回给用户。安全排名搜索适合在边缘计算环境下的隐私数据保护的实际需求,能够提高系统的适用性。基于属性的可搜索加密是指在实现有效搜索操作的同时支持细粒度的数据共享。支持动态更新的可搜索加密是指在加密数据搜索的过程中,密文数据往往是动态更新的。动态可搜索加密方案能够有效支持密文数据的删除或者增加操作,不需要重构搜索信息也能返回正确的搜索结果。可搜索代理重加密是指将代理重加密方案与具有关键字搜索功能的公钥加密方案相结合,形成可搜索代理重加密方案,实现搜索和第三方代理协议。

7.3.2　身份认证

边缘计算是一种多信任域共存的分布式新型计算范式,包含众多的功能实体,比如数据参与者(终端用户、服务提供商和基础设施提供商)、服务(虚拟机、数据容器)和基础设施(终端基础设施、边缘数据中心和核心基础设施)等。这就需要考虑为每一个实体分配一个身份,还要允许不同信任实体之间能够进行相互认证。目前,身份认证的研究主要包括单一域内的身份认证、跨域认证和切换认证等。

7.3.3　访问控制

在边缘计算环境下,终端用户一般是将个人的数据外包存储在边缘数据中心或者服务器之中,数据的保密性容易受到来自外部和内部的攻击。因此,访问控制是确保系统安全以及保护用户隐私的关键技术和方法。以往的访问控制方案是基于用户和功能实体在同一信任域中的假设,并不适用于分布式的、多信任实体的边缘计算环境,而且还要考虑地理位置与资源所有权等因素。目前,访问控制的研究主要包括基于属性的访问控制、基于角色的访问控制等。

7.3.4　隐私保护

在边缘计算的环境下,用户数据一般都外包存储在半可信的边缘数据中心或者服务器中,其中包含了用户的身份信息、位置信息以及敏感数据等。如果这些数据泄露、丢失或者被第三方利用来获取利益,就会产生危及边缘用户的隐私的问题。目前,边缘计算的隐私保护研究主要集中在数据隐私保护、位置隐私保护以及身份隐私保护等方面。

1. 数据隐私保护

边缘用户的隐私数据由不可信第三方实体存储与处理,需要保证用户不泄露的同时,允许用户对数据进行操作,比如审计、搜索和更新。边缘计算数据隐私保护是当前的一个研究重点。

2. 位置隐私保护

在边缘计算环境中,位置服务已经普及,位置隐私问题日益突出。传统的 K-匿名技术可以实现位置服务中的隐私保护,然而在实际的应用中会有较大的带宽与计算开销,不太适合资源受限的边缘设备。

3. 身份隐私保护

边缘设备在边缘网络中会产生大量的实时动态数据,攻击者可能会利用数据的关联性整合分析,进行隐私挖掘,这就会产生身份隐私泄露的问题。

7.4 数据安全与隐私保护相关技术

随着分布式的信息技术迅猛发展,数据作为与劳动、资本、土地、知识、技术、管理一样重要的生产要素价值日益显现。那么,如何在保护数据安全以及数据隐私的前提下,解决数据流通、数据应用等数据服务问题,已经成为一个新兴的领域:隐私计算。2016 年发布的《隐私计算研究范畴及发展趋势》中提出"隐私计算"一词,并将隐私计算定义为"面向隐私信息全生命周期保护的计算理论和方法,是隐私信息的所有权、管理权和使用权分离时隐私度量、隐私泄露代价、隐私保护与隐私分析复杂性的可计算模型与公理化系统"。隐私计算可以在个人隐私权、企业数据权益、社会发展平衡保障下释放数据作为生产要素的价值,成为与法律、监管强相关的技术,能够提供对企业的数据资产权益(定价权、控制权)的保障。

目前,隐私计算已经由传统的数据扰动、数据匿名化技术转为现在的人工智能、密码学、数据科学等多学科交叉融合的跨学科技术体系,涵盖了同态加密、多方安全计算、差分隐私、联邦学习等技术与方法。隐私计算是带有隐私机密保护的计算系统与技术,能够在不泄露原始数据的前提下,对数据进行采集加工、分析处理、验证,包含了数据的生产、存储、计算、应用等数据处理流程的全过程,始终强调能够在保证数据所有者权益、保护用户隐私和商业机密的同时,充分挖掘发挥数据要素的价值。目前,关于多方安全计算、差分隐私、联邦学习等技术的理论基础已日渐成熟,接下来对这几方面的基本理论与算法予以介绍。

7.4.1 安全多方计算技术

安全多方计算(secure multi-party computation,SMPC)由姚期智在 1982 年提出的,主要是探讨在保障隐私的前提下,多个参与方各自输入信息计算一个约定函数,为海量数据的科研、医疗、金融提供支持,解决了一组互不信任的参与方之间保护隐私的协同计算问题。也就是该技术能够满足人们利用隐私数据进行保密计算的需求,有效解决数据的"保密性"与"共享性"之间的冲突问题。在 MPC 领域,主要用到的技术有秘密共享、不经意传输、混淆电路、同态加密、零知识证明等关键技术。MPC 具有输入的独立性、计算的正确性、去中心化等特征,同时不泄露各输入值给参与计算的其他成员。因此,安全多方计算在电子选举、电子投票、电子拍卖、秘密共享、门限签名等场景中有着重要的作用。

1. 安全多方计算的数学定义

假设有 n 个计算参与方,分别持有私有数据 $x_1,x_2,x_3,\cdots,x_n$,共同计算既定函数方 $f(x_1,x_2,\cdots,x_n)$,得到正确的计算结果,计算完成后,参与方除了自己的输入数据和输出的结果外,无法获知任何额外信息。

2．安全多方计算协议的基本性质

（1）输入隐私性。协议执行过程中的中间数据不会泄露双方原始数据的相关信息。

（2）稳健性。协议执行的过程中，参与方不会输出不正确的结果。

这两个性质保证了数据流通过程中所需要满足的基本要求。

3．安全多方计算相关技术

（1）秘密共享。

秘密共享是指将秘密以适当的方式拆分，拆分后的每一份额由不同的参与者管理，每个参与者持有其中一份，协作完成计算任务（如加法或者乘法计算）。单个参与者无法恢复秘密信息，只有若干参与者一同协作才能恢复秘密消息。整个过程中各个参与者不能获得任何秘密信息，结果方只能获取结果信息，因而有效地保护了原始数据不泄露，并计算出预期的结果。

（2）同态加密。

同态加密是指一种允许在加密之后的密文上直接进行计算，而且计算结果解密后和明文的计算结果一致的加密算法。在安全多方计算的场景下，参与者将数据加密后发送给统一的计算服务器，服务器直接使用密文进行计算，并将计算结果的密文发送给指定的结果方，结果方在将对应的密文进行解密后得到最终的结果。在这个过程中，计算服务器一直使用密文进行计算，无法查看任何有效信息。而参与者也只能拿到最后的结果，无法看到中间结果。

（3）不经意传输。

不经意传输是一种可保护隐私的双方通信协议。在不经意传输协议中，发送方拥有一个"消息-索引"对 $(M_1,1),\cdots,(M_N,N)$。在每次传输时，接收方选择一个满足 $1 \leqslant i \leqslant N$ 的索引 i，并接收 M_i。接收方不能得知关于数据库的任何其他信息，发送方也不能了解关于接收方的 i 选择的任何信息。

不经意传输协议是一个两方安全计算协议，协议使接收方除选取的内容外，无法截取剩余数据，并且发送方也无从知道被选取的内容。例如实用的 2 选 1 模型，Alice 每次发两条信息 (m_1,m_2) 给 Bob，Bob 提供一个输入，并根据输入获得输出信息，在协议结束后，Bob 得到了自己想要的那条信息（m_1 或者 m_2），而 Alice 并不知道 Bob 最终得到的是哪条。

（4）混淆电路。

混淆电路是双方进行安全计算的布尔电路。混淆电路将计算电路中的每个门都加密并打乱，确保加密的过程中不会对外泄露计算的原始数据和中间数据，双方根据各自的输入进行计算，解密方可以得到最终的正确结果，但是无法得到除结果以外的其他信息，从而实现双方的安全计算。

（5）零知识证明。

零知识证明是指证明者能够在不向验证者提供任何有用信息的情况下，使验证者相信某个论断是正确的。证明者需要向验证者证明并使其相信自己知道或者拥有某一条消息，但证明过程不向验证者泄露任何关于被证明消息的信息。零知识证明能提升数据合法性的隐性共识，是解决该矛盾最强大的工具。零知识证明可以让验证方既不知道数据的具体内容，又能确认该内容是否有效或合法，其应用包括交易有效性证明、供应链金融、数据防伪溯源等。

4. 安全多方计算的应用与价值

安全多方计算基于密码学安全,其安全性有严格的密码理论证明,不以信任任何参与者、操作人员、系统、硬件和软件为基础,同时计算准确度高,并支持通用计算。安全多方计算主要应用于多方数据安全融合、分布式密钥保护、安全多方拍卖、多方协作机器学习等方面,未来可能的研究方向有大规模多方计算扩展协议、安全多方计算与区块链的结合、安全多方计算与形式化证明等。安全多方计算的应用场景有医疗行业、保险行业、征信行业、联邦学习等。大数据的隐私保护计算需求给密码学带来了前所未有的挑战。安全多方计算给大数据安全和隐私保护提供了一条重要的技术路径。

7.4.2　完全同态加密

随着云计算、云存储需求的不断增加,数据存储与计算服务的外包已经成为趋势,数据安全与隐私保护问题日显突出。同态加密的思想最早是由 Rivest 等人在 1978 年提出的,直到 2009 年,IBM 研究员 Gentry 基于理想格提出了第一个全同态加密体系,使全同态加密的研究取得了突破性的进展。同态加密是一种特殊的加密方案,它允许第三方(比如云服务提供者)在不知道私钥的情况下,对加密的数据执行特定的计算,使计算后得到的加密数据解密后的结果与对明文执行相同计算得到的结果相同。也就是对于明文 x 与 y,可以通过 $\mathrm{Enc}(x)$ 与 $\mathrm{Enc}(y)$ 来计算 $\mathrm{Enc}(x+y)$,其中,Enc 表示一个加密函数。因此,同态加密方案提供了一种惊人的能力,即能够在不解密的情况下,对密文数据进行计算。这样无须破坏敏感源数据,就可以对数据进行处理。

由于全同态加密支持无须解密,就能够对密文进行任意计算,因此可以解决数据隐私安全问题,具有广阔的应用前景。例如,在云环境下,用户加密数据后存储在云端,由于数据加密使云端无法获得数据的内容,从而保证了数据的隐私。此外,由于是全同态加密,云端可以对密文数据进行任意计算。总而言之,全同态加密不但通过加密保护了数据,而且没有失去可计算性。因此,全同态加密方案被认为是隐私保护机器学习中实现安全多方计算的一种可行方法。

1. 同态加密定义

一个同态加密方法 H 由四个元组组成:

$$H = \{\mathrm{KeyGen}, \mathrm{Enc}, \mathrm{Dec}, \mathrm{Eval}\} \tag{7-1}$$

其中,KeyGen 表示密钥生成函数,Enc 表示加密函数,Dec 表示解密函数,Eval 表示评估函数。设 $\mathrm{Enc}_{\mathrm{pk}}(.)$ 表示使用 pk 作为加密密钥的加密函数,M 表示明文空间且 C 表示密文空间。一个安全密码系统若满足以下条件,则可被称为同态的(homomorphic):

$$\forall m_1, m_2 \in M, \quad \mathrm{Enc}_{\mathrm{pk}}(m_1 \odot_M m_2) \leftarrow \mathrm{Enc}_{\mathrm{pk}}(m_1) \odot_c \mathrm{Enc}_{\mathrm{pk}}(m_2) \tag{7-2}$$

对于 M 中的运算符 $\odot_M$ 和 C 中的运算符 $\odot_c$,←符号表示左边项等于或者可以直接由右边的项计算出来,而不需要任何中间解密。

2. 同态加密的分类与发展

目前,同态加密方案主要分为有限同态加密与全同态加密两类。有限同态加密是指允许对密文进行有限次数的多项式函数运算的加密。全同态加密是指允许对密文进行任意多次数的多项式函数运算的同态加密方案。最近,全同态加密方案在效率与安全性上有很大的突破。Gentry 基于理想格的方案以及最大近似公因子问题的方案是第一代方案。这一代方案密钥尺寸长,效率低,在量子计算环境下不再安全,然而这一方案对后来的研究产生了极大的启发与影响,具有划时代的意义。第二代方案是基于格上"带误差学习"(learning with error,LWE)假设,其安全性归约到标准格上的困难问题。这种方案的缺点是密文是向量,通过张量积的操作实现同态加密会导致密文的维数剧增。第三代方案基于矩阵近似特征向量的同态加密方案,该方案可以用于基于身份和基于属性的同态加密方案。

7.4.3　差分隐私技术

差分隐私刚开始用来促进敏感数据的安全分析,主要思想是当敌手试图从数据库中查询个体信息时将其混淆,使敌手无法从查询结果中辨别个体级别的敏感性。差分隐私是 Dwork 在 2006 年首次提出的,它提供了一种信息理论安全性保障,即函数的输出结果对数据集中的任何特定记录都不敏感。因此,差分隐私可以用于边缘计算的原始数据处理,抵抗成员推理攻击。

1. 差分隐私的定义

$(\varepsilon-\delta)$差分隐私:对于只相差一个汉明(Hamming)距离的两个数据集 D 和 E,一个随机化的机制 M 可保护$(\varepsilon-\delta)$差分隐私,并且对于所有的 $S \subset \text{Range}(M)$ 有

$$\Pr[M(D) \in S] \leqslant \exp(\varepsilon) * \Pr[M(E) \in S] + \delta \tag{7-3}$$

其中,Pr 表示概率。ε 表示隐私预算,一般情况下,ε 越小,隐私保护越好,但是加入的噪声就越大,数据可用性就下降了。δ 是一个松弛项,表示可以接受差分隐私在一定程度上的不满足。例如 $\delta=0$,表示严格的、性能更好的 ε-差分隐私。

差分隐私对数据引入噪声的同时,也权衡了实用性与隐私性。如果该算法作用于任何相邻(只差一个汉明距离)的数据集,得到一个特定输出的概率应差不多,那么这个算法能达到差分隐私的效果。也就是观察者通过观察输出结果很难察觉出数据集一点微小的变化,从而达到保护隐私的目的。

2. 敏感性定义

对于只差一个汉明距离的两个数据集 D 和 E,一个对于任意域的函数 $M:D \rightarrow R^d$,则 M 的敏感性为 M 在接收所有可能的输入后,得出的输出的最大变化值:

$$\Delta M = \max_{(D,E)} \| M(D) - M(E) \| \tag{7-4}$$

其中,$\| \cdot \|$ 表示向量的范数。

差分隐私技术不仅作为独立的隐私计算技术得到深入的研究,还可以与深度学习、联邦学习、多方安全计算深度耦合。例如,基于深度学习、联邦学习中适应差分隐私计算的框架及模型研究,以及差分隐私的安全多方计算,可以大大降低安全多方计算的计算复杂度和通信量。主要的应用场景有蚂蚁集团的隐私计算智能服务平台,实现全链路的计算隐私保护。基于差分隐私的推荐系统中,数据中心可以利用局部的差分隐私,将处理之后的数据集上传到数据中心进行聚合计算,将获得相同的计算结果反馈给用户,以此达到在不泄露隐私数据的前提下完成推荐行为。差分隐私技术还可以应用于网络踪迹分析,将用户的网络踪迹(包括但不限于浏览记录、用户习惯、使用时长、下载记录等)进行保护处理。

7.4.4　联邦学习技术

随着物联网和边缘计算的兴起,大数据呈现出分布式存储的特点,数据的用户只允许数

据保存在本地,从而形成各自孤立的"数据孤岛"。这种数据孤岛正在阻碍训练人工智能(机器学习)模型所需的大数据的使用,因此开始寻求一种不需要将所有数据集中到一个中心存储器就能够训练机器学习模型的方法:联邦机器学习(federated machine learning,FML),简称为联邦学习。

联邦学习的本质是一种分布式机器学习的框架,以一个中央服务器为中心节点,通过与多个参与训练的本地服务器交换网络信息来实现机器学习模型的更新迭代。由于在整个联邦学习的过程中,各参与方的数据始终保存在其本地服务器,降低了数据泄露的风险,保护参与方的数据隐私。目前,联邦学习根据不同参与方的数据特点主要分为三类:横向联邦学习、纵向联邦学习和联邦迁移学习。

联邦学习是一种不需要收集各参与方的所有数据 $\{D_i\}_{i=1}^N$ 便能协作地训练一个模型 M_{fed} 的机器学习过程。设 v_{sum} 和 v_{fed} 分别表示集中训练模型 M_{sum} 和联邦型模型 M_{fed} 的性能度量。设 δ 是一个非负实数,联邦学习模型 M_{fed} 具有 δ-的性能损失:

$$|M_{\text{sum}} - M_{\text{fed}}| < \delta \tag{7-5}$$

这个公式表明,如果使用安全的联邦学习在分布式数据源上训练机器学习模型,这个模型的性能近似于把所有数据集中到一个地方训练所得到的模型的性能。

1. 联邦平均算法

典型的客户-服务器联邦学习系统架构如图 8-2 所示。

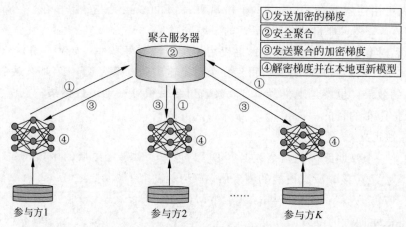

图 7-2　联邦平均梯度算法示意图

在这个系统中,具有同样数据结构的 K 个参与方(用户)在服务器(聚合服务器)的帮助下,协作地训练一个机器学习模型。一般分为 4 个步骤。

① 各参与方在本地计算模型梯度,并且使用同态加密、差分隐私或者秘密共享等加密技术,对梯度信息进行掩饰,并将掩饰的结果(梯度加密)发送给聚合服务器。

② 服务器进行安全聚合操作,比如使用基于同态加密的加权平均。

③ 服务器将聚合的结果发送给各参与方。

④ 各参与方对收到的加密梯度进行解密,并使用解密后的梯度结果更新各自的参数模型。

上述步骤会持续迭代,直到损失函数收敛或者是达到了允许的迭代次数的上限和允许的迭代时间。上述步骤中使用了各种隐私保护技术,主要是为了防范半诚实服务器的攻击并防止数据泄露。比如,如果梯度信息泄露,在协作学习过程中,恶意的参与方训练生成对抗网络(generative adversarial network,GAN),将可能导致系统容易受到攻击。

如果上述步骤中参与方将梯度信息发送到服务器,服务器将收到的梯度信息进行聚合(比如加权平均),再将聚合的梯度信息发送给参与方,这种方法称为梯度平均。如果参与方在本地计算模型参数,并将其发送至服务器。服务器对收到的模型参数进行聚合(比如加权平均),再将聚合的模型参数发送给参与方,这种方法称为模型平均。

2. 联邦学习的发展

在机器学习领域中,在联邦学习出现之前,曾有很多相关的研究。例如面向隐私保护的机器学习、面向隐私保护的深度学习、协作式机器学习、分布式机器学习、分布式深度学习、联邦优化与面向隐私保护的数据分析等。联邦学习已经被应用于计算机视觉、医学图像分析、自然语言处理、推荐系统与边缘计算等。目前,联邦学习算法与系统的开发也在迅猛发展,开源项目主要有 FATE、TFF、TensorFlow-Encrypted、Openmined 等。

3. 联邦学习的挑战

联邦学习因其满足"数据可用不可得"的数据安全与隐私保护需求,能够破解数据孤岛的问题,在需要大数据支撑的行业得到应用。然而,联邦学习的研究依然处于发展的初级阶段,其应用也存在着安全挑战。

在联邦学习场景中,攻击行为既可以由不受信任的服务器发起,也可能由恶意用户发起。在攻击目标方面,攻击者不仅可以窃取训练数据中嵌入的敏感信息,还可以通过暴露目标模型信息及其预测结果来破坏机密性、完整性和可用性。在攻击能力方面,恶意用户还可以完全控制本地训练过程,继而修改模型超级参数(例如,批量大小、epoch 数量和学习速率)或本地模型更新(例如,本地模型训练结果)。在攻击方式方面,恶意攻击者可能采用投毒攻击、基于对抗网络的攻击、推理攻击等。攻击者只需要伪装成普通实体加入联邦学习系统,并秘密地执行恶意活动就可产生攻击效果。

为了应对这样的攻击行为,可以采用异常检测与对抗训练、差分隐私、安全多方计算、同态加密等主动防疫与隐私保护方法进行模型训练,但是联邦学习依然面临诸多挑战。首先,中心服务器可信的假设无法保证,因为利用中心服务器收集的梯度以及权重信息能够反推出每个参与方的数据信息。其次,所有参与方可信的假设无法保证,难以规避参与者恶意提供虚假数据或者病害数据,对最终的训练模型造成不可逆转的危害。最后,隐私保护与开销,如何在牺牲效率或准确性的前提下强化联邦学习中的隐私保护的能力,是需要解决的问题。

7.5　边缘计算安全与隐私保护研究方向

数据安全与隐私保护是所有计算范式中最重要的研究课题,特别是对于数据存储与处理都外包的场景下的边缘计算。首先,由于边缘计算开放的计算范式,比如并行计算、资源受限、大数据处理和多信任实体共存等,应该全面地考虑加密系统的设计,达到轻量级和分布式数据加密要求。其次,边缘计算中,存在多功能实体的相互认证的问题,必须建立动态的、轻量级的多实体接入控制系统。最后,边缘用户将产生大量的数据,这些数据必须部分或者完全在本地计算。建立动态数据更新过程的数据安全与隐私保护方法是一个重要的挑战。针对以上情况,未来的研究方向可以侧重于以下四方面。

(1) 在面向开放式互联环境的边缘计算中,边缘设备资源受限,传统的加密方法不能部署,如何将传统的加密方案与边缘计算中的并行分布式架构、终端资源受限和动态性相结合,构建轻量级、分布式数据安全防护体系是一个亟待解决的问题。

(2) 在多信任域共存的边缘计算环境中,可以考虑验证计算模式,充分考虑信任域与信任实体之间的对应关系,解决不同信任域中各信任实体的身份识别问题,并兼顾认证功能和隐私保护特性。

(3) 不同信任域之间的多实体访问控制。充分考虑边缘计算中边缘用户、服务提供商和基础设施提供商等跨域、跨群组的分级化访问控制模式,实现匿名化、可追踪完整性功能,创建细粒度、动态化和轻量级多域访问控制机制是一个重要研究方向。

(4) 动态数据安全与细粒度的隐私保护问题。在用户动态数据更新的情况下,如何实现细粒度的、节能的、高效的边缘计算数据安全与隐私保护仍然是一个巨大的挑战。

本章小结

边缘计算安全与隐私保护是边缘计算的一个重要研究课题。随着边缘用户每天产生的私密数据逐渐增多,用户的数据安全与隐私保护问题日显突出。本章主要介绍边缘计算面临的安全威胁、安全挑战以及安全需求的特征。针对这些威胁、挑战以及需求特征,给出传统的数据安全与隐私保护相关技术,以期研究能够与边缘计算的特定场景得到融合与发展。

习题

(1) 简要阐述边缘计算面临的安全威胁。
(2) 简要阐述边缘计算面临的安全挑战。
(3) 结合边缘计算的场景,简要阐述边缘计算的安全需求的特征。
(4) 简要阐述边缘计算数据安全与隐私保护的主要内容。
(5) 简要阐述多方安全计算的思想原理。
(6) 简要阐述全同态加密的思想原理。
(7) 简要阐述差分隐私的思想原理。
(8) 简要阐述联邦学习的思想原理。
(9) 简要阐述联邦学习面临的安全问题以及应对策略。

参考文献

[1] 边缘计算产业联盟.边缘计算安全白皮书[R].北京:边缘计算产业联盟,2019.
[2] 张佳乐,赵彦超,陈兵,等.边缘计算数据安全与隐私保护研究综述[J].通信学报,2018,39(3):1-21.
[3] 孙璐.中国隐私计算产业发展报告(2020-2021)[R].贵阳:国家工业信息安全发展中心,2021.
[4] 汪骁,郁昱.安全多方计算及数据计算的保护[J].中国计算机学会通讯,2018,14(10):27-30.
[5] 安瑞,谢翔,孙立林.安全多方计算与数据流动[J].中国计算机学会通讯,2019,15(2):23-29.
[6] 李杰,张江.全同态加密研究与挑战[J].中国计算机学会通讯,2018,10(14):16-19.

［7］　杨强,刘洋,程勇,等.联邦学习[M].北京:电子工业出版社,2020.

［8］　Dwork C,Roth A. The algorithmic foundations of differential privacy[J]. Foundations and Trends in Theoretical Computer Science,2014,9(3):211-407.

［9］　Mcmahan B,Moore E,Ramage D,et al. Communication-efficient learning of deep networks from decentralized data[C]//Artificial Intelligence and Statistics. Fort Lauderdale,2017:1273-1282.

［10］　陈兵,成翔,张佳乐,等.联邦学习安全与隐私保护综述[J].南京航空航天大学学报,2020,52(5):675-684.

第8章 边缘计算应用场景与实例

近年来,大数据和智能技术的快速发展给互联网带来了深刻的变革,同时也对计算模式提出了新的要求。大数据时代每天产生的数据量极大,而物联网应用背景下的应用系统也对时间和安全性提出了更高的要求。边缘计算是为应用开发者和服务提供商在网络的边缘侧提供云服务和 IT 环境服务,其目标是在靠近数据输入或用户的地方提供计算、存储和网络带宽。边缘计算已经成为物联网的一个重要趋势。5G 时代的服务场景越来越多样,这些场景对网络的时延、带宽、计算和存储等方面都提出了很高的要求。而移动边缘计算"与生俱来"的低时延和高计算能力,恰恰是解决这类需求的关键技术。同时,边缘计算的应用非常广泛,表 8-1 给出了移动边缘计算场景类型、特点和举例。边缘计算在数据源附近提供服务,它解决了数据量和时延的问题,使其可以在移动应用和物联网应用上发挥巨大的优势,并且得益于边缘计算核心技术的发展,边缘计算在许多应用场景下取得了良好的效果。本章基于边缘计算模型设计在五方面给出典型的应用场景,如图 8-1 所示,通过这些场景进一步给出边缘计算的探索前景,同时也提出边缘计算研究的机遇与挑战。

表 8-1 移动边缘计算场景类型、特点和举例

场 景 类 型	场 景 特 点	场 景 举 例
视频传输与服务	低时延 缓存控制 高并发	视频缓存与分发 视频传输业务优化 视频监控智能分析
AR/VR	虚拟信息集成 实时交互性 三维感知	智能制造 工业互联网 教育、医疗、游戏
物联网	实时性、大范围 自动化、全天候 智能化、互联互通	医疗保健、视频分析 智能电网、数据分析 海洋监测、楼宇控制
车联网	通用性、兼容性 自动驾驶 共享出行	交通优化、智能车载 无人驾驶、安全预警 紧急救援
智慧城市	公共事业和流动性 快速响应 动态适应性 公众参与和安全性	智慧零售、智慧社区 智慧安检、智慧医疗 智能家居、智慧穿戴

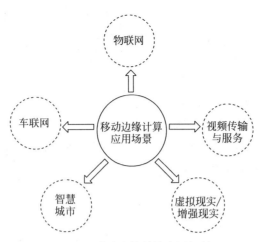

图 8-1　移动边缘计算应用场景

8.1　视频传输与服务

8.1.1　视频传输的发展

随着移动互联网技术的快速发展,高清视频服务变得更加广泛,移动网络数据流量呈现爆发式的增长趋势,尤其是视频流量给移动网络造成了巨大的挑战,要求移动网络具有提供更高数据传输速率和更低网络时延的能力。据报道,2020 年超高清用户数达到 1 亿,4K 电视占总销量比例超过 40%;2023 年超高清用户数达到 2 亿,4K 电视终端全面普及。4K 超高清视频的快速发展将会进一步提升对网络带宽的要求。

为了应对上述网络挑战,业界一方面提出了在移动网络中采用自适应比特率(adaptive bit rate,ABR)传输技术进行视频分发,即在移动网络中将视频文件编码为多种比特率版本,每个版本的视频文件都被切分成多个视频块,并根据用户设备的能力、网络连接状况和特定的请求,为用户动态选择传送的视频块比特率版本,从而减少视频播放卡顿和重新缓冲率,提升用户体验质量。另一方面,移动边缘计算(MEC)可以为终端用户提供超低时延和高带宽的服务。MEC 实现自适应视频流的缓存、转码与自适应分发并表现出了显著的优势,主要体现在 MEC 在网络边缘提供了存储能力和计算能力,可实视频内容的就近缓存,并根据动态变化的网络状况在网络边缘进行视频转码,从而降低视频内容的传输时延并节省网络带宽,同时提升用户的 QoE 体验。

视频传输业务作为目前应用场景最广泛的业务之一,通常要求视频文件被下载到本地后再进行播放,但是由于视频文件数据量非常大,需要耗费很长的时间才能将完整的视频进行下载,并且需要占用本地设备的存储资源。在这种背景下,"流式传输"应运而生,它将视频文件以压缩的方式分成一个个的压缩包,即可实现视频文件连续实时的传送。MEC 服务器所具备的转码能力即通过耗费一定计算资源将缓存的高码率视频压缩为低码率视频,这样可以同时命中请求高清版本和低清版本视频的用户请求,因此在一定程度上提升了缓存的效率。将边缘缓存扩展到移动边缘计算,可以提升系统的效益并为用户提供更多样化的服务。

综上所述,MEC 服务器可以提供内容缓存容量,以减少移动视频服务的重复数据流量。除此之外,MEC 提供的边缘计算能力可以让视频业务更加贴近当前的信道状况和用户需求,为用户提供更合适的视频流。

8.1.2　关键技术

与传统的网络架构相比,在面向视频流业务时,MEC 的存储计算资源以及网络感知能力可以有效地支持 ABR 技术。一方面,MEC 的分布式边缘存储资源可以对视频内容进行缓存,并且对视频请求进行本地卸载,从而缩短用户到视频内容的距离,降低传输时延;另一方面,在 ABR 中,用户请求的视频比特率可基于网络条件、设备功能和用户偏好自适应调整,需要对视频块进行多个比特率版本的缓存,而对一个视频块缓存多种比特率版本会造成较大的缓存成本,因此可以选择在 MEC 中缓存一部分较高比特率视频。图 8-2 是一个自适应视频流场景下的 MEC 本地分流部署,MEC 服务器的位置部署了缓存和计算资源,可以对视频文件进行缓存和转码,当用户的请求到达 MEC 时,若缓存命中或转码命中,就可以在本地对请求进行响应,从源服务器获取视频文件。这样一来,既显著降低了用户请求响应的时延,保证用户体验,同时还可以避免网络拥塞,节省回传网和核心网的资源。

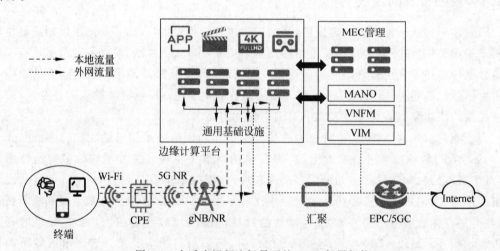

图 8-2　自适应视频流场景下的 MEC 部署架构

还有一种保证视频传输服务是基于移动边缘计算的视频转码技术,如图 8-3 所示。在过去很长一段时间内,由于技术和地域的限制,对视频的考虑主要是采用低清视频来满足流畅度,但是当前随着网络容量的提升和传输技术的发展,网络能力足以传输更高清的视频来满足用户多样化的需求。由于终端用户处理能力的异构性以及网络的状况存在实时的变化,用户偏好和对特定视频的需求可能不同。例如,具有高性能处理能力的设备和快速网络连接的用户通常可以分配更高分辨率的视频,而具有低处理能力或低带宽连接的用户可能更适合低版本的视频,从而保证延迟在可容忍的范围内。除此之外,对于不同类型的视频,用户的偏好也不同,例如用户在观看一些体育赛事的时候,对视频的清晰度要求不如对视频的流畅度要求高,而当用户观看一些纪录片或者电影的时候,则对于视频的清晰度要求更高,针对这种需求,MEC 可以利用自适应比特率流技术来根据视频种类为用户调整不同的清晰度版本的视频。

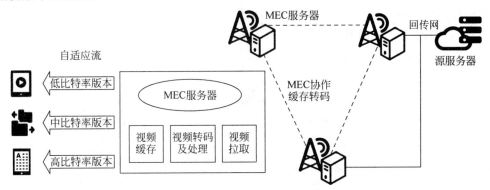

图 8-3　分布式 MEC 架构中面向自适应视频流的协作缓存与转码

8.1.3　应用场景

1. 视频分发本地缓存

传统移动互联网流量都通过移动核心网网关连接互联网，而移动网内容分发网络（CDN）系统最低层级的缓存节点一般都在移动核心网网关出口的省级互联网数据中心（IDC）机房，距离用户较远。基于 MEC 开发移动边缘缓存应用，并与移动 CDN 打通，相当于移动 CDN 缓存节点下沉，可以节省源 CDN 节点的网络带宽，提升用户体验，如图 8-4 所示。

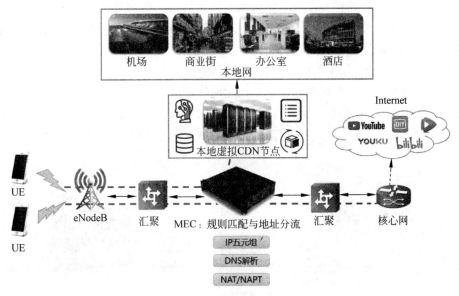

图 8-4　视频缓存与分发

2. 视频传输业务优化

目前，互联网业务与移动网络的分离设计，导致业务难以感知网络的实时状态变化，互联网视频直播和视频通话等业务都是在应用层自行基于时延、丢包等进行带宽预测和视频传输码率调整（如 HLS 和 DASH），视频传输难以达到最佳效果。部署 MEC 平台如图 8-5

所示,利用 MEC 的移动网络感知能力如无线网络信息服务 API 向第三方业务应用提供底层网络状态信息,第三方业务应用实时感知无线接入网络的带宽,从而可以优化视频传输处理,包括选择合适码率、拥塞控制策略等,实现视频业务体验效果与网络吞吐率的最佳匹配。

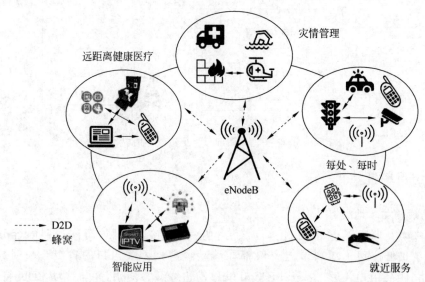

图 8-5　视频传输业务优化

3. 视频监控智能分析

传统的无线视频监控都是摄像头将视频流传送给服务器端处理,所有视频数据流都将通过基站、回传网络、移动核心网传给服务器端,目前视频监控正向高清化发展,对于监控路数较多的大中型视频监控,摄像头线路、回传网络、监控平台机房带宽都是较高的成本。随着视频行业的深入发展,越来越多的人需要对视频进行智能化分析处理(人脸识别、视频追踪等),前端摄像机的算法升级和运维都不如在网络平台侧更便捷简单。将 MEC 技术应用于视频监控智能分析,对工业厂区、道路交通和城市街区进行实时监控智能分析,实现视频智能分析处理、网络带宽成本、系统运维的更好的搭配组合,可以获得更好的服务,如图 8-6所示。

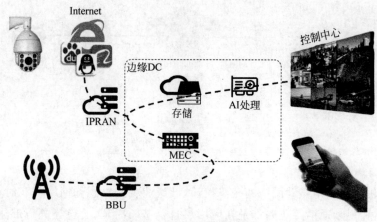

图 8-6　视频监控智能分析

8.2 增强现实/虚拟现实

8.2.1 增强现实/虚拟现实发展现状

　　未来世界是一个以万物感知、万物互联、万物智能为特征的智能世界,信息量巨大,计算无处不在。而边缘计算是数据的第一入口,需要在网络边缘侧分析、处理与存储的数据将超过数据总量的 70%,其中约 80% 是非结构化数据。应用的高并发和数据的多样性对计算的多样性和多核多并发提出了更高的要求,如图 8-7 所示。

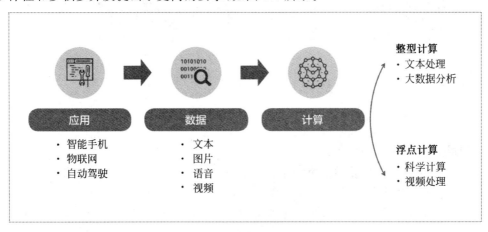

图 8-7　典型数据分类

　　增强现实(augmented reality,AR)是一种综合了计算机视觉、图形学、图像处理、多传感器技术、显示技术的新兴计算机应用和人机交互技术,如图 8-8(a)所示。增强现实技术利用计算机产生的虚拟信息与用户所观察的真实环境进行融合,真实环境和虚拟物体实时地叠加到了同一个画面或空间同时存在,拓展和增强用户对周围世界的感知。增强现实提供了在一般情况下不同于人类可以感知的信息,不仅展现了真实世界的信息,而且将虚拟的信息同时显示出来,两种信息相互补充、叠加。例如,在视觉化的增强现实中,用户利用头盔显示器,把真实世界与电脑图形多重合成在一起,便可以看到真实的世界围绕着电脑图形。增强现实技术并不是一项独立技术,它与现实生活中的各类信息紧密结合,可以实现信息快速发掘、特殊场景展示、广泛分享等各种应用。

　　虚拟现实(virtual reality,VR)是利用电脑模拟产生一个三维空间的虚拟世界,提供使用者关于视觉、听觉、触觉等感官的模拟,让使用者如同身临其境一般,可以及时、没有限制地观察三度空间内的事物,如图 8-8(b)所示。概括地说,VR 是人们通过计算机对复杂数据进行可视化操作与交互的一种全新方式,与传统的人机界面以及流行的视窗操作相比,虚拟现实在技术思想上有了质的飞跃。VR 作为一项综合集成技术,涉及计算机图形学、人机交互技术、传感技术、人工智能等领域,用计算机生成逼真的三维视、听、嗅等感觉,将精确的 3D 世界影像传回,产生临场感。虚拟现实是指用计算机生成的一种特殊环境,人可以通过使用各种特殊装置将自己"投射"到这个环境中,并操作、控制环境,实现特殊的目的,而人是这种环境的主宰。VR 和 AR 技术诞生于 20 世纪五六十年代,起源于工业领域。20 世纪 90 年代初,波音公司在设计的一个辅助布线系统中提出了"增强现实"。AR 和 VR 技术都需要收集包括用户位置和朝向等用户状态相关的实时信息,然后进行计算并根据计算结果加以处理。MEC 服务器可以为其提供丰富的计算资源和存储资源,缓存需要推送的音视频内容,并且基于定位技术和地理位置信息一一对应,结合位置信息确定推送内容,并发送给用户或迅速模拟出三维动态视景并与用户进行交互。

(a) 增强现实   (b) 虚拟现实

图 8-8   增强现实和虚拟现实

8.2.2   增强现实/虚拟现实关键技术

1. 增强现实关键技术

增强现实关键技术主要包括跟踪注册技术、显示技术、虚拟物体生成技术等。

(1) 跟踪注册技术。

为了实现虚拟信息和真实场景的无缝叠加,要求虚拟信息与真实环境在三维空间位置中进行配准注册,包括使用者的空间定位跟踪和虚拟物体在真实空间中的定位两方面的内容。而移动设备摄像头与虚拟信息的位置需要相对应,这就需要通过跟踪技术来实现,如图 8-9 所示。

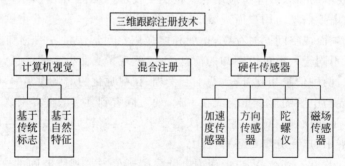

图 8-9   跟踪注册技术

(2) 显示技术。

增强现实技术显示系统重要的内容,使用色彩较为丰富的显示器是其重要基础,显示器包含头盔显示器和非头盔显示设备等,透视式头盔能够为用户提供相关的逆序融合在一起的情境。光学透视头盔显示器可以在这一基础上利用安装在用户眼前的半透半反光学合成器,充分和真实环境融合在一起,真实的场景可以在半透镜的基础上为用户提供支持,并且满足用户的相关操作需要。

(3) 虚拟物体生成技术。

增强现实技术在应用的时候,其目标是使虚拟世界的相关内容在真实世界中得到叠加处理,促使物体动感操作有效实现。虚拟物体生成的过程中,自然交互是其中比较重要的技术内容,对现实技术的有效实施有辅助作用,使信息注册更好地实现,利用图像标记实时监控外部的输入信息内容,使增强现实信息的操作效率能够提升。

2. 虚拟现实关键技术

虚拟现实关键技术主要包括动态环境建模技术、立体显示与传感器技术、应用系统开发工具、系统集成技术等。

(1) 动态环境建模技术。

虚拟环境的建立是 VR 系统的核心内容,目的就是获取实际环境的三维数据,并根据应用的需要建立相应的虚拟环境模型,运用实时三维图形生成技术。

(2) 立体显示与传感器技术。

虚拟现实的交互能力依赖于立体显示和传感器技术的发展,现有的设备不能满足需要,力学和触觉传感装置的研究有待进一步深入,虚拟现实设备的跟踪精度和跟踪范围也有待提高。

(3) 应用系统开发工具。

虚拟现实应用的关键是寻找合适的场合和对象,选择适当的应用对象可以大幅度提高生产效率,减轻劳动强度,提高产品质量。想要达到这一目的,则需要研究虚拟现实的开发工具。

(4) 系统集成技术。

由于 VR 系统中包括大量的感知信息和模型,因此系统集成技术起着至关重要的作用,集成技术包括信息的同步技术、模型的标定技术、数据转换技术、数据管理模型、识别与合成技术等。

8.2.3　增强现实/虚拟现实应用场景

1. VR/AR 在智能制造领域的应用

在 VR/AR 系统中,路径和文字提示信息实时地叠加在机械师的视野中,这些信息可以帮助机械师一步步地完成一个拆卸过程,以减少在日常工作中出错的机会。在大型机械装备的制造或培训过程中,应用虚拟现实技术系统可以模拟实际制造过程和制造完成的产品,从感官和视觉上使人获得完全如同真实的感受,还可以按照人们的意愿任意变化,大大提高了制造智能化、自动化的能力。图 8-10 和图 8-11 分别表示 AR 和 VR 在智能制造中的应用。

图 8-10　增强现实在产业制造中的应用

图 8-11　虚拟工厂智能制造应用

2. VR/AR 在互联网的应用

目前 AR 技术已经在互联网营销方面得到许多应用。图 8-12 是一个网上在线的服装试穿应用,用户可以使用摄像头使自己的画面呈现在显示器上,再通过互联网点击喜欢的服装就可以达到真实试穿的效果。VR 在互联网的应用也非常广泛,图 8-13 所示为 VR 互联网消防演练。通过 VR 技术模拟写字楼办公室、商场、学校、仓库、住宅等场所,让人身临其境,使用语音及文字警示体验者在不同的场景中产生火灾的起因、经过,通过真实体验火灾现场的自救能加深演练中学到的知识,还可以模拟隐患排查的过程,熟悉日常生活中的消防安全隐患,防患于未然。

图 8-12　增强现实在产业制造中的应用　　　　图 8-13　虚拟现实工厂智能制造应用

3. VR/AR 在游戏领域的应用

AR 和 VR 是游戏中最热门的话题。AR 是许多应用程序的功能,包括从将数字世界带入实体世界的游戏到允许用户在购买新眼镜之前试用的应用程序。在游戏的应用场景下,基于 AR 技术的游戏使用者利用设备自带的摄像头捕捉周围的实时画面,利用陀螺仪和重力感应来判断玩家的动作、方向和位置变化,玩家则需要在实景中对游戏虚拟对象进行击打或控制。基于 VR 技术的游戏者则沉浸在虚拟出的空间和物体间,通过手柄实现对游戏的交互和操控。分别如图 8-14 和图 8-15 所示。

图 8-14　增强现实在游戏中的应用　　　　　图 8-15　虚拟现实游戏应用

4. VR/AR 在教育领域的应用

教育 AR/VR 技术在过去的 10 年中被用于教育,特别是在学生课堂和在线教育培训领域。VR 所传递的信息不仅仅是简单的图形、声音或者超文本,而是一系列实时生成的拟真声像信息、触觉和运动感知等。VR 最大的特点就是"身临其境",VR 训练场和实验台就是在虚拟世界中构建出实验场所来供学习者进行活动与操作,如图 8-16 所示。AR 技术应用于科学研究与模拟观测,如图 8-17 所示。将一些难以观测的现象放到虚拟世界中,让用户以更为舒适便捷的视角或时间测度进行观测,相应地也要由系统给出真实实验中应当观测到的数据。例如,可以利用 VR 系统重建某次天体碰撞的场面及数据分析。

图 8-16 增强现实在教育中的应用

图 8-17 虚拟现实在教育中的应用

5. VR/AR 在医疗领域的应用

虚拟现实技术作为辅助诊断、模拟治疗以及远程交互应用的工具,在医学领域得以大范围应用,并为医生模拟操刀练习,帮助医生熟悉手术过程和提高手术成功率,如图 8-18 所示。运用虚拟现实技术可以使医务工作者沉浸于虚拟的场景内,通过视、听、触感知并学习各种手术实际操作,体验并学习如何应付临床手术中的实际情况,如图 8-19 所示。

图 8-18 增强现实在医疗中的应用

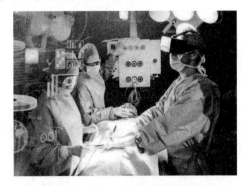

图 8-19 虚拟现实在医疗中的应用

8.3 物联网

8.3.1 物联网发展现状

物联网(internet of things,IoT)顾名思义就是物物相连的互联网,它是互联网的延伸和扩展,借助先进的感知技术,IoT 实现了任何物品与物品之间的信息交互和通信。智慧物联网在许多行业应用中都有着巨大的发展潜力,其发展必将引发新一轮信息技术产业革命,是信息产业领域未来竞争的制高点,更是产业升级的核心驱动力。物联网技术飞速发展引领产业升级,同时对其技术的演进提出更高的要求。传统无线网络架构的处理和计算能力已不足以支撑物联网的深度覆盖和海量连接,同时云计算平台离物联网终端较远,难以满足低时延业务的数据实时性要求,实现 IoT 体系架构的突破性创新变得刻不容缓。

移动边缘计算的诞生解决了物联网发展的燃眉之急,被认为是物联网的关键使能者,如图 8-20 所示。MEC 是在靠近数据源头的网络边缘侧,融合网络、计算、存储及应用等核心能力的开放平台,就近提供边缘智能数据处理服务,以满足网络敏捷连接、实时业务、数据优化等应用需求。将 MEC 引入智慧物联网架构中,形成"端-边-云"协同的边缘驱动物联网架构。终端、边缘、云平台动态分配计算量,有效缓解了云计算平台的数据处理负担,提高了数据处理效率。同时,终端与边缘更贴近数据源头,极大地降低了数据的传输时延,满足低时延业务的数据实时性要求,边缘驱动的新型物联网架构必将成为 IoT 技术发展的新趋势。

图 8-20　边缘计算物联网

8.3.2　物联网的架构

边缘计算模型需要云计算中心的强大计算能力和海量存储的支持,而云计算也同样需要边缘计算中边缘设备对海量数据及隐私数据的处理,从而满足实时性、隐私保护和降低能耗等需求。为此,边缘驱动的智慧物联网体系结构如图 8-21 所示。该架构通过分层体系架构为物联网应用提供资源与服务,通过三者的相辅相成、各取所长,可以极大地提高整个系统中资源的最大使用效率和传输效率,保证处理的实时性。同时,三者还可以根据当前的状态以任务迁移的方式动态地进行调整,达到均衡计算负载的目的,最终实现智慧物联网的深度覆盖和海量连接。

从各类网元所执行的基本功能来看,该体系结构具有较强的层次化特征,可分为智能物联网终端、边缘和云平台三层。其中,计算、存储能力有限的物联网终端主要负责对给定事务进行状态参数的采集和转发,并执行一些简单的数据处理;边缘和云平台服务区分如图 8-22 所示,主要根据数据的实时性以及流量和访问服务器的频次,分别对不同业务数据进行收集、传递、处理和执行,并以动态的方式为业务请求网络资源。

8.3.3　物联网关键技术

1. "端—边—云"协同调度策略

海量 IoT 数据的爆炸性增长加快了频谱资源的消耗,现有资源分配及利用方式已难以

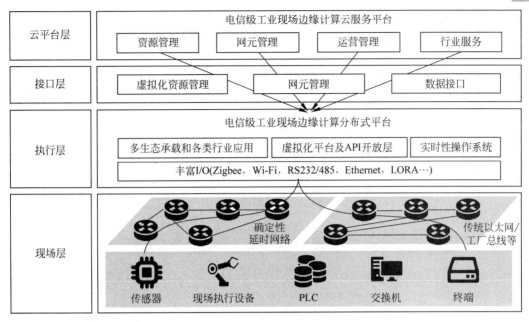

图 8-21　边缘驱动的物联网体系架构

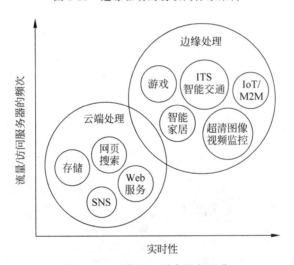

图 8-22　边缘和云平台服务区分

应对移动通信面临的严峻挑战。为此,引入了无线网络虚拟化(wireless network virtualization,WNV)及网络切片(network slicing)相耦合的概念,如图 8-23 所示。其中, 虚拟化为网络切片提供重要的技术支撑,网络切片则往往被视作虚拟化网络的理想架构。 WNV 作为网络虚拟化在无线领域的延伸,通过基础设施与业务的分离,为多个抽象的独立 虚拟网络动态共享基础设施及无线资源,从而大幅提升资源利用率,降低运营商的资本开销 和运营开销。相较于传统固定的网络资源分配方式,网络切片能够针对特定的性能需求实 现迅速的网络部署及高效、灵活的资源调度。

2. 物联网数据抽象

物联网应用需要部署大量无线传感器,当网络规模增大、各类应用增多时,传感器节点 所产生的数据量随之上升。为了方便物联网数据的管理和存储,需要对物联网数据进行抽

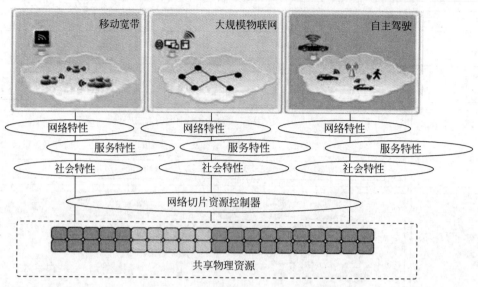

图 8-23　无线网络虚拟化与网络切片

象,抽取有用的信息对其进行表达。若数据抽象过滤掉较多的源数据,将导致一些应用或服务程序因无法获得足够信息而运行失败;反之,若保留大量源数据,物联网数据管理和存储难度将变得较大。为此,提出边缘驱动的智慧物联网体系结构如图 8-24 所示。可以根据分布式压缩感知方法,利用数据的稀疏性与相关性,以获取历史数据的类别特征,从而对物联网数据进行抽象表达。

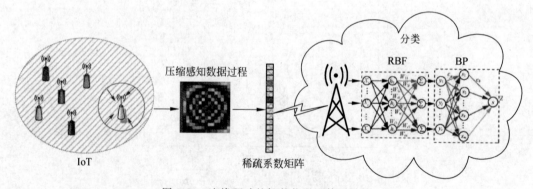

图 8-24　边缘驱动的智慧物联网体系结构

3. 物联网协作传输

视频物联网业务需要消耗大量网络资源,如超清图像视频监控的传输,此类"富媒体"业务需求的日益增长导致数据传输负载显著上升。因此,网络中的节点需要为源节点提供中继辅助。当数据传输的带宽不足时,可以采用基于可伸缩视频编码的物联网节点协作传输,如图 8-25 所示。其中,SVC 可以输出多层码流(包括基本层和增强层),基本层的数据可以使解码器完全正常地解码出基本视频内容。当需要该区域的高清图像视频时,多个物联网节点可以通过增强层协作传输的方式来增强其他节点的视频质量,从而满足不同的业务需求。

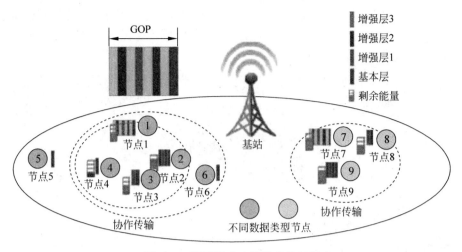

图 8-25 物联网节点协作传输过程

8.3.4 物联网应用场景

1. 医疗保健

卫生领域的科学技术是许多研究人员的重要研究领域,如图 8-26(a)所示。与其他行业一样,医疗保健也可以通过边缘计算得到帮助。MEC 使智能手机能够从智能传感器中收集患者的生理信息,如脉搏率、体温等,并将其发送到云服务器进行存储、数据同步和共享。通过访问云服务器的健康顾问,可以立即诊断患者并相应地帮助他们。

2. 视频分析

过去的监控摄像机被用来将数据流传回主服务器,然后服务器决定如何执行数据管理。由于监控摄像头的日益普及,传统的客户端服务器架构可能无法传输来自设备的数据。MEC 将通过在设备本身实现智能而受益,如图 8-26(b)所示。

3. 智能电网

智能电网基础设施是由多个组件组成的电网,如智能家电、可再生能源和能效资源。分布在网络上的智能电表用于接收和传输能耗测量值。智能电表收集的所有信息都在维护和稳定电网的监控和数据采集(SCADA)系统中进行监控,如图 8-26(c)所示。

4. 移动大数据分析

手机技术被视为中小企业的增长引擎,具有广泛的社会内涵。大数据分析是从原始数据中提取有意义信息的过程,这些信息可能有助于营销和目标广告、客户关系、商业智能、上下文感知计算、医疗保健,如图 8-26(d)所示。在移动设备附近部署 MEC 服务器可以借助网络的高带宽和低延迟提升大数据分析能力。

5. 海洋监测

提前了解气候变化并研究如何应对海洋灾难性事件有助于灾难发生后迅速做出反应,减轻对灾难性事件的影响。可以将边缘服务器部署在海洋中的某些位置,以发挥其快速响应和低时延传输的重要作用,如图 8-26(e)所示。

6. 智能楼宇控制

智能楼宇控制系统由部署在楼宇不同部分的无线传感器组成。传感器负责监测和控制建筑环境,如温度、气体水平或湿度。在智能建筑环境中,安装了 MEC 的传感器能够共享信息并对任何异常情况做出反应,这些传感器可以根据从其他无线节点处接收到的集体信息来维持建筑大气,如图 8-26(f)所示。

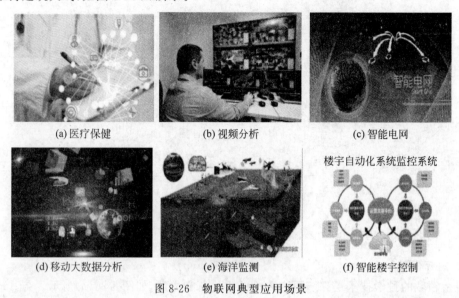

(a) 医疗保健　　　　　　(b) 视频分析　　　　　　(c) 智能电网

(d) 移动大数据分析　　　　(e) 海洋监测　　　　　　(f) 智能楼宇控制

图 8-26　物联网典型应用场景

8.4　车联网

8.4.1　车联网发展现状

车联网(internet of vehicles,IoV)是指以车内网、车际网和车载移动互联网为基础,按照约定的体系架构以及通信协议和数据交互标准,在车、路、行人及互联网等之间,进行无线通信和信息交换的系统网络,实现智能化交通管理、智能动态信息服务和车辆智能化控制的一体化网络。近年来,国内车联网产业规模增速提升,随着技术和服务的不断发展,用户对车联网功能的付费意愿也将提高。根据国际数据公司 IDC 预测,2025 年全球网联汽车规模为 7830 万辆,5 年复合增长率将达到 11.5%。此外,2026 年全球自动驾驶车辆规模为 8930 万辆,5 年复合增长率将达到 14.8%。

随着人民生活水平和汽车工业技术的不断发展,伴随着汽车拥有数量的增长,人们的通行安全、出行效率、道路交通影响着社会经济的发展和人们的生活质量。此外,随着全球物联网和移动互联网的迅速发展,车辆和交通环境对网络的要求越来越高。为了推动我国交通运输业快速发展并改善安全形势,车联网的研究和发展越来越快速。

城市交通系统是一个复杂而巨大的系统,如何提高交通系统效率、提升居民出行质量是智慧交通最重要的关注点和挑战。在传统模式中,创新技术如何从实验室中落地到实际的交通应用中、各种传感器和终端设备标准如何统一规范、信息如何共享、大量生成数据如何及时处理等,已经成为制约智慧交通发展的瓶颈。

在实际应用中,边缘计算模式将大部分的计算负载整合到道路边缘层,并且利用 5G、LTE-V 等通信手段与车辆进行实时的信息交互。未来的道路边缘节点还将集成局部地图系统、交通信号信息、附近移动目标信息和多种传感器接口,为车辆提供协同决策、事故预警、辅助驾驶等多种服务。与此同时,汽车本身也将成为边缘计算节点,与云边协同相配合为车辆提供控制和其他增值服务。汽车将集成激光雷达、摄像头等感应装置,并将采集到的数据与道路边缘节点和周边车辆进行交互,从而扩展感知能力,实现车与车、车与路的协同。云计算中心则负责收集来自分布广泛的边缘节点的数据,感知交通系统的运行状况,并通过大数据和人工智能算法为边缘节点、交通信号系统和车辆下发合理的调度指令,从而提高交通系统的运行效率,最大限度地减少道路拥堵。车联网这种对于时延要求非常严格的技术正是 MEC 的典型应用场景之一,车联网边缘计算框架如图 8-27 所示。

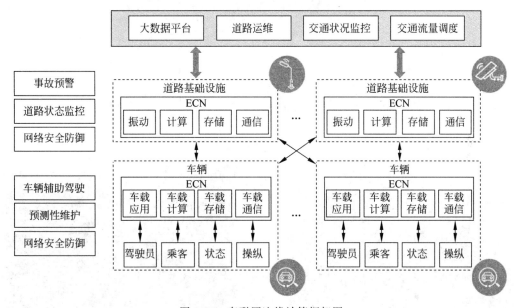

图 8-27　车联网边缘计算框架图

8.4.2　车联网关键技术

1. 车用传感器技术

在众多车联网技术当中,传感器技术是一项基础的支撑技术,随着智能化的程度越来越高,汽车里面所使用的传感器数量与种类也将会更多。在车联网中,主要涉及的传感器有汽车运行监测传感器、安全系统传感器、超声波传感器、图像传感器、雷达传感器等,如图 8-28 所示。

2. 高精度定位技术

高精度定位研究是实现车联网业务的关键技术之一,如图 8-29 所示。近年来国内外学者及科研机构研究利用射频识别技术、WLAN、超宽带、蓝牙等无线网络来实现室内移动终端的定位技术,其定位精度可达米级,而采用 UWB 技术甚至可达厘米级精度。

3. 语音识别技术

无论多好的触摸体验,对驾驶者来说,行车过程中触摸操作终端系统都是不安全的,因此语音识别技术显得尤为重要,它将是车联网发展的助推器,如图 8-30 所示。由于车载终端的存储能力和运算能力都无法解决非固定命令的语音识别技术,因此必须要采用 MEC

服务端技术的"云识别"技术。

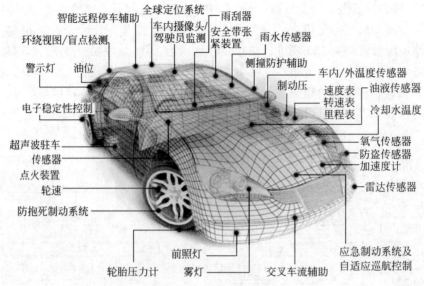

图 8-28 车用传感器技术

图 8-29 高精度定位技术

图 8-30 语音识别技术

8.4.3 车联网应用场景

随着车联网产业的不断壮大,5G 技术的快速发展成熟,凭借着 5G 的高传输速率、低时延、高稳定性能、灵活的网络架构等特点,以 5G 为基础的车联网在近年来发展越来越迅速。在车联网中主要有以下几方面的应用。

1. 交通路况管理优化

5G 网络的高传输速率可以实时报告道路交通路况,实现路段上的收费站、监控设备、电子公告栏等系统的智能运作,使驾驶者做出正确、迅速的反应,大大减少交通拥堵情况的发生,如图 8-31(a)所示。

2. 车载系统更丰富智能化

车载系统是车联网的一个重要节点,是用户获取信息并实现交互的一种方式。在 5G 网络的支持下,用户可以在车上享受更多的车载终端服务,还能提供高精度地图,使车载导航的精确度得到极大的提高,如图 8-31(b)所示。

3. 可靠的应急救援系统

车联网设备间的消息互传,应用 5G 技术与云终端将消息发送到救援中心,分析周边路况,及时通知附近的车辆避免进入事故区,同时传递相关信息给救援人员,使救援更加精准、快速,大大降低事故造成的损失,如图 8-31(c)所示。

4. 无人驾驶汽车技术

5G 网络具有的超可靠、低时延的特点,使其能够自动跟车进行互动,具有交互式的感知,从而给无人驾驶技术提供可靠的支持,如图 8-31(d)所示。

5. 自然灾害场景的应急应用

5G 车载系统可以作为通信中继,与附近的 5G 车载终端交互信息,从而给行驶在路上的驾驶人和乘客或正准备驾乘车辆离开的人们传递信息,提高人们安全撤离的可能性,大大降低自然灾害造成的损失,如图 8-31(e)所示。

6. 车辆安全预警

车联网可以通过提前预警、超速警告、逆行警告、红灯预警、行人预警等相关手段提醒驾驶人,也可通过紧急制动、禁止疲劳驾驶等措施有效降低交通事故的发生率,保障人员及车辆安全,如图 8-31(f)所示。

  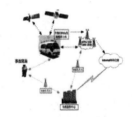

(a) 交通路况管理优化　　　(b) 车载系统更丰富智能化　　　(c) 可靠的应急救援系统

  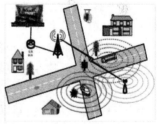

(d) 无人驾驶汽车技术　　　(e) 自然灾害场景的应急应用　　　(f) 车辆安全预警

图 8-31　车联网典型应用场景

8.5　智慧城市

8.5.1　智慧城市发展现状

智慧城市是指利用各种信息技术或创新理念,集成城市的组成系统和服务,以提升资源运用的效率,优化城市管理和服务,以及改善市民生活质量,实现城市互联,如图 8-32 所示。"智慧城市"是由 IBM 公司于 2008 年年底提出的"智慧地球"一词演化而来的。近年来我国在吸收借鉴国际经验的基础上大胆创新,智慧城市建设已从理念转化为实践。智慧城市包含了太多来自物联网的数据,比如铺设网络、装置传感器、搭建系统平台等一系列步骤都需要一个安全、可靠、高效的计算平台和计算方式在后端作为支撑。当前边缘计算主要包含应用域、数据域、网络域、设备域四个功能域,不仅能为各类终端提供开放接口,还可实现数据优化服务,保障数据的安全与隐私性。通过把边缘计算贴近或嵌入各类传感器、仪表和机器人等设备节点,将有力支撑各类设备的智能互联及应用。

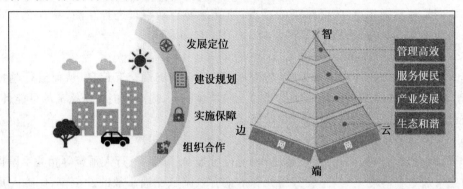

图 8-32　智慧城市示意图

国际数据公司(IDC)预测,2023 年全球智慧城市技术的相关投资将达到 1894.6 亿美元,中国市场规模将达到 388.2 亿美元。其中,中国市场的三大重点投资领域依次为弹性能源管理与基础设施、数据驱动的公共安全治理以及智能交通。智慧城市投资额将持续增加,带动相关产业发展,市场规模逐步扩大。

边缘计算在智慧城市交通的应用不仅体现在智能交通的控制系统、车联网等上,还体现在智慧城市运输和设施管理等基于地理位置的应用上。对于位置识别技术,边缘计算可以对基于地理位置的数据进行实时处理和收集,而不必再传送到云计算中心。

在城市视频监控系统的应用上,可以构建融合边缘计算模型和视频监控技术的新型视频监控应用的软硬件服务平台,以提高视频监控系统前端摄像头的智能处理能力,进而实现重大刑事案件和恐怖袭击活动预警系统和处置机制。边缘计算在城市能效管理上的应用可以为之带来更高的可靠性和更低的能源消耗及维护成本。

智慧城市的发展符合绿色发展理念,是为了维护好人与自然之间的关系,构建绿色低碳的可持续发展体系,主要包括以下三方面内容。

① 依托信息技术本身的"低碳排强度、高减排能力"特性,通过无纸化、共享经济等新型方式,推动生产、生活方式由"高能耗、高物耗、高污染、高排放"向"绿色、低碳、高效"转变。

② 利用信息技术赋能传统行业,通过智能电网、智能建筑、智能物流等途径促进企业节能减排与产业转型。

③ 借助智慧城市的智慧终端,通过大数据对城市环境数据进行实时监测与分析,打好城市污染防治攻坚战,如图 8-32 所示。

8.5.2　智慧城市关键技术

智能城市架构提供了如何使用这些技术来构思和实施智能城市项目的指南,下面介绍几个智慧城市的关键技术。

1. 5G 技术

未来网络必然是一个多网并存的异构移动网络,要提升网络容量,必须高效管理各个网络,简化互操作,增强用户体验。5G 的性能目标是高数据速率、减少延迟、节省能源、降低成本、提高系统容量和大规模设备连接。5G 技术为智慧城市提供连接"信号",使流量密度和连接数密度大幅度提高,系统协同化,智能化水平提升。

2. 人工智能技术

人工智能技术为实现智慧城市解放生产力。机器人在各行各业逐步取代人工生产力,建立人机协作机器人、高端工业机器人、医疗机器人、护理机器人、公共服务机器人、家庭服务机器人、消费机器人、军用机器人、消防救援机器人、空间机器人等。

3. 网络切片技术

网络切片是从运营商网络中划分出的一部分基础设施资源以及网络/业务功能实体形成的虚拟网络及资源池,满足用户在连接、带宽、时延、安全、管理、可靠性等方面的多样化需求。在传统网络"尽力而为"的传输方式下,多种业务流数据在网络中混合传输,相互干扰,无法确保某种业务流的传输需求。网络切片可以将大网资源进行细粒度划分和专用,为不同业务提供定制化的保证能力,如同不同业务都在各自的"专网"上传输,互不干扰,具有专用性、异构性和灵活性等特点,如图 8-33 所示。

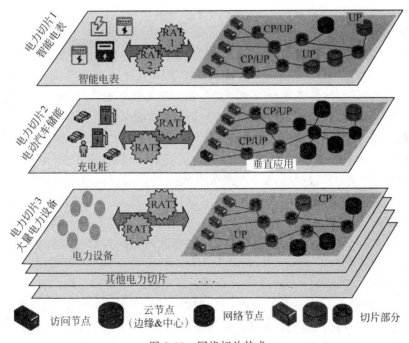

图 8-33　网络切片技术

8.5.3　智慧城市应用场景

智慧城市应用场景主要包括:智慧零售、智慧社区、智慧安检、智慧医疗、智能家居和智能穿戴等,如图 8-34 所示。

1. 智慧零售

智慧零售的核心就是获得顾客的信息,将其汇总分析来指导商家。其本质就是通过部

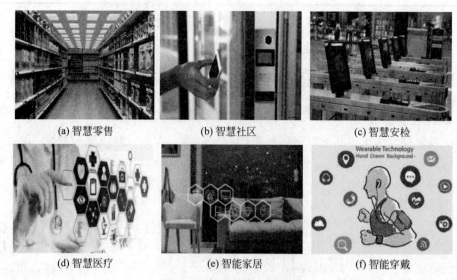

| (a) 智慧零售 | (b) 智慧社区 | (c) 智慧安检 |
| (d) 智慧医疗 | (e) 智能家居 | (f) 智能穿戴 |

图 8-34　智慧城市应用场景

署前端摄像机把消费者的行为信息、年龄、性别、属性、消费习惯、商场热力图形成消费档案，然后通过后台大数据的分析与融合，在顾客进行二次消费以及商场规划的时候进行有重点的指导。

2. 智慧社区

小区里为了居民的安全管控，需要通过摄像机进行监测。通过边缘计算，小区里的摄像机能够实现人、车的监测，做到全结构化的分析，实现对外来人员警示、小区异常情况告警、公共安防隐患清除等小区管理工作。同时对于共享单车乱停放、宠物乱跑等社会问题，也能通过前端摄像机感知，反馈到管理部门，为管理部门制定政策作参考。

3. 智慧安检

在火车站、机场等地安检口等地部署自动检票机器，同数据库相连，可以提供基于活体检测的人证合一的自助安检服务，极大地提高入站效率。同时通过交通枢纽站点内摄像设备的监测，实时掌控站点的人流情况，对重点对象进行监控，保障人民群众的安全。

4. 智慧医疗

在医疗中，数据快速响应服务十分重要，传感器利用边缘计算可以快速响应，助力远程医疗更便捷。

5. 智能家居

智能家居系统利用大量的物联网设备(如温湿度传感器、安防系统、照明系统)实时监控家庭内部状态，接受外部控制命令并最终完成对家居环境的调控，以提升家居安全性、便利性、舒适性。

6. 智能穿戴

智能穿戴是指用穿戴式技术对日常穿戴进行智能化设计，开发出可以穿戴的设备，如手套、手表、服饰、眼镜和鞋等。智能穿戴产品可以利用传感器、射频识别、全球定位系统等信息传感设备接入移动互联网，实现人与物随时随地的信息交流。

本章小结

本章总结了边缘计算的五个典型应用场景,并详细介绍了这些应用场景的发展、关键技术和具体的应用实例。这些应用场景已经在现实生活和公共安全中的实际应用中取得了成功的经验,并迅速扩展到虚拟现实、智能家居等场景。相信在未来几年还会看到边缘计算的工作在工业物联网和智慧城市等领域取得更多成功的例子,为产业升级提供助力。

为了能够在更多的应用场景中取得成功,本章的每个小节还讨论了边缘计算在动态调度、行业标准、公平卸载、用户需求、数据存储等方面的与垂直行业紧密结合的落地问题。边缘计算和5G、工业互联网、物联网等技术融合,如果能够紧密配合并设计出下沉可用的边缘计算系统,将会实现计算机行业与各行各业间的双赢。边缘计算提出不过短短几年的时间,就已经取得了爆发式的增长,有理由相信按照这样的趋势发展下去,边缘计算将会带来更多实用、高效、绿色、安全、便捷的应用场景,成为各行各业的粘合剂和智能产业发展的催化剂,促进整个工业系统的升级转型。

习题

(1) 边缘计算还有哪些应用场景?

(2) 边缘计算的内在驱动因素是什么,与典型的应用场景有什么联系?

参考文献

[1] Huang X,He L,Wang L,et al. Towards 5G: Joint optimization of video segment cache,transcoding and resource allocation for adaptive video streaming in a multi-access edge computing network[J]. IEEE Transactions On Vehicular Technology,2021,70(10): 10909-10924.

[2] Mao Y,You C,Zhang J,et al. A survey on mobile edge computing: The communication perspective [J]. IEEE Communications Surveys & Tutorials,2017,19(4): 2322-2358.

[3] Luthra A,Schmidt M,Moorthy P. Server-based smart adaptive bit rate (SABR) streaming with statistical multiplexing[C]//2018 IEEE International Conference on Multimedia & Expo Workshops (ICMEW). San Diego,2018: 1-4.

[4] Roman R,Lopez J,Mambo M. Mobile edge computing,fog et al.: a survey and analysis of security threats and challenges[J]. Future Generation Computer Systems,2018,78(2): 680-698.

[5] Yang S R,Tseng Y J,Huang C C,et al. Multi-access edge computing enhanced video streaming: proof-of-concept implementation and prediction/QoE models[J]. IEEE Transactions on Vehicular Technology,2018,68(2): 1888-1902.

[6] Shigenori,KINJO,Shuichi,et al. An adaptive bit allocation for maximum bit-rate Tomlinson-Harashima precoding[J]. IEICE Transactions on Fundamentals of Electronics,Communications and Computer Sciences,2019,102(10): 1438-1442.

[7] 王聪. 虚拟现实和增强现实技术及其标准化研究[J]. 信息技术与标准化,2016,34(9): 27-31.

[8] Hou X,Lu Y,Dey S. Wireless VR/AR with edge/cloud computing[C]//2017 26th International Conference on Computer Communication and Networks (ICCCN). Vancouver,2017: 1-8

[9] Erol-Kantarci M,Sukhmani S. Caching and computing at the edge for mobile augmented reality and

virtual reality (AR/VR) in 5G[J]. Ad Hoc Networks,2018,2018(223)：169-177.

[10] De Simone F,Li J,Debarba H G,et al. Watching videos together in social virtual reality：An experimental study on user's QoE[C]//2019 IEEE Conference on virtual reality and 3D user interfaces (VR). Osaka,2019：890-891.

[11] Sukhmani S,Sadeghi M,Erol-Kantarci M,et al. Edge caching and computing in 5G for mobile AR/VR and tactile internet[J]. IEEE MultiMedia,2018,26(1)：21-30.

[12] Bastug E,Bennis M,Medard M,et al. Toward interconnected virtual reality：opportunities, challenges,and enablers[J]. IEEE Communications Magazine,2017,55(6)：110-117.

[13] 吴大鹏,张普宁,王汝言."端—边—云"协同的智慧物联网[J].物联网学报,2018,2(3):25-32.

[14] Al-Fuqaha A,Khreishah A,Guizani M,et al. Toward better horizontal integration among IoT services [J]. IEEE Communications Magazine,2015,53(9)：72-79.

[15] Premsankar G,Di Francesco M,Taleb T. Edge computing for the internet of things：a case study[J]. IEEE Internet of Things Journal,2018,5(2)：1275-1284.

[16] Tsai C W,Lai C F,Chiang M C,et al. Data mining for internet of things：a survey[J]. IEEE Communications Surveys & Tutorials,2013,16(1)：77-97.

[17] Wang R,Yan J,Wu D,et al. Knowledge-centric edge computing based on virtualized D2D communication systems[J]. IEEE Communications Magazine,2018,56(5)：32-38.

[18] 李佐昭,刘金旭.移动边缘计算在车联网中的应用[J].现代电信科技,2017,47(3)：37-41

[19] Zhang J,Letaief K B. Mobile edge intelligence and computing for the internet of vehicles[J]. Proceedings of the IEEE,2019,108(2)：246-261.

[20] Bonanni M,Chiti F,Fantacci R. Mobile mist computing for the internet of vehicles[J]. Internet Technology Letters,2020,3(6)：176.

[21] Zhou H,Xu W,Chen J,et al. Evolutionary V2X technologies toward the internet of vehicles： challenges and opportunities[J]. Proceedings of the IEEE,2020,108(2)：308-323.

[22] Hu Z,Wang D,Li Z,et al. Differential compression for mobile edge computing in internet of vehicles [C]//2019 International Conference on Wireless and Mobile Computing, Networking and Communications (WiMob). Barcelona,2019：336-341.

[23] Jan M A,Zhang W,Usman M,et al. SmartEdge：an end-to-end encryption framework for an edge-enabled smart city application[J]. Journal of Network and Computer Applications,2019,2019(137)： 1-10

[24] Hou W,Ning Z,Guo L. Green survivable collaborative edge computing in smart cities[J]. IEEE Transactions on Industrial Informatics,2018,14(4)：1594-1605.

[25] Khan L U,Yaqoob I,Tran N H,et al. Edge-computing-enabled smart cities：a comprehensive survey [J]. IEEE Internet of Things Journal,2020,7(10)：10200-10232.

[26] Yin C T,Xiong Z,Chen H,et al. A literature survey on smart cities[J]. Science China. Information Sciences,2015,58(10)：100102-100102.

[27] 徐恩庆.云计算与边缘计算协同九大应用场景[R].北京：中国信息通信研究院,云计算开源产业联盟,2019.

[28] 工业大数据分析与集成实验室,智慧城市白皮书(2021年)[R].北京：工信安全、联想联合出版,2021.

第9章 边缘计算与新兴技术的融合

在过去的 40 年里,无线通信网络从社会、文化、政治和经济等各个方面改变了人们的生活。自 20 世纪 80 年代初第一代(1G)蜂窝网络商业化以来,各代蜂窝网络在网络结构、关键技术、覆盖范围、移动性、安全性和隐私性、数据、频谱效率、成本优化等方面都有着巨大的差异。第四代移动通信系统提供了 3G 不能满足的无线网络宽带化。4G 网络是全 IP 化网络,主要提供数据业务,其数据传输的上行速率可达 20Mb/s,下行速率高达 100Mb/s,基本能够满足各种移动通信业务的需求。5G 网络则提供人与设备的无缝宽带接入,主要服务于移动互联网业务和物联网业务。随着 5G 时代的到来,城市智能化进程正在加速推进,一些计算密集型的、需要高度交互的新兴应用应运而生,这些应用中的大多数本身可能会产生大量的数据并存储。然而,大多数的连接设备只有有限的通信和存储资源能力以及有限的处理能力。解决这些挑战的一个方案是将计算转移到集中式云中,然而集中式云可能会受到许多阻碍,例如网络拥塞、安全漏洞和低覆盖率等问题。这推动了移动边缘计算(mobile edge computing,MEC)的发展。

与此同时,随着移动通信技术和互联网应用的快速发展,智能终端及其产生的数据都经历着前所未有的爆发式增长。到 2025 年,中国的智能手机连接数将超过 15 亿,占移动连接数的近 90%。国际数据公司(International Data Corporation,IDC)的预测数据显示,到 2025 年全球数据量将达到 175 泽字节(ZB,1 ZB $\approx 10^{21}$ B)。与此同时,人工智能(artificial intelligence,AI)技术在经历 60 余年的跨越之后正处于新一轮的发展浪潮。随着深度学习在技术上不断取得突破,人工智能技术相关的应用和服务也应势蓬勃发展。目前,人工智能应用从智能个人助手到推荐系统再到音视频的监控等,已遍布人类日常生活的方方面面。越来越多的人工应用不断改变着人们的工作和生活方式,智能家居、自动驾驶、智慧城市等新兴应用也开始进行商业部署。一方面,现象级的数据量为人工智能技术的发展带来新的机遇;另一方面,为了实现人工智能,也需要庞大的通信资源和计算资源来支持海量数据的传输与处理。为了高效利用网络中的通信和计算资源并进一步释放人工智能的潜力,将传统基于专用数据中心的人工智能下沉到靠近用户终端的网络边缘已成为一种技术趋势,即边缘智能(edge AI)。

边缘计算可以在移动设备的邻近位置实现支持移动性、位置感知以及低延迟的服务。然而,边缘计算中存在较大的安全隐患。在消息传输过程中,恶意攻击者通过网络拥塞发起某些攻击(例如干扰攻击、嗅探器攻击和其他攻击)以禁用连接或者监控网络数据流,因此,网络管理员输入的配置必须可靠并经过验证。由于边缘计算环境的高度动态性和开放性,要实现这种验证十分困难。而在管理异构边缘网络时,很难将管理流量与常规数据流量隔离开来,这让攻击者更容易控制网络。此外,Internet 边缘的分散控制可能给网络管理带来沉重负担。因此,能够解决数据安全、身份认证和隐私保护的区块链技术成为弥补边缘计算缺陷的首选。区块链技术通过建立一组互联网上的公共账本,由网络中所有的用户共同在账本上记账与核账,来保证信息的真实性和不可篡改性。在高移动性的移动边缘网络中,使用区块链灵活透明地统筹密钥管理程序中的成员出入,能够大大提高密钥管理的效率和准确性,保护参与者的密钥以及数据安全。加入区块链的节点数据则更容易被监控和追溯,防范风险事件的发生。由于区块链技术需要部署大量分布式计算维护节点,而区块链上的数据增添需要工作量证明。虽然工作量证明并不是区块链的唯一算法,但资源有限的移动与物联网终端设备难以应用区块链技术。而边缘计算为这些资源受限的移动设备提供了一种便捷、低时延、分布式的计算卸载平台,边缘计算设备为移动设备提供了强大的计算和存储能力,从而为区块链的服务提供了计算支持。因此,边缘计算为移动及边缘设备使用区块链技术提供了可能。

9.1 5G 移动边缘计算

9.1.1 5G 网络及关键技术

国际电信联盟将 5G 时代的主要移动网络业务划分为了三类:eMBB(enhanced mobile broadband)、uRLLC(ultra-reliable and low-latency communications)以及 mMTC(massive machine type communications),如图 9-1 所示。eMBB 针对带宽有极高需求的业务,例如高清视频、虚拟现实/增强现实等,倾向于满足人们日常生活方面的业务需求。uRLLC 针对时延极其敏感的业务,例如无人驾驶、远程医疗、远程控制等,倾向于满足工业控制方面的业务需求。mMTC 则覆盖对于连接密度要求较高的场景,例如智慧城市、智能农业,用于满足人们所生存的社会大环境的需求。

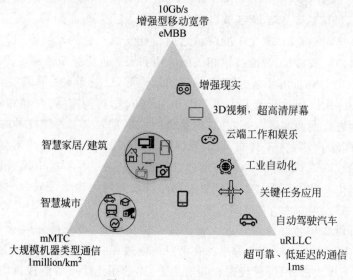

图 9-1 5G 的三大业务场景

5G 具有上一代网络所没有的三个主要特征。第一个特征,产生大量的数据。2021 年年底,中国有超过 12 亿人使用移动通信服务,占全国人口的 83%。目前中国已跻身于全球最发达的移动通信市场,独立移动用户的增长却开始放慢步伐。不过,随着运营商大力扩充视频等数字服务的接入,智能手机和移动互联网的使用量将继续稳步上升。各类应用对带宽的需求日益增长,这将推动数据流量的增长,到 2027 年,数据流量将增长近 350%。第二个特征,严格的服务质量要求。为满足高度交互的应用,需要满足超低延迟和高吞吐量。第三个特征,支持异构环境。允许不同范围的用户设备(如智能手机和平板电脑)、QoS 要求(如多媒体应用的不同延迟和吞吐量水平)和网络类型(如 IEEE 802.11 和物联网)等的相互操作。

为了实现更高的网络容量以支持更多的用户设备,5G 网络采用了三种新技术:高频段,即 30~300GHz 的毫米波通信用以提供高带宽(至少 11Gb/s);小单元部署,使 UE 可以通过毫米波通信以减少传输范围和干扰;大规模多输入多输出(multiple input multiple output,MIMO),允许基站使用大量天线(例如每个扇区最多 16 根天线)来提供定向传输(或波束形成)以减少干扰,从而允许相邻节点同时通信。随着移动网络和互联网在业务方面融合的不断深入,两者在技术方面也在相互渗透和影响。云计算、虚拟化、软件化等互联网技术是 5G 网络架构设计和平台构建的重要使能技术。

通信网络主要由接入网、承载网和核心网三部分以及空中接口组成。接入网负责数据收集;承载网负责数据传输,在 5G 中,主要是负责网元之间的数据传输;核心网负责管理及控制数据。空中接口定义了终端设备与网络设备之间的电波连接的技术规范,使无线通信像有线通信一样可靠。一个基站通常包括基带处理单元(base band unit,BBU,主要负责信号调制)、远端射频单元(remote radio unit,RRU,主要负责射频处理)、天线(主要负责线缆上导行波和空气中空间波之间的转换)以及馈线(用于连接 RRU 和天线)。

而在 5G 网络中,接入网被重构为三个功能实体:集中单元(centralized unit,CU)、分布单元(distribute unit,DU)、有源天线单元(active antenna unit,AAU)。CU 即原 BBU 的非实时部分将被分割出来,重新定义为 CU,负责处理非实时协议和服务;DU 为 BBU 的剩余功能,负责处理物理层协议和实时服务;BBU 的部分物理层处理功能与原 RRU 及无源天线合并为 AAU。为了满足 5G 不同场景的需要,承载网将 BBU 功能拆分、核心网部分下沉。把网络拆开、细化,就是为了更灵活地应对场景需求。依据 5G 提出的标准,CU、DU、AAU 可以采取分离或合设的方式,所以会出现多种网络部署形态。这些部署方式的选择,需要同时综合考虑多种因素,包括业务的传输需求(如带宽、时延等因素)、建设成本投入、维护难度等。

5G 核心网采用的是基于服务的架构(service based architecture,SBA)。SBA 架构基于云原生架构设计,借鉴了 IT 领域的"微服务"理念,把原来具有多个功能的整体分拆为多个具有独立功能的个体,每个个体实现自己的微服务。其一个明显的外部表现,就是网元大量增加了。除了用户平面功能(UPF)之外,其余的都是控制面。5G 网络使用 SBA 等技术分离控制面和用户面。用户面的功能由网元(network function,NF)负责,控制面的功能由若干 NF 负责。图 9-2 为 3GPP 给出的 5G 系统架构图。

5G 系统架构中的各网元功能可简单解释如下。

① 访问和移动性管理功能(access management functions,AMF)。建立移动性和访问过程,例如连接管理、可达性管理、移动性事件通知、RAN 控制平面的终止和访问认证或授权。

② 会话管理功能(session management function,SMF)。执行与会话管理相关的功能,例如会话建立、终止面向策略控制功能的接口以及下行链路数据通知。

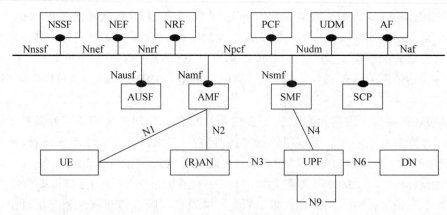

图 9-2　3GPP 5G 网络架构图

③ 网络切片选择功能(network slice selection function,NSSF)。执行切片资源和 AMF 集的分配,以服务用户。

④ 网络资源功能(network resource function,NRF)。支持发现网络功能及其支持的服务。

⑤ 统一数据管理(unified data management,UDM)。处理用户订阅和标识服务。

⑥ 策略控制功能(policy control function,PCF)。统一网络策略并提供策略规则以控制平面功能。

⑦ 网络暴露功能(network exposure function,NEF)。作为服务感知边界网关,提供与网络功能支持的服务的安全通信。

⑧ 认证服务功能(authentication server function,AUSF)。执行认证程序。与身份验证相关的过程由 AUSF 提供服务。

⑨ 用户平面功能(user plane function,UPF)。提供方便用户平面操作的功能,例如分组路由和转发、数据缓冲和 IP 地址分配。

⑩ 数据网络(data networks,DN)。如运营商服务、互联网接入或第三方服务。

⑪ 应用功能(application function,AF)。可以与网络暴露功能交互,或者在某些情况下直接与目标 5G NFs 交互。

9.1.2　5G 技术与移动边缘计算的结合

在 5G 系统规范中,有一组新的功能对于 5G 应用于移动边缘计算网络中集成部署 MEC 至关重要。首先,5G 核心网络中使用的本地路由和流量控制提供了选择要路由到本地数据网络中的应用程序的流量的方法。协议数据单元(protocol data unit,PDU)会话可以有多个指向数据网络的 N6 接口,终止这些接口的 UPF 支持 PDU 会话锚功能。UPF 的流量控制由上行链路分类器支持,上行链路分类器在与被控制的流量相匹配的一组流量过滤器上进行操作,也可以通过 IPv6 多宿主,其中多个 IPv6 前缀已与所述 PDU 会话关联。

应用程序功能直接通过策略控制功能(PCF)或间接通过网络暴露功能(NEF)影响 UPF(重新)选择和流量路由的能力,具体取决于运营商的策略。针对不同的 UE 和应用移动场景的会话和服务连续性(SSC)模式,5G 系统架构中对会话和服务连续性的支持能够满足不同应用或服务对 UE 的各种连续性需求。在 PDU 会话的生存期内,与 PDU 会话关联的 SSC 模式不会改变。SSC 模式 1,网络保留提供给 UE 的连接服务。对于 IPv4、IPv6 或 IPv4-v6 类型的 PDU 会话,保留 IP 地址。SSC 模式 2,网络可以释放传送到 UE 的连接服务并释放相应的 PDU 会话。对于 IPv4、IPv6 或 IPv4-v6 类型,PDU 会话的释放将导致分配给 UE 的 IP 地址的释放。SSC 模式 3,UE 可以看到对用户平面的改变,而网络确保 UE 不受连接丢失的影响。在前一个连接终止之前,通过新的 PDU 会话锚定点建立连接,以允许更好的服务连续性。对于 IPv4、IPv6 或 IPv4-v6 类型,当 PDU 会话锚更改时,此模式不会保留 IP 地址。5G 核心网可以在部署应用程序的特定区域连接到局域网(local area data network,LADN)。对 LADN 的访问仅在特定的 LADN 服务区域中可用,该服务区域被定义为用户的服务公共陆地移动网中的一组跟踪区域。LADN 是由用户的服务公共陆地移动网提供的服务。

网元及其产生的服务在网络资源功能(NRF)中注册,而在 MEC 中,MEC 应用程序产生的服务在 MEC 平台的服务注册表中注册。服务注册是应用启用功能的一部分。要使用服务,如果得到授权,网元可以直接与生成服务的网元交互,可用服务的列表可以从 NRF 中找到。有些服务只能通过 NEF 访问,域外部的不受信任实体也可以通过 NEF 访问服务。换言之,NEF 充当服务公开的集中点,并且在授权来自系统外部的所有访问请求方面也具有关键作用。

网络切片是网络功能虚拟化应用于 5G 阶段的关键特征,它允许将所需的功能和资源从可用的网络功能分配给不同的服务或使用服务的租户。网络切片即将物理网络通过虚拟化技术分割为多个相互独立的虚拟网络,每个虚拟网络被称为一个网络切片,每个网络切片中的网络功能可以在定制化的裁剪后,通过动态的网络功能编排形成一个完整的实例化的网络架构。通过为不同的业务和通信场景创建不同的网络切片,使网络可以根据不同的业务特征采用不同的网络架构和管理机制,包括合理的资源分配方式、控制管理机制和运营商策略,从而保证通信场景中的性能需求,提高用户体验以及网络资源的高效利用。

网络切片选择功能(NSSF)是帮助用户选择合适的网络切片实例和分配必要的访问管理功能(AMF)的功能。MEC 应用程序即托管在 MEC 系统的分布式云中的应用程序,属于在 5G 核心网络中配置的一个或多个网络片。5G 系统中的政策和规则由 PCF 处理,PCF 也是其服务于 AF 的功能,例如 MEC 平台,请求以影响流量控制规则。PCF 可以直接访问,也可以通过 NEF 访问,这取决于 AF 是否被认为是可信的,在流量控制的情况下,在请求时是否知道相应的 PDU 会话。统一数据管理(UDM)功能负责与用户和订阅相关的许多服务,它生成 3GPP AKA 认证凭证,处理用户身份相关信息,管理访问授权(例如漫游限制),注册服务于 NF(服务于 AMF、SMF)的用户,通过记录 SMF 或数据网络命名(data network name,DNN)分配来支持服务连续性,通过充当联络点支持出站漫游中的合法拦截(lawful interception,LI)过程,并执行订阅管理过程。用户平面功能(UPF)对于在 5G 网络中的集成部署 MEC 具有关键作用。从 MEC 系统的角度来看,UPF 可以看作一个分布式的、可配置的数据平面。数据平面的控制,即路由规则配置,现在遵循 NEF-PCF-SMF 路线。因此,在某些特定的部署中,本地 UPF 甚至可能是 MEC 实现的一部分。

在图 9-3 右侧的 MEC 系统中,MEC 编排器是 MEC 系统级功能实体,充当应用层功能(application function,AF),可以与网络暴露功能(NEF)交互,或者在某些情况下直接与目标 5G NF 交互。在 MEC 主机级,MEC 平台可以与这些 5G NF 交互,同样扮演 AF 的角色。MEC 主机,即主机级功能实体,通常部署在 5G 系统的数据网络中。虽然作为核心网络功能的 NEF 是与类似 NF 一起集中部署的系统级实体,但 NEF 的实例也可以部署在边缘,以允许从 MEC 主机进行低延迟、高吞吐量的服务访问。在 ETSI 白皮书中,假设 MEC 部署在 N6 参考点上,即 5G 系统外部的数据网络中。这是通过灵活定位 UPF 实现的。在 5G 系统中,由访问和移动管理功能(access and mobility management function,AMF)处理与移动相关的过程。此外,AMF 还负责终止 RAN 控制平面和非访问层(NAS)程序,保护信令的完整性,管理注册、连接和可达性,与访问和移动事件的合法拦截功能对接,为访问层提供认证和授权以及托管安全锚功能(security anchor function,SEAF)。

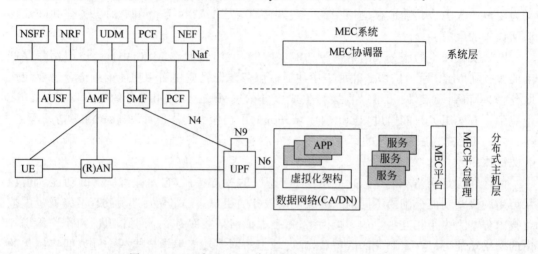

图 9-3　ETSI 中通过 N6 参考点将 MEC 与 5G 网络集成

使用 SBA、AMF 为其他 NF 提供通信和可访问性服务,它还允许订阅接收有关移动事件的通知。与 AMF 类似,会话管理功能(SMF)因其众多的职责而处于关键位置。SMF 提供的一些功能包括会话管理、IP 地址分配和管理、DHCP 服务、UPF 的选择/重新选择和控制、UPF 的流量规则配置、会话管理事件的合法拦截、收费和对漫游的支持。由于 MEC 服务可以在集中式云和边缘云中提供,因此 SMF 在选择和控制 UPF 以及配置其流量控制规则方面发挥着关键作用。SMF 公开服务操作,以允许 MEC 作为 5G AF 来管理 PDU 会话、控制策略设置和流量规则以及订阅会话管理事件的通知。

9.1.3　5G 移动边缘计算的应用

5G 移动边缘计算的应用场景可分为面向消费者的服务、运营商和第三方服务、网络性能和 QoE 改进三大类。面向消费者的服务旨在通过在网络边缘运行计算量大且对延迟敏感的应用程序的能力,为用户带来直接的好处。通过计算卸载,用户可以利用边缘服务器上的大量计算资源;运营商和第三方服务,即运营商和第三方利用 MEC 计算和存储设施将自己的应用程序和服务置于网络边缘,旨在鼓励多方在 MEC 中进行创新和发展,并克服在难以到达的地区提供 MEC 服务的障碍;网络性能和 QoE 改进旨在优化网络的操作,从而提高网络性能和 QoE。

如前所述的 5G 网络架构与 MEC 架构的结合,使 UPF 既可与核心网控制面一起部署在机房,也可以部署在更靠近用户的接入端。如图 9-4 所示,中兴的 5G MEC 解决方案是把

UPF 下沉到无线侧,和 CU、移动边缘应用一起部署在运营商 MEC 平台中,就近提供前端服务。

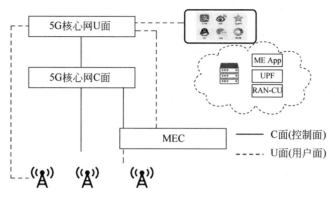

图 9-4　中兴 5G MEC 解决方案

直播现场:部署 MEC 平台,可以调取全景摄像头拍摄视频进行清晰的实时回放,低时延、高带宽,如图 9-5 所示。

图 9-5　直播现场的 MEC 平台

视频监控:视频回传数据量比较大,但大部分画面是静止不动、没有价值的。部署 MEC 平台,可以提前对内容进行分析处理,提取有价值的画面和片段进行上传,价值不高的数据就保存在 MEC 平台的存储器中,极大地节省了传输资源,如图 9-6 所示。

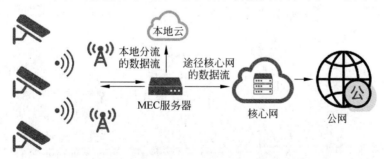

图 9-6　视频监控中的 MEC 平台

医疗保健:MEC 使智能手机能够从智能传感器收集患者的脉搏、体温等生理信息,并将其发送到云服务器进行存储、数据同步和共享。能够访问云服务器的健康顾问可以立即诊断并为他们提供相应的帮助。

移动大数据分析:在移动设备附近实现 MEC 可以借助网络高带宽和低延迟提升大数据分析。

智能建筑控制：智能建筑环境中安装了 MEC 的传感器，能够共享信息，并对任何异常情况做出反应。这些传感器可以根据从其他无线节点接收到的集体信息来维持建筑物内的空气质量。

海洋监控：科学家们正在研究如何应对海洋灾难，并提前了解气候变化。这有助于在灾难前迅速做出反应并减轻损失，以防出现任何灾难性的情况。部署在海洋中某些位置的传感器传输大量数据，这需要大量的计算资源。在这种情况下，MEC 可以起到重要的作用，防止传感器数据传输中的任何数据丢失或延迟。

9.2 边缘智能

9.2.1 人工智能技术

尽管人工智能技术在近几年才逐渐引起极大的关注，但它并不是一个新名词。1956 年夏季，以 Macarthy、Minsky、Rochester 和 Shannon 等为首的一批有远见卓识的年轻科学家在一起聚会，共同研究和探讨用机器模拟智能的一系列有关问题，并首次提出了"人工智能"这一术语，它标志着"人工智能"这门新兴学科的正式诞生。人工智能最初的定义是构建一种能够执行人类任务的智能机器的方法。显然，这是一个非常宽泛的定义，涵盖了一系列从 AppleSiri 到 Google AlphaGo 以及尚未发明的功能强大的技术。在模拟人类智能时，人工智能系统通常会进行与人类智能相关的计划、学习、推理、解决问题、感知、控制以及创造力等行为。在过去几十年的发展中，人工智能经历了由兴到衰，再由衰到兴的复杂历程。人工智能在 2010 年后的繁荣可以部分归因于深度学习技术方面的突破，深度学习是一种在某些有趣领域实现了人类水平准确性的方法。

1. 深度学习与深度神经网络

机器学习（machine learning，ML）是实现人工智能应用的一种有效方式。目前，已经有学者提出了大量的机器学习方法，例如决策树、K-means 聚类和贝叶斯网络等，用来训练机器根据现实世界获得的数据进行分类和预测。现有的机器学习方法，例如深度学习通常利用人工神经网络来学习数据的深度表示，该方法在包括图像分类、面部识别等多类任务中实现了惊人的性能。

由于深度学习模型采用的人工神经网络（artifical neural network，ANN）通常由连续的一系列层组成，因此该模型被称为深度神经网络（deep neural network，DNN）。如图 9-7 所示，DNN 的每一层都由神经元组成，这些神经元能够根据来自神经元输入的数据生成非线性输出。输入层中的神经元接收数据并将其传播到中间层（也称为隐藏层）。然后，中间层的神经元生成输入数据的加权和，并使用特定的激活函数（例如 tanh）输出加权和，再将输出传到输出层。与典型模型相比，DNN 具有更多的复杂层和抽象层，能够学习更高级的功能，从而在

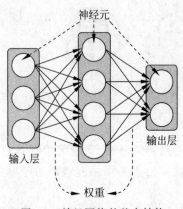

图 9-7 神经网络的基本结构

任务中实现高精度推断。

2. DNN 学习与训练

DNN 各层中的每个神经元具有与该层的输入数据 x 大小关联的权重向量$\boldsymbol{\omega}$ ，如图 9-8 所示，深度学习模型需要通过训练过程对其进行优化。在深度学习模型的训练过程中，通常会先随机分配模型中权重的值，模型最后一层的输出表示任务结果，设置损失函数：

$$f(\boldsymbol{\omega}) = \frac{1}{2}(\boldsymbol{x}^{\mathrm{T}}\boldsymbol{\omega} - y)^2 \tag{9-1}$$

通过推理计算结果与真实标签之间的误差来评估结果的正确性。为了调整模型中每个神经元的权重，通常使用随机梯度下降（SGD）的方法来计算损失函数的梯度并更新权重。利用反向传播更新机制，误差会在整个神经网络中传播回来，并且各神经元权重会根据梯度和学习率进行更新。输入大量训练样本并重复此过程直到错误率低于预定义的阈值，可以获得具有高精度的深度学习模型。

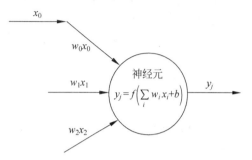

图 9-8　神经元的基本结构

DNN 模型推理操作发生在模型训练之后。例如，对于图像分类任务，首先需要基于大量训练样本，对 DNN 进行训练以学习识别图像的能力，然后通过推理操作将真实世界的图像作为输入并快速得出预测或者是它们的分类。训练过程包括前馈过程和反向传播过程两个部分，而推理过程仅包含前馈部分，也就是将来自真实世界的输入通过整个神经网络传递，最后模型输出预测结果。

9.2.2　边缘计算与人工智能技术结合

边缘计算是一种分布式处理和存储的体系结构，通过将原本由中心节点提供的应用或计算服务分解为若干部分，分散到边缘节点由其分别进行处理，计算能力更接近数据的源头。具体而言，是在靠近终端设备或数据源头的网络边缘层，搭建融合网络、存储、计算、应用等能力的平台，就近提供计算服务，满足快速连接、实时分析等方面的技术和应用需求。伴随技术的成熟与应用场景的铺开，人工智能技术正加速渗透到人们工作生活的方方面面，智能产品的类型不断扩充，智能计算的场景愈加丰富，特别是物联网设备的普及以及边缘计算时代的到来，边缘侧将产生海量数据与智能计算需求。传统基于数据中心的"云端"的人工智能计算与处理模式，受功耗高、实时性低、带宽不足以及数据传输中的安全性较低等因素制约，不能完全满足边缘侧的人工智能计算需求。随着智能手机、智能家居、智能网联汽车、工业互联网等产品与应用场景的普及与发展，人工智能正逐渐从云端向边缘侧的嵌入端迁移，智能边缘计算应运而生。例如，带有智能视觉处理功能的摄像头等。

由于移动和 IoT 设备数量及类型的飞速增长，在边缘侧的物理环境中涌现了大量的多模数据（例如音频、图片和视频）。与此同时，AI 技术具有快速处理海量数据并从中提取信息以进行高质量决策的能力。作为最流行的 AI 技术之一，深度学习具有自动识别并检测边缘设备感知数据异常的能力，例如人口分布、交通流量、湿度、温度、气压和空气质量。从感知到的数据中提取的信息,随后反馈到实时预测性决策中(例如公共交通规划、交通控制和驾驶警报),以适应快速变化的环境,从而提高运营效率。

深度学习的蓬勃发展背后的驱动力来源于四方面:算法、硬件、数据和应用场景。算法和硬件对深度学习发展的影响是直观的,但数据和应用场景的重要作用却很容易被大众忽略。具体来说,为了提高深度学习算法的性能,最常用的方法是使用更多层神经元来改善DNN结构。随着神经元层数的增加,训练时需要学习DNN中的更多参数,训练所需要的数据也会增加。这就说明了数据对人工智能发展的重要性。在认识到数据的重要性之后,下一个问题就是数据的来源。在传统应用中,数据大多是在超大型数据中心生成和存储的。然而,随着物联网的飞速发展,这种趋势正在逆转。根据思科的报告,在不久的将来,将在边缘端生成大量的物联网数据。如果这些数据在云数据中心由AI算法处理,将消耗大量带宽资源,并给云数据中心带来巨大压力。为了应对这些挑战,相关学者提出了边缘计算,以通过将计算能力从云数据中心转移到边缘侧(即数据生成的地方)来实现低延迟数据处理,从而实现高性能的AI处理。边缘计算和AI不仅从技术角度是相辅相成的,它们的应用和普及也互惠互利的。

AI技术已经在日常生活中的许多数字产品或服务中取得了巨大的成功,例如在线购物、服务推荐、视频监控、智能家居设备等。人工智能技术还是自动驾驶汽车、智能金融、癌症诊断和药物发现等新兴领域背后的主要推动力。除了上述示例之外,为了支持更多的应用并突破技术的界限,大型IT公司提出了AI大众化这一目标,其愿景是"为任何地方的任何人创造AI"。为此,AI应用应与人、数据和终端设备保持较近的距离。显然,边缘计算在云计算网络结构方面更有益于AI大众化。首先,与云数据中心相比,边缘服务器更接近人员、数据源和设备。其次,与云计算相比,边缘计算更容易实现,经济负担更小。最后,与云计算相比,边缘计算有潜力提供更多的AI应用场景。基于这些优势,边缘计算自然是实现无处不在的AI的关键推动因素。

在边缘计算的早期开发过程中,云计算社区一直关注以下几个问题:第一,找到在边缘计算架构中应用可以实现云计算架构无法达到的性能水平的高需求应用程序。第二,找到边缘计算应用场景中的杀手级应用。为了解决以上两个问题,微软自2009年以来一直在不断探索应从云计算架构迁移到边缘架构中的应用。探索范围从语音命令识别、AR/VR和交互式云游戏到实时视频分析。通过对比分析,最后确定实时视频分析是边缘计算的杀手级应用。作为基于计算机视觉的新兴应用程序,实时视频分析不断从监控摄像头中提取高清视频,并且需要高带宽以实现高私密性和低延迟的视频分析应用,满足以上严格要求的一种可行方法是借助边缘计算的架构。由此,可以预见来自智能物联网、智能机器人、智能城市以及智能家居等领域的新型AI应用将在边缘计算的普及过程中发挥关键作用。

与移动物联网相关的AI应用程序通常需要大量计算资源和能源,对隐私和延迟敏感,以上特征与边缘计算架构特征相符。由于在边缘运行AI应用程序的优越性和必要性,Edge AI受到了极大的关注。2017年12月,加利福尼亚大学伯克利分校发布的白皮书《伯克利关于AI的系统挑战的观点》中提到,边缘AI系统被构想为实现任务目标的重要研究方向。2018年8月,边缘AI首次出现在Gartner Hype Cycle中。根据Gartner的预测,边缘AI仍处于创新触发阶段,并且在接下来的五到十年内将达到生产力的平稳期,行业也已经针对边缘AI进行了许多试点项目。具体来说,在边缘AI服务平台上,传统的云提供商

（例如谷歌、亚马逊和微软）已经启动了服务平台，通过使终端设备能够在本地使用预先训练的模型运行 ML 推理，从而将智能带到边缘。在 Edge AI 芯片上，各种指定用于运行 ML 模型的高端芯片已经在市场上商用，例如 Google Edge TPU、Intel Nervana NNP、Huawei Ascend 910 和 Ascend 310。

Edge AI 与基于云的 AI 不同，它对算法和系统架构提出了更为严格的约束。

① 边缘节点资源有限。在云中心，云计算服务器与极高带宽的网络连接，并且训练数据可用于所有节点。与基于云的 AI 节点上集成了大量功能强大的 GPU 和 CPU 的服务器不同，边缘设备往往具有有限的计算、存储和电源资源，而且边缘设备间以及边缘服务器与基站和无线接入点之间的链路带宽也受到限制。例如，用于计算机视觉的经典 AlexNet 具有超过 6000 万个参数。512 个以 56G/s 速率互连的 Volta GPU 互连后，就可以在 SenseTime 数据中心的 2.6 分钟记录中训练 AlexNet。作为世界上功能最强大的 GPU 之一，Volta GPU 具有 5120 个内核。但是，功能最强大的智能手机之一华为 Mate 30 Pro 上的 Mali-G76 GPU 只有 16 个内核。5G 设想的理论最大速度为 10Gb/s，平均速度仅为 50Mbit/s。

② 跨边缘节点的异构资源。边缘节点的硬件、网络和功率预算的差异意味着异构的通信、计算、存储和功率功能，基站的边缘服务器比移动设备拥有更多的计算、存储和电源资源。例如，Apple Watch Series 5 最多只能提供 10 小时的音频播放，并且用户可能只想在设备充电后才参与培训任务。更糟的是，连接到计量蜂窝网络的边缘设备通常不愿与其他边缘节点交换信息。

③ 隐私和安全性约束。人工智能服务的隐私性和安全性日益重要，特别是对于智能物联网中新兴的高风险应用程序，运营商期望有更严格的法规和法律来保护服务提供商的数据隐私。例如，欧盟的通用数据保护条例授予用户删除或撤回数据的权利。联邦学习成立了在维护数据隐私的同时合作构建机器学习模型的一个特别相关的研究主题。要在各种物理和法规约束下协调和调度边缘节点以有效执行训练或推理任务，启用有效边缘 AI 是一项挑战。

在移动终端设备运行以 DNN 模型为例的计算密集型算法非常耗费资源，因此需要在设备中配备高端处理器。这样的资源需求不仅增加了边缘智能实现的成本，而且与现有传统终端设备计算能力有限的特性相悖。实际上，与本地执行方法相比，利用边缘与云服务器的协同运行，可以减少端到端延迟和能量消耗，并优化训练和推理 DNN 模型的整体性能。根据数据卸载的数量和路径长度，将 EI 分为 6 个级别，如图 9-9 所示。具体地说，以下给出了 EI 各个级别的定义。

① 云智能。完全在云中训练和推理 DNN 模型。

② L1-云边协同推理和云端训练。在云服务器训练 DNN 模型，但以云边协作方式实现 DNN 推理。在这里，边缘云协作意味着将数据部分卸载到云中。

③ L2-边缘推理和云端训练。在云服务器训练 DNN 模型，但在边缘端完成推理。这可以通过将所有或部分数据卸载到边缘节点或附近的设备（通过 D2D 通信）来实现。

④ L3-设备推理和云端训练。在云服务器训练 DNN 模型，但以本地设备推理。不涉及数据卸载。

⑤ L4-云边协同训练与推理。以云-边协同方式进行训练和推理。

⑥ L5-边缘训练与推理。仅在边缘服务器上完成训练和推理。

⑦ L6-终端设备训练与推理。仅在终端设备上完成训练和推理。

随着 EI 级别的提高,数据卸载的数量和路径长度会减小,从而减少了数据卸载的传输等待时间,增加了数据保密性,并降低了带宽成本,但这必然是以增加计算等待时间和能量消耗为代价。这两点之间的冲突表明不存在"最佳级别","最佳级别"取决于应用程序的要求,应该共同考虑延迟、能效、隐私和带宽成本等多种标准。在后面的内容中,将介绍针对不同级别 EI 的支持技术以及现有解决方案。

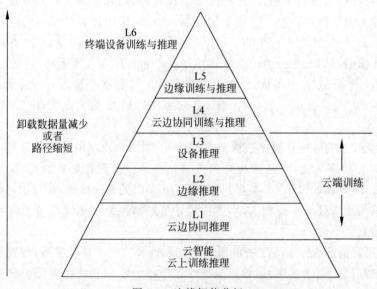

图 9-9　边缘智能分级

9.2.3　边缘智能模型训练

随着移动和物联网设备的激增,网络边缘产生了海量数据可以提供给 AI 模型训练。接下来将从训练模型结构、关键性能指标、关键支持技术几方面介绍边缘智能模型训练。

1. 训练模型结构

边缘的分布式 DNN 训练结构可以分为 3 种模式:集中式、分布式和混合式(云-边-端协同),如图 9-10 所示。云是指中央数据中心,而终端设备用手机、汽车和监控摄像头(也就是数据源)作为代表。对于边缘服务器,将基站用作图例。

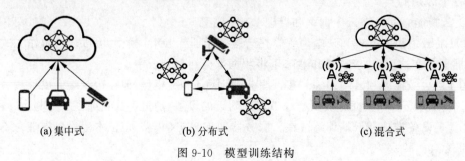

图 9-10　模型训练结构

（1）集中式。

集中式模式下的 DNN 模型在云数据中心进行训练，其 DNN 训练架构的模型如图 9-10（a）所示。用于训练的数据是从诸如移动电话、汽车和监视摄像机之类的分布式终端设备生成和收集的。等到数据送达后，云数据中心将使用这些数据对 DNN 模型进行训练。因此，集中式模型可被定义为图 9-9 中的云智能，并且可根据系统采用的推理模式分别位于 L1、L2 和 L3 水平等级。

（2）分布式。

在分布式模式下，每个计算节点都使用本地数据在本地训练自己的 DNN 模型，从而达到保护隐私的目的。如图 9-10（b）所示，为了通过共享本地训练更新来获得全局 DNN 模型，网络中的节点将彼此通信以交换本地模型更新。在这种模式下，可以在无须云数据中心干预的情况下训练全局 DNN 模型，这对应于图 9-9 中定义的 L5。

（3）混合式。

混合模式是将集中式和分布式相结合的一种形式。边缘服务器作为混合式体系结构中终端设备与云服务中心的连接器，DNN 模型既可以通过彼此之间的交互进行分布式更新，也可以通过云数据中心的集中式训练来训练 DNN 模型，如图 9-10（c）所示。因此，混合式涵盖了图 9-9 中的 L4 和 L5。

2. 关键性能指标

为了更好地评估训练方法的有效性，通常考虑以下 6 个关键指标。

（1）训练损失。

从本质上讲，DNN 训练过程解决的是一个优化问题，旨在使训练损失最小化。由于训练损失表示的是学习的值（例如预测的值）和标记的数据之间的差距，它代表了训练后的 DNN 模型拟合训练数据的程度，因此期望可以将训练损失最小化。训练损失的大小主要受训练样本和训练方法的影响。

（2）收敛性。

收敛性这一指标专门用于分布式方法。直观地讲，去中心化的方法仅在分布式训练过程达到共同收敛于一个值时才有效。"收敛"衡量的是分布式方法是否收敛以及以多快的速度收敛到同一值。在分布式训练模式下，收敛值取决于梯度的同步和更新方式。

（3）隐私。

当使用来源于大量终端设备的数据训练 DNN 模型时，不得不将原始数据或中间数据从终端设备中转移出去。显然，在这种情况下不可避免地存在隐私泄露问题。为了保护用户数据的隐私性，尽可能不要将敏感的数据从终端设备中传输出去。

（4）通信成本。

因为原始数据或中间数据将在节点之间传输，训练 DNN 模型是一项数据密集型的工作。直观地讲，这种通信开销增加了训练时间，以及能量和带宽的消耗。通信开销受原始输入数据的大小、传输方式和可用带宽的影响。

（5）延迟。

延迟是分布式 DNN 模型训练的最基本的性能指标之一，因为它直接影响训练后的模型何时可用。分布式 DNN 模型训练时延通常包括计算时延和通信时延，计算时延与边缘节点计算能力紧密相关，通信时延可能随传输的原始数据、中间数据的大小以及网络带宽大小的变化而变化。

（6）能源效率。

分布式训练 DNN 模型时，计算和通信过程都将消耗大量的能量，但实际应用中，大多数终端设备的能量都是有限的，因而，DNN 模型训练过程也应注意能源效率问题。能源效率主要受目标训练模型规模的大小和设备资源的影响。

为了改进边缘智能系统中的一个或多个上述关键绩效指标，将简要介绍集中辅助边缘智能（edge intelligence，EI）模型推理的技术。

3. 关键支持技术

（1）联邦学习。

联邦学习主要致力于解决上述关键指标中的隐私问题。在解决基于多个客户端发起的数据训练 DNN 模型过程中的隐私保护问题时，联邦学习是一种新兴的但很有效果的方法。如图 9-11 所示，联邦学习并非将原始数据聚合到集中的数据中心进行训练，而是将原始数据留在了客户端（例如移动设备）上进行本地模型训练，并通过汇总本地计算的更新，在数据中心服务器上训练共享模型。

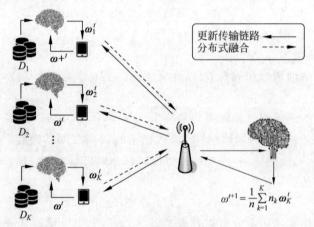

图 9-11　联邦学习过程

联邦学习中主要存在优化和通信两方面的挑战。对于优化问题，挑战在于需要通过移动设备上的分布式梯度更新来优化共享模型的梯度。为了解决这个问题，联邦学习采用随机梯度下降法（stochastic gradient descent，SGD）。随机梯度下降法根据整个数据集的极小子集（最小批量）对模型梯度进行更新，这是一种简单但广泛使用的梯度下降方法。McMahan 等人提出了一种基于联邦学习的分布式方法——FedAvg 方法，该方法基于分布式部署在各客户端的 DNN 模型训练迭代参数，使用 SGD 在本地局部更新模型，然后将更新后的参数送至中心服务器，采用加权平均的方式对所有的参数进行平均后对全局模型进行更新。

$$\boldsymbol{\omega}^{t+1} = \frac{1}{n} \sum_{k=1}^{K} n_k \boldsymbol{\omega}_k^t \tag{9-2}$$

（2）梯度压缩。

分布式学习训练通信方面的开销，大多来源于不可靠和不可预测的无线网络给通信效率造成的影响。在联邦学习中，每个客户端需要将更新后的完整模型或完整模型参数发送回中心服务器,由于网络连接环境动态特性,全局模型的更新可能成为效率提升的瓶颈。为了减少参数传递的次数,McMahan 等人提议增加客户端上本地更新的次数,以减少分布式训练所引起的通信开销,但是当客户端受到严格的计算资源约束时,该方法并不可行。

梯度压缩是另一种压缩模型更新信息(即梯度信息)的方法,梯度量化和梯度稀疏化即是两种梯度压缩方法。具体来说,梯度量化是一种将梯度向量量化为有限位的低精度值的有损压缩。梯度稀疏化通过仅选择传输部分的梯度矢量来减少通信开销。针对这一问题,Kenecny 等人提出两种新的参数更新方案来降低通信成本,即结构化更新(structured update)和草图更新(sketched update)。

① 结构化更新。在结构化更新中,通过对参与全局更新的本地模型参数 ω_t^i 施加预先指定的结构,如低秩和随机掩码,从而实现对全局模型的学习更新。这种方法能够显著减少全局模型所需的变量数量。

低秩是指强制将本地模型参数 $\omega_t^i \in R^{d_1 \times d_2}$ 的每次更新都限定为秩最大为 k 的低秩矩阵,其中 k 是一个固定的数字。为了达到目的,需要将 ω_t^i 表示成两个矩阵的乘积:$\omega_t^i = A_t^i B_t^i$,其中 $A_t^i \in R^{d_1 \times k}$,$B_t^i \in R^{k \times d_2}$。在接下来的计算中,随机生成 A_t^i,并在本地训练过程中考虑一个常数,只优化 B_t^i。注意,在实际情况下,A_t^i 可以以随机数种子的形式压缩,客户端只需要将经过训练的 B_t^i 发送到服务器。这种方法可以立即节省交流中的 d_1/k 因素,在每轮中为每个客户独立地重新生成矩阵 A_t^i。

随机掩码是指根据一个预定义的随机稀疏模式(即一个随机掩码),将 ω_t^i 约束为一个稀疏矩阵。随机掩码在每轮中为每个客户端独立地重新生成。与低秩方法类似,稀疏模式可以由一个随机数种子完全指定,因此它只需要将 ω_t^i 的非零项的值连同种子一起发送。

② 草图更新。首先在本地模型训练期间,不受任何约束地计算完整的 ω_t^i,然后在发送到服务器之前,以有损压缩的方式对权重更新向量进行近似以及编码。服务器在进行聚合之前对更新进行解码。这样的草图更新方式在很多领域都有应用,并且有多种方式可以实现草图更新,它们是相互兼容的,可以共同使用。

二次抽样是指每个客户端将本地模型参数 ω_t^i 的随机子集的缩放值矩阵 $\hat{\omega}_t^i$ 发送到服务器进行全局融合,而不是发送 ω_t^i。然后,服务器对子采样更新进行平均,生成全局模型参数 $\hat{\omega}_t$。这样做可以使采样更新的平均值是真实平均值的无偏估计值:$E[\hat{\omega}_t] = \omega_t$。

概率量化是指压缩更新的另一种方法——权重量化。首先将每个标量量化为一位表示,以更新 ω_t^i 为例,让 $\omega = (\omega_1, \cdots, \omega_{d_1 \times d_2}) = \mathrm{vec}(\omega_t^i)$ 和 $\omega_{max} = \max_j(\omega_j)$,$\omega_{min} = \min_j(\omega_j)$,对 ω 进行压缩更新,记为 $\tilde{\omega}$,生成过程如下:

$$\tilde{\omega}_j = \begin{cases} \omega_{max}, & \dfrac{\omega_j - \omega_{min}}{\omega_{max} - \omega_{min}} \\[2mm] \omega_{min}, & \dfrac{\omega_{max} - \omega_j}{\omega_{max} - \omega_{min}} \end{cases} \tag{9-3}$$

很容易证明 $\tilde{\omega}$ 是 ω 的无偏估计值。与 4 字节浮点数相比,此方法可实现 32 倍的压缩。对于每个标量,还可以将上述情况推广到 1 位以上。对于 b 位量化,首先将 $[\omega_{min}, \omega_{max}]$ 等分为 2^b 区间。假设 ω_i 落在以 ω' 和 ω'' 为界的区间内,量化操作分别用 ω' 和 ω'' 替换上述方程的 ω_{min} 和 ω_{max}。调节参数 b 的大小可实现准确性和通信成本之间的平衡。

（3）DNN 拆分。

DNN 拆分的目的是保护隐私,通过传输部分处理的数据而不是传输原始数据来保护用户隐私。为了对 DNN 模型进行基于边缘的隐私保护训练,可在终端设备和边缘服务器之间进行 DNN 模型拆分。实验证明,DNN 模型可以在两个连续的层之间进行内部拆分,并且拆分后部署在不同的位置而不会损失准确性。DNN 分割中不可避免的问题是如何选择分割点,以使分布式 DNN 训练仍满足时间延迟需求。当将 DNN 拆分应用于隐私保护时,该技术还可以处理 DNN 的大量计算。

9.2.4　边缘智能模型推理

在深度学习模型的分布式训练之后,边缘模型的实现对于实现高质量 EI 服务部署至关重要。本小节将讨论 DNN 模型推理过程在边缘端的实现的基础条件,包括推理模式结构、关键性能指标、关键支持技术以及现有系统和框架。

1. 边缘智能推理模型

除了常见的基于云和设备-云的推理模型,还有 4 种主要以边缘服务器为中心的推理架构,即基于边缘的推理模型、基于设备的推理模型、边缘-设备模型以及边缘-云模型,如图 9-12 所示。

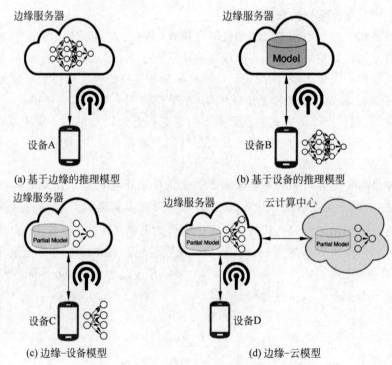

图 9-12　以边缘服务器为中心的推理架构

（1）基于边缘的推理模型。

基于边缘的推理模型是指设备接收输入数据,然后将其发送到边缘服务器,如图 9-12(a)所示。当在边缘服务器上完成 DNN 推理时,再将推理结果返回到设备。在这种推理模式下,由于 DNN 模型位于边缘服务器上,因此很容易在不同的移动平台上实现该应用程序。其主要缺点是推理性能取决于设备和边缘服务器之间的网络带宽。

（2）基于设备的推理模型。

基于设备的推理模型是指设备 B 处于基于设备的模式，如图 9-12（b）所示。移动设备从边缘服务器获取 DNN 模型，并在本地执行模型推断。在推断过程中，移动设备不与边缘服务器通信。因此，推论是可靠的，但它需要大量资源，例如移动设备上的 CPU、GPU 和 RAM。性能取决于本地设备本身。

（3）边缘-设备模型。

边缘-设备模型是指设备 C 处于边缘-设备模式，如图 9-12（c）所示。在边缘-设备模式下，设备首先根据当前系统环境因素（例如网络带宽、设备资源和边缘服务器工作负载）将 DNN 模型划分为多个部分。然后，设备将执行 DNN 模型直至特定层，并将中间数据发送到边缘服务器。边缘服务器将执行其余的层，并将预测结果发送到设备。与基于边缘的模式和基于设备的模式相比，边缘设备模式更加可靠和灵活。由于 DNN 模型前部的卷积层通常需要大量计算，因此在移动设备上也可能需要大量资源。

（4）边缘-云模型。

边缘-云模型是指设备 D 处于边缘-云模式，如图 9-12（d）所示。在这种模式下，设备负责输入数据的收集，并且通过边缘云协同作用执行 DNN 推理。该模型的性能在很大程度上取决于网络连接质量。它与边缘设备模式相似，适用于设备资源严重受限的情况。

2. 关键性能指标

为了描述边缘智能模型推理的服务质量，一般考虑以下 5 个指标。

（1）延迟。

延迟是指在整个推理过程中所花费的时间，包括预处理、模型推理、数据传输和后处理。某些实时智能移动应用程序（例如 AR/VR 移动游戏和智能机器人），通常具有严格的时延要求，例如 100ms 的延迟。延迟指标受许多因素的影响，包括边缘设备上的资源状况、数据传输方式以及执行 DNN 模型的方式等。

（2）准确性。

准确性是指通过 DNN 推理获得正确预测的输入样本数与输入样本总数的比值，反映了 DNN 模型推理的性能。某些要求高度可靠性的移动应用程序，例如自动驾驶汽车和人脸识别系统，要求 DNN 模型推断具有超高的准确性。除了 DNN 模型本身的推理能力，推理准确性还取决于将输入数据馈送到 DNN 模型的速度。对于视频分析应用程序，在视频帧快速输入的情况下，由于边缘设备的约束资源，某些输入样本可能会被跳过，从而导致准确性下降。

（3）能量。

为了执行 DNN 模型，与边缘服务器和云数据中心相比，终端设备通常会受到电池容量的限制，而 DNN 模型推理的计算和通信都将带来大量的能耗。对于 EI 应用程序，能源效率非常重要，并且受 DNN 模型的大小和边缘设备上的资源的影响。

（4）隐私。

物联网和移动设备生成大量数据，这些数据可能对隐私敏感。因此，在模型推理过程中，保护数据源的隐私和数据安全也很重要。隐私保护取决于处理原始数据的方式。

（5）通信开销。

除了基于设备的模式外，通信开销会极大地影响其他模式的推理性能。必须在 EI 应用程序的 DNN 模型推理过程中最大限度地减少通信开销,尤其是与云服务器连接的骨干网带宽的使用。这里的通信开销主要取决于 DNN 推理的模式和可用带宽。

3. 模型推理的技术

为了改进边缘智能系统中的一个或多个上述关键绩效指标,接下来简要介绍辅助边缘智能模型推理技术。

(1) 模型分割。

为了减轻 EI 应用程序在终端设备上执行的压力,一个较为直观的方法是进行模型分割,将计算量大的部分模型转移到边缘服务器或者附近的计算能力更好的移动设备进行处理,以获得更好的模型推理性能,如图 9-13 所示。模型分割主要关注推理完成的时间延迟、能量和隐私问题。模型分割可以分为两种类型:服务器和终端设备之间的分割以及终端设备之间的分割。服务器和终端设备之间的模型分割过程中的关键挑战是找出一个合适的分割点以获得最佳的模型推理性能。有学者同时考虑了延迟和能效两方面的指标,提出了一种基于回归模型来估计 DNN 模型中每个层的计算延迟,从而推断出满足延迟要求或能量要求的最佳分割点。

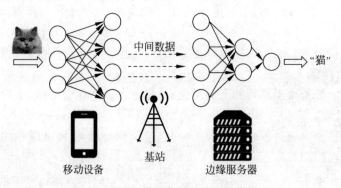

图 9-13　基于模型分割的端边协作推理

(2) 模型提前退出。

具有高精度的 DNN 模型通常具有较深的结构,在终端设备上执行这种 DNN 模型会消耗大量资源。为了加快模型推理,可以让模型提前退出,方法是利用前几层的输出数据获得分类结果,也就是使用部分 DNN 模型完成推理过程,以减少推理延迟。延迟是模型提前退出的优化目标。如图 9-14 所示,BranchyNet 是一个实现模型早期退出机制的编程框架。使用 BranchyNet,可以通过在某些图层位置添加出口分支来修改标准 DNN 模型结构。每个出口分支都是出口点,并且与标准 DNN 模型共享 DNN 层的一部分。图 9-14 显示了具有 5 个退出点的 CNN 模型。由于提前退出会影响推理结果的准确性,因此模型退出需要根据实际应用环境选取退出点。

9.3　边缘计算与区块链的融合

9.3.1　区块链技术

从狭义上讲,区块链是一种按照时间顺序将数据区块以顺序相连的方式组合成的一种

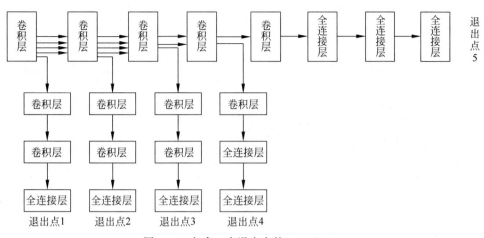

图 9-14　包含 5 个退出点的 BranchyNet

链式数据结构,并以密码学方式保证的不可篡改和不可伪造的分布式账本。从广义上讲,区块链技术是利用块链式数据结构来验证与存储数据、利用分布式节点共识算法来生成和更新数据、利用密码学的方式保证数据传输和访问的安全、利用由自动化脚本代码组成的智能合约来编程和操作数据的一种全新的分布式基础架构与计算方式。区块链技术已成功应用于比特币交易系统,比特币是一种起始于 2009 年的全球性的电子支付系统。随着人们对区块链的理解逐渐加深,区块链的技术及应用范围也在不断扩大。在如图 9-15 所示的比特币的区块链模型中,每一个区块中包含这一个区块的块哈希值、前一区块的哈希值、Nonce 值和时间戳以及 MerkleRoot 和交易信息块 Tx。其中交易信息块 Tx 中的信息,拿 A 到 B 的交易举例,其中包含 A 的签名和公钥以及 B 的地址,从而能够在块形成之后进行验证,然后将块添加到链上,形成这一分布式账本。

　　为了更清晰地了解区块链技术及其应用,有研究将区块链系统分为了几层,从下至上依次是数据层、网络层、共识层、分类账本拓扑层、激励层、合约层和应用层,如图 9-16 所示。数据层利用交易以及数据区块封装从不同应用程序中生成的数据,验证双方的交易并将其打包到一个带有块头的块中,然后链接到上一个块,从而得到一个有序的块列表。区块头指定元数据,包括前一个块的哈希值、当前块的哈希值、该块创建时间的时间戳、与上层挖掘竞争有关的 Nonce 值以及来源于块内所有交易的哈希树的 Merkle 值。

　　网络层定义了区块链中使用的网络机制,该层的目标是传播从数据层中生成的数据。通常可以将网络建模成对等(peer-to-peer,P2P)网络,参与者人人平等。一旦交易产生,如果这个交易有效,那么这个交易将被转发给其邻居。

　　共识层由共识算法组成,在分散环境中的不可信节点之间达成共识。在现有系统中,存在三种主要的共识机制:工作量证明(proof-of-work,PoW)、股权证明(proof-of-stake,PoS)和实用的拜占庭容错(practical Byzantine fault tolerance,PBFT)。在向比特币区块链中添加区块以获取奖励的竞争中,每个竞争对手(矿工)都需要通过反复运行哈希函数来查找 Nonce 值来满足 PoW 的需求,该值很难伪造,但易于他人验证。PoW 的计算需求,可防止来自恶意节点的攻击,因为与总网络计算能力相比,恶意节点的计算能力受到限制(小于51%)。PoS 在以太坊中使用时,哈希的目标是每个币的币龄,币龄可以简单定义为货币数量乘以持有期,因此选择总币龄最高的区块链作为主链。它消除了 PoW 中的高能耗,但通

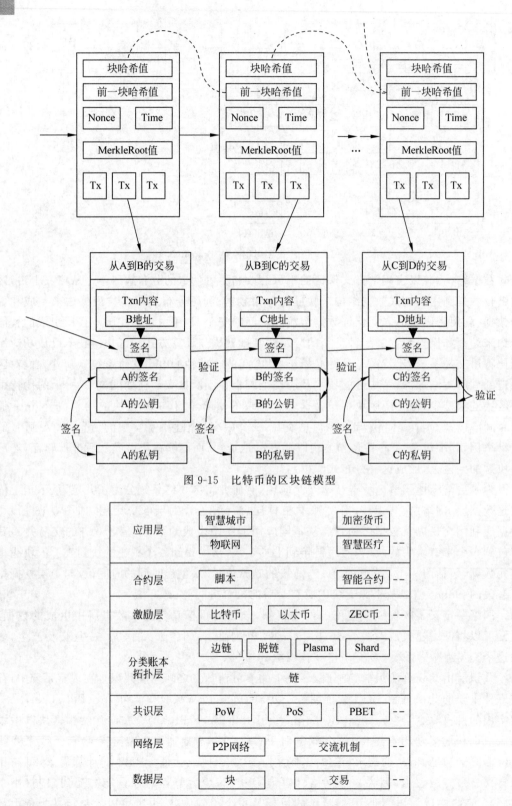

图 9-15　比特币的区块链模型

图 9-16　区块链系统分层

过增加控制大量股权的成本来防止攻击。与在公共区域使用的 PoW 和 PoS 不同,PBFT 由许可的 Hyperledger Fabric 中的验证双方运行以验证交易。PBFT 的工作原理是假设少于三分之一的节点有故障,而其他所有节点均正确执行。

分类账本拓扑层定义了账本的拓扑结构,用于存储由共识层产生的认证数据,它包含存储系统分类账的区块链,以及由共识层产生的其他状态。除了传统区块链(主链)结构,值得关注的是可拓展改进工作中产生的一些新的链拓扑。例如,侧链最早提出是因为较低层的"共识实例"层次结构可能比顶层链具有更低的分散程度,并允许通过交易在链与链之间转移资金。脱链允许活动不在区块链上发生。

激励层使用经济奖励来驱动节点,贡献它们的努力来验证数据,这对于在没有中心授权的情况下保持分布式区块链系统的整体运作至关重要。在比特币和以太坊中,比特币和以太币将作为奖励,对在链中添加区块的节点进行奖励。除了奖励之外,押金和罚款机制也被引入到区块链中来保障外包计算。

合约层将可编程特性带入到区块链中。比特币中的脚本提供了许多种花费货币的方式。基本上,交易的每个输入都连接到先前的输出,并且在给定输入提供的签名的情况下,输出的脚本评估为 true 时,该链接有效。在以太坊中,作为功能强大的脚本的智能合约是一组状态响应规则,用于在用户之间自动转移数字资产,而不仅仅是货币。

区块链中的最高层是应用程序,包括加密货币、物联网(IoT)、智慧城市等,这可能会改变金融、管理和制造业等许多领域。然而,区块链仍处于起步阶段,学术界和工业界都在尝试深化技术,特别是从信息和通信技术的角度来支持这些高级应用程序。

在如图 9-15 所示的比特币的区块链模型中,交易信息块 Tx 中的信息,拿 A 到 B 的交易举例,其中包含 A 的签名和公钥以及 B 的地址,从而能够在块形成之后进行验证,将块添加到链上,形成这一分布式账本。

基于现有的研究,区块链的核心特征可总结如下。

(1) 去中心化和透明化。

区块链网络拥有许多验证对等节点,从而无须集中权限就可以访问信息,因此事务(记录)是透明且可追溯的。

(2) 通过共识进行同步。

共识协议确保一定数量的节点按顺序将新事务的块添加到共享分类账,其由参与者维护的副本是同步的。

(3) 安全性和不变性。

共享、防篡改复制的分类账通过单向密码散列函数保证了不变性和不可复制性。除非对方控制大多数矿工,否则很难篡改此类记录。

9.3.2 边缘计算与区块链技术

在过去的几十年中,云计算提供的无限可用的计算、存储和网络资源促进了许多新的基于云计算的应用程序以及许多互联网公司(例如亚马逊)的快速增长。近年来,由于延迟敏感的应用程序(例如虚拟现实)的逐步流行,云端的功能逐渐向网络边缘靠近,便有了边缘计算架构。边缘计算可以在移动设备邻近位置实现支持移动性、位置感知以及低延迟的服务。然而,边缘计算中存在较大的安全隐患。在消息传输过程中,某些攻击(例如干扰攻击、嗅探器攻击和其他攻击)可能会被发起,以通过网络拥塞来禁用连接或者监控网络数据流。因此,网络管理员输入的配置必须可靠并经过验证,由于边缘计算环境的高度动态性和开放性,这实际上是一个很大的挑战。此外,在管理异构边缘网络时,很难将管理流量与常规数据流量隔离开来,这让攻击者更容易控制网络,而且 Internet 边缘的分散控制可能给网络管理带来沉重负担。

在如图 9-17 所示的边缘计算架构中,多种不同技术(例如 P2P 系统、无线网络、可视化等)的复杂交织,异构设备以及边缘服务器的相互作用,大规模的服务迁移,这些都可能产生恶意行为。在边缘计算网络中,数据被分成许多部分并存储在不同的位置,这使丢失数据包或存储错误更加容易发生。因此,很难保证数据的完整性。此外,当涉及多个边缘端的上传数据可能被未经授权的攻击者修改或滥用时,可能会发生数据泄露和其他隐私问题。存储还有一个挑战是确保数据的可靠性,因为使用擦除码或网络编码来检测和修复损坏数据的传统方法会导致边缘计算系统中沉重的存储开销,因此,在具有去中心化、协调性、异构性和移动性等特征的边缘计算网络中,诸如边缘安全控制、安全数据存储、安全计算和安全网络之类的安全问题仍需考虑。

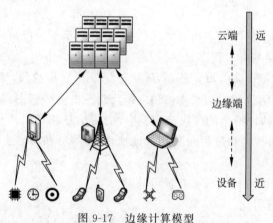

图 9-17　边缘计算模型

与此同时,区块链系统也存在一些问题。具体来说,去中心化允许网络不受许可和审查,安全性涉及不变性和对攻击的抵抗力,可拓展性涉及分别处理事务的能力。当前,可拓展性问题,尤其是低吞吐量、高延迟和资源耗尽的局限性阻碍了任何基于区块链的解决方案的实际可行性。随着交易数量的增加,区块链需要增加存储空间。2017 年 9 月,比特币的区块链大小约为 158GB,对于新节点加入的引导时间大约为 4 天。以太坊的应用程序似乎也经历了类似的增长,但事实上只需将状态而不是整个区块链的历史记录存储在完整节点上,这一点即可得到改善。尽管互联网已经非常庞大,但它仍然显示出此类去中心化网络的扩展限制。此外,如果只有一小群大型企业能够运行完整节点并且可能在轻节点无法立即检测到这种情况的情况下作弊,那么这么大的区块链规模就是中心化风险。

此外,受最大区块尺寸和用于生成新区块的块间时间的限制,公共的区块链,像比特币(每块的区块链大小限制为 1MB)和以太坊,平均每秒可处理 7～20 个交易数,远低于主流支付处理器,例如 VISA 信用卡平均每秒处理 2000 笔交易。从用户的角度来看,交易费用可能会有所不同,因为服务和矿工对交易验证的费用率有所不同。但是挖掘过程中的硬件成本是不可忽略的,与执行 CPU 演算所需的功耗有关。为了增加区块链的吞吐量,使用许多不同的山寨币或增加区块大小的简单方法因安全性和集中化风险是不可行的。链上缩放（分片）和链外缩放（状态通道）既是必要又互补的，但是这些技术仍处于起步阶段，需要其他技术的支持，比如执行脱链人员的工作。

考虑到区块链和边缘计算均使用去中心化计算、数据存储以及网络结构，将区块链与边缘计算结合可以增强安全性、隐私性和自动化资源使用率。使用区块链技术，可以在数十个边缘节点上构建分布式控制。由于挖掘过程和在大量节点上的复制，区块链以透明的方式在其生命周期内保护数据和规则的准确性、一致性和有效性。使用区块链技术，每个用户都可以管理自己的可变密钥，无须任何第三方就可以访问和控制数据，其匿名性质允许在对等基础上进行协调，而无须透露元数据（例如资源、目的地、内容），因此可以实现完全隐私。

此外，将边缘计算结合进入区块链能带来的强大的去中心化网络和在网络边缘丰富的计算和存储资源。区块链共识依赖于 P2P 网络层传输的数据，而边缘计算模式起源于 P2P，但对等扩展到边缘设备，将 P2P 计算与云融合在一起。这种分层架构有利于在区块链内传播信息，并且在物理上支持某些区块链扩展方法，比如在边缘的侧链。来自终端设备到边缘服务器的计算卸载能够让资源受限的终端用户参与到区块链中。例如，比特币的区块链作为最受信任的不变技术，几乎没有在移动设备和传感器上运行，但可以利用边缘节点为用户处理能量耗尽的 PoW 难题。此外，强大的边缘为区块链计算资源管理引入了更经济的方法，边缘服务器为庞大的公共区块链以及私有区块链的独立保密环境提供了一个强大的存储能力。

9.3.3 区块链赋能的移动边缘计算

保证传输过程的安全性是基于区块链的边缘计算网络的成果之一。在这个集成系统中，两个设备通过边缘层的中心节点连接在一起，这是典型的数据通信。此外，区块链（智能合约）通信在两个边缘之间设置数据通信的规则，例如寻址、加密、权益、有效期等。因此，数据通信与区块链通信相结合，确保了网络的高效、可靠合作。在数据传输过程中，可以发起不同级别的攻击（例如干扰攻击、Sybil 攻击、泛洪攻击、资源耗尽拒绝服务等），以通过阻塞网络来禁用链路，或者可以监视网络数据流。此外，边缘计算被部署为同时提供到下级（物理设备和通信）和上级（网络和传输）的接口，并且这些不同类型的网络和通信协议，例如移动无线网络、WiFi、ZigBee 和 M2M，显然将对网络管理带来挑战。

SDN 及其对软件定义网络组件（SDN component，SDNC）的扩展是缓解上述问题的有效措施。通过将控制平面与数据平面分离，软件定义的特征提供了更好的网络可见性，而 OpenFlow 协议通过提供可编程和标准化接口利用了网络管理和智能合约。此外，随着 SDN 的出现，网络虚拟化得到了新的发展。网络虚拟化起源于 20 世纪 90 年代，能够实现用户之间大量资源的共享和隔离，并能与小型资源一起构建大型虚拟资源。这种动态虚拟化的网络资源简化了 SDN 环境下的网络管理，有助于区块链实现网络安全和隐私。

边缘计算通过将数据外包到网络边缘来保持数据接近用户的特性，这与集中式云计算相比，增加了可用性并减少了延迟。然而，由于存储位置的不同，其数据安全性，尤其是数据完整性常常会出现问题。值得庆幸的是，将区块链集成到边缘计算中，极大地发挥了边缘计算中 P2P 数据存储机制与区块链中 P2P 分布式数据有效性的相似性，同时也在存储容量和安全保障方面具有互补性。

关于数据存储的区块链和边缘计算的结合,应该首先确认两者之间的区别,因为两者通常都指同一个术语——"数据库"。在分类账的意义上,有时区块链被称为分布式数据库。然而,它只能处理简单的事务日志,不能处理大量的数据。即使有这些简单日志的负担,区块链的可拓展性在分类账大小、吞吐量和延迟方面也面临严重挑战。因此,直接在区块链中存储数据是不可行的。有一个解决方案是使用区块链中的分布式哈希表(distributed hash table,DHT)设计链外存储,DHT 中的键值对提供对数据的引用,从而使区块链变成一个自动访问控制管理器。这种发展成为通过 Enigma(区块链项目中的基础设施)的链外网络来克服数据完整性问题。随着字节级数据新时代的到来,将块链连接到现有的分散存储或数据库中,能够存储大规模的数据链,变得更加可行。

分布式存储系统利用对等网络的组合存储容量来存储和共享内容,在文件系统和数据库社区中已广泛研究其性能、可用性和持久性。在近年来流行的系统中,行星际文件系统(interplanetary file systems,IPFS)是最稳健、最成熟的分布式存储解决方案,它综合了迄今为止最成功的系统的许多思想,并提出了一种用于数据交换的新协议位交换。IPFS 设计从下到上依次经历了网络层、路由层、交换层、Merkledag 层、命名层和应用层,并进一步可视化为 libp2p、IPNS(名称服务)和 IPFS 堆栈,分别移动、定义和使用数据。可以从其底层技术[包括 DHT、块交换、比特交换、版本控制系统 Git、自认证文件(SFS)系统]中找到更深入的理解。对路由来说,DHT 用于向网络宣布添加的数据,并帮助定位请求的数据。为了提高效率,IPFS DHT 根据大小对存储的值进行区分,这些值直接存储小值,而只存储大值的引用。受 BitTorrent 启发的 BitSwap 通过增加 BitSwap 信用和策略的新功能,使 IPFS 能够快速、可靠地分发块。Git 中的 Merkle-DAG 对象模型提供了以分布式方式捕获文件系统树随时间变化的工具。SFS 用于实现 IPNS 名称系统,该系统生成并验证远程文件系统的地址。

IPFS 的创新实现了分散式数据存储的更广泛使用。在 IPFS 之上,Filecoin 类似于比特币,作为激励层,形成一个完全分布式的文件存储系统。与比特币的仅计算 PoW 不同,它引入了一类存储证明,其中复制证明(PoRep)允许验证者说服验证者某些数据已复制到其唯一专用的物理存储,而时空证明(PoSt)允许验证者说服验证者其存储数据的时间。通过这些新颖的共识协议,Filecoin 为矿工们创造了强大的动力,让他们尽可能多地积累存储空间,并将其出租给客户。此外,Liu 等人提出了一种基于完全去中心化区块链的数据完整性服务(DIS),该服务结合了以太坊智能合约和 IPFS 协议,便于数据完整性验证。同样基于 Ethereum 和 IPFS,本书提出了一个称为 Desema 的分散式服务市场系统,其中 IPFS 用于链外服务元数据,以提供链上标识符,从而可以通过计算智能合约中数据的标识符并将其与引用进行比较来检查数据完整性,如图 9-18 所示。

由于区块链无法扩展以处理当前的大量数据,因此名为 BigchainDB 的可扩展区块链数据库通过将区块链特征添加到经验证的、可扩展的大数据数据库中来解决扩展问题。它避免了完全复制和其他困扰比特币的技术,但同时利用了现代分布式数据库和区块链的优势。BigchainDB 建立在大数据分布式数据库的基础上,具有 NoSQL 查询语言、高效的查询以及高吞吐量和高容量等基本特性,通过增加节点可以进一步提高其性能。区块链的加入带来了分散控制、不变性和数字资产转移的能力。

BigchainDB 有两个分布式数据库:事务集为 backlog 的数据库 S 和区块链块构成的数

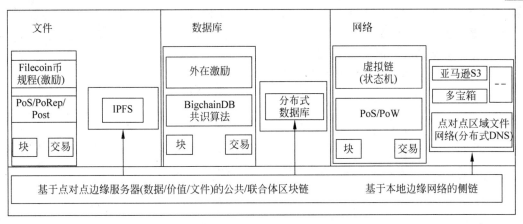

图 9-18　分布式存储

据库 C。在每个数据库中都有一个内置的一致性算法（如 Paxos 在一组可能出现故障的不可靠处理器之间解决一致性），数据库之间有一个 BigchainDB 一致性算法，通过该算法，在 S 中排序和收集的事务将被组装到数据库 C 中的一个块中。分布式控制是通过域名系统（DNS）类节点联合签名节点对块中的事务进行投票来实现的，这些节点在数据库内置共识之上进行操作。与直接引用典型区块链中的上一个区块不同，BigchainDB 使用投票列表来提供对上一个区块的引用，所有这些引用都应引用同一个区块，并且只有在节点关闭时才会发生异常。通过使用不同的权限，系统可以实现从私有企业区块链数据库到开放公共区块链数据库的配置。

　　除了网络控制和存储之外，边缘计算的一个关键作用是将计算密集型任务从能力较弱的设备卸载到功能强大的边缘服务器，这可以延长设备的电池寿命，并加快计算过程。在边缘的本地网络中，移动设备或物联网设备通常计算能力较低且功耗较低。这种限制对于区块链的应用，特别是在 Xiong 等人的文献中 PoW 的挖掘过程中变得至关重要。作为一种解决方案，接近终端的边缘服务器具有足够的资源用于区块链计算和从相邻设备卸载任务，因此，在设备上部署区块链时，支持哈希、加密算法以及可能的共识（如 PoW）的本地计算能力。

　　为了有效地管理区块链的边缘计算资源，一些优化模型出现了。Luong 等人研究移动区块链的边缘资源分配问题，提出一种基于深度学习的拍卖方案，在分析方案的基础上构建多层神经网络结构。利用矿工的价值对神经网络进行训练，并通过随机梯度下降求解器对网络参数进行优化，以最小化损失函数，即计算提供者的预期、否定收益。在 Jiao 等人的研究中，基于区块链挖掘实验结果，定义了一个哈希幂函数，它描述了每一资源成功挖掘一个区块的概率。考虑到设备之间对计算资源的竞争，模型中考虑了分配外部性。在拍卖机制中，在保证真实性、个体合理性和计算效率的同时，将社会福利最大化。与云计算相比，单个边缘节点的计算能力较低，通常需要将计算任务分配给多个边缘节点。在这种分布式计算中，效率和安全性是关键问题。因此，在区块链上运行的分布式计算成为最有前途的方法，区块链在其中起着激励和验证的作用。

　　关于区块链和计算集成的早期工作研究了如何在比特币上进行多方计算（multiple party computing，MPC），如图 9-19 所示。安全 MPC 是密码学的一个子领域，它允许一组相互不信任的方通过其私人输入共同计算一个函数,比特币被用来构造 MPC 的定时承诺版本。提交人负责启动具有秘密价值的 MPC,但如果在规定的时间内未完成秘密披露,则必须以扣除押金的方式退回承诺。因此,实现了某些多方协议的公平性。

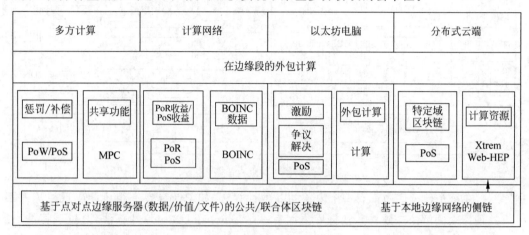

图 9-19　安全多方计算

同时,Kumaresan 和 Bentov 使用比特币来激励正确的计算。在其可验证的计算方案中,解算器可以随答案一起提交正确性证明,由矿工或指定的验证者进行检查。Kiayias 等人提出了一种安全的、带补偿的 MPC 协议,当对方发起拒绝服务攻击而对方收取补偿时,对方必须遭受金钱惩罚,这样不仅保证了公平性,而且保证了稳健性。随后在 Kumaresan 等人的研究中,使用惩罚来提高效率,有效地减少了非反应性设置和反应性设置中的脚本复杂度。Bentov 等人提出了一个有效的带惩罚和安全现金分配的分期安全 MPC 协议。在加密货币的初始阶段之后,双方只能在玩许多扑克游戏的过程中相互交流,在这些游戏中,钱可以交易。在一个特定的应用中,MPC 用于 Enigma 中的数据查询,Enigma 是一个使用区块链存储和计算数据的平台。为了降低通信复杂度,提出了以增加并行计算复杂度为代价的分层安全 MPC。在本文的研究路线中,由于 MPC 原有的安全性和可验证性,区块链主要解决公平性和隐私性问题。

在实际应用中,MPC 在动态环境下的稳定性和初始配置的不可用性给 MPC 带来了挑战。作为一种解决方案,网关被定义为执行中的协调部分,可以将其视为边缘的虚拟服务器。此外,增强与最终用户的隐私性和交互性是边缘计算在本地执行计算和存储数据时所提倡的特征,但目前缺乏合适的计算平台。最近,一些研究认为 MPC 是一个合适的选择,为建立分散的隐私保护计算框架提供了基本块。Zhou 等人提出了一种阈值安全 MPC 协议,该协议允许服务器(边缘服务器)对数据进行同态计算,而无须从中学习任何信息。

伯克利网络计算开放基础设施是一个网络计算平台,由美国伯克利空间科学实验室开发。这是 SETI@home 著名的客户机-服务器、互联网规模模型的通用实现,SETI@home 利用了互联网边缘的机器,以边缘为中心的计算云从中获得灵感。它最初是一个用于志愿计算的开源软件,每个项目都运行自己的服务器和参与者(客户机),从通用图形处理器(graphics processing unit,GPU)到多个功能强大的中央处理单元(central processing units,CPU),再到带有应用程序编程接口和工具的无处不在的智能手机。为了克服志愿者固有的限制,我们可以利用可扩展的云资源来支持短期的按需项目。在这种情况下,客户端

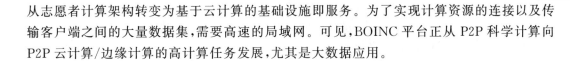
从志愿者计算架构转变为基于云计算的基础设施即服务。为了实现计算资源的连接以及传输客户端之间的大量数据集,需要高速的局域网。可见,BOINC 平台正从 P2P 科学计算向 P2P 云计算/边缘计算的高计算任务发展,尤其是大数据应用。

本章小结

边缘计算架构可以辅助存储及计算资源有限的无线终端实现计算密集、时延敏感型任务处理。随着移动通信技术和互联网应用的快速发展,5G 等可支持超低时延、超大带宽以及海量通信的技术的出现可以有效地推进边缘计算在移动网络中的应用。与此同时,边缘计算可推进人工智能技术在移动互联网中的应用,通过智能家居、自动驾驶、智慧城市等新兴应用,改变着人们的工作和生活方式,同时也推动了人工智能领域的发展。由于边缘计算环境的高度动态性和开放性,要通过网络管理员进行输入配置验证十分困难。能够解决数据安全、身份认证和隐私保护的区块链技术可以解决边缘计算中的安全问题。但在移动与物联网终端设备上部署区块链也需要大量的资源,边缘计算恰好可以为这些资源受限的移动设备提供一种便捷、低时延、分布式的计算平台。因此,边缘计算设备为移动设备提供了强大的计算和存储能力,从而为区块链的服务提供了计算支持。边缘计算与 5G、人工智能以及区块链技术等新兴技术的结合是必然趋势。

习题

(1) 请描述 5G 的主要特性。

(2) 什么是移动边缘计算?移动边缘计算有哪些特性?

(3) 边缘计算与人工智能结合的必要性是什么?

(4) 边缘智能中的模型训练和推理分别有哪些考核指标?

(5) 区块链可分为几层?每一层的功能是什么?

(6) 边缘计算与区块链存在的问题是什么?二者结合带来的优势是什么?

参考文献

[1] Hassan B,Yau K A,Wu C. Edge Computing In 5G:A Review [J]. IEEE Access,2019,7:127276-127289.

[2] IMT-2020(5G)推进组.5G 网络架构设计白皮书[R].北京:中国信息通信研究,2016.

[3] Kekki S,Featherstone W,Fang Y,et al. MEC in 5G networks[J]. ETSI White Paper,2018,28(28):1-28.

[4] 王胡成,徐晖,程志密,等.5G 网络技术研究现状和发展趋势[J].电信科学,2015,31(9):156-162.

[5] Stoica I,Song D,Popa R A,et al. A berkeley view of systems challenges for ai[j]. ArXiv preprint arXiv:1712.05855,2017.

[6] Sun P,Feng W,Han R,et al. Optimizing network performance for distributed DNN training on GPU clusters:Imagenet/alexnet training in 1.5 minutes[j]. arXiv preprint arXiv:1902.06855,2019.

[7] McMahan B,Moore E,Ramage D,et al. Communication-efficient learning of deep networks from decentralized data[C]//Artificial intelligence and statistics. PMLR,2017:1273-1282.

［8］　Konečný J，McMahan H B，Yu F X，et al. Federated learning：Strategies for improving communication efficiency[J]. arXiv preprint arXiv：1610. 05492，2016.

［9］　Liu B，Yu X L，Chen S，et al. Blockchain based data integrity service framework for IoT data[C]// 2017 IEEE International Conference On Web Services（ICWS）. Hilton Village，Honolulu，HI，USA，2017：468-475.

［10］　McConaghy T，Marques R，Müller A，et al. Bigchaindb：a scalable blockchain database［R］. BigChainDB，2016.

［11］　Xiong Z，Zhang Y，Niyato D，et al. When mobile blockchain meets edge computing[J]. IEEE Communications Magazine，2018，56(8)：33-39.

［12］　Luong N C，Xiong Z，Wang P，et al. Optimal auction for edge computing resource management in mobile blockchain networks：a deep learning approach[C]//2018 IEEE international conference on communications（ICC）. Kansas City，MO，USA，2018：1-6.

［13］　Jiao Y，Wang P，Niyato D，et al. Social welfare maximization auction in edge computing resource allocation for mobile blockchain[C]// 2018 IEEE International Conference On Communications （ICC）. Kansas City，MO，USA，2018：1-6.

［14］　Kumaresan R，Bentov I. How to use bitcoin to incentivize correct computations[C]//Proceedings of the 2014 ACM SIGSAC Conference On Computer And Communications Security. Scottsdale Arizona USA，2014：30-41.

［15］　Kiayias A，Zhou H S，Zikas V. Fair and robust multi-party computation using a global transaction ledger[C]//Annual International Conference On The Theory And Applications Of Cryptographic Techniques. Springer，Berlin，Heidelberg，2016：705-734.

［16］　Kumaresan R，Vaikuntanathan V，Vasudevan P N. Improvements to secure computation with penalties [C]//Proceedings Of The 2016 ACM SIGSAC Conference On Computer And Communications Security. Vienna Austria，2016：406-417.

［17］　Bentov I，Kumaresan R，Miller A. Instantaneous decentralized poker[C]//International Conference On The Theory And Application Of Cryptology And Information Security. Springer，Cham，2017：410-440.

［18］　Zhou L，Wang L，Sun Y，et al. Beekeeper：A Blockchain-based IoT System with Secure Storage and Homomorphic Computation[J]. IEEE Access，2018，6：43472-43488.

［19］　Zhou Z，Chen X，Li E，et al. Edge Intelligence：Paving the Last Mile of Artificial Intelligence with Edge Computing[J]. Proceedings of the IEEE，2019，107(8)：1738-1762.